まとめ（数学II）

第3章 三角関数

●弧度法
- $1° = \dfrac{\pi}{180}$ ラジアン， 1 ラジアン $= \left(\dfrac{180}{\pi}\right)°$
- 半径 r, 中心角が θ ラジアンの扇形の弧の長さは $r\theta$, 面積は $\dfrac{1}{2}r^2\theta$

●三角関数の性質 n は整数，複号同順とする。
- $\sin(\theta+2n\pi)=\sin\theta,\quad \cos(\theta+2n\pi)=\cos\theta$
  $\tan(\theta+2n\pi)=\tan(\theta+n\pi)=\tan\theta$
- $\sin(-\theta)=-\sin\theta,\quad \cos(-\theta)=\cos\theta$
  $\tan(-\theta)=-\tan\theta$
- $\sin(\pi\pm\theta)=\mp\sin\theta,\quad \cos(\pi\pm\theta)=-\cos\theta$
  $\tan(\pi\pm\theta)=\pm\tan\theta$
- $\sin\left(\dfrac{\pi}{2}\pm\theta\right)=\cos\theta,\quad \cos\left(\dfrac{\pi}{2}\pm\theta\right)=\mp\sin\theta$
  $\tan\left(\dfrac{\pi}{2}\pm\theta\right)=\mp\dfrac{1}{\tan\theta}$

●加法定理 複号同順とする。
$\sin(\alpha\pm\beta)=\sin\alpha\cos\beta\pm\cos\alpha\sin\beta$
$\cos(\alpha\pm\beta)=\cos\alpha\cos\beta\mp\sin\alpha\sin\beta$
$\tan(\alpha\pm\beta)=\dfrac{\tan\alpha\pm\tan\beta}{1\mp\tan\alpha\tan\beta}$

●2倍角，半角の公式
▶2倍角の公式
$\sin 2\alpha = 2\sin\alpha\cos\alpha$
$\cos 2\alpha = \cos^2\alpha - \sin^2\alpha$
$\qquad = 1-2\sin^2\alpha = 2\cos^2\alpha-1$
$\tan 2\alpha = \dfrac{2\tan\alpha}{1-\tan^2\alpha}$

▶半角の公式
$\sin^2\dfrac{\alpha}{2}=\dfrac{1-\cos\alpha}{2}$
$\cos^2\dfrac{\alpha}{2}=\dfrac{1+\cos\alpha}{2}$
$\tan^2\dfrac{\alpha}{2}=\dfrac{1-\cos\alpha}{1+\cos\alpha}$

●三角関数の合成 $(a\neq 0$ または $b\neq 0)$
$a\sin\theta+b\cos\theta=\sqrt{a^2+b^2}\sin(\theta+\alpha)$
ただし $\sin\alpha=\dfrac{b}{\sqrt{a^2+b^2}},\ \cos\alpha=\dfrac{a}{\sqrt{a^2+b^2}}$

●三角方程式・不等式，最大・最小
- 角をそろえる
- sin, cos 一方のみで表す
- $a\sin\theta+b\cos\theta$ は合成
- おき換えも利用

CHART おき換え

第4章 指数・対数関数

●実数の指数 $a>0$, $b>0$ で，n が正の整数，r, s が実数のとき
- 定義 $a^0=1,\quad a^{-n}=\dfrac{1}{a^n}$
- 法則 $a^r a^s = a^{r+s},\quad (a^r)^s = a^{rs}$
  $(ab)^r = a^r b^r$

●累乗根 m, n, p は正の整数とする。
- 性質 $a>0$, $b>0$ とする。
  $(\sqrt[n]{a})^n = a,\quad \sqrt[n]{a}\sqrt[n]{b}=\sqrt[n]{ab}$
  $\dfrac{\sqrt[n]{a}}{\sqrt[n]{b}}=\sqrt[n]{\dfrac{a}{b}},\quad (\sqrt[n]{a})^m=\sqrt[n]{a^m}$
  $\sqrt[m]{\sqrt[n]{a}}=\sqrt[mn]{a},\quad \sqrt[n]{a^m}=\sqrt[np]{a^{mp}}$

●指数関数 $y=a^x$ とそのグラフ $(a>0,\ a\neq 1)$
- 定義域は実数全体，値域は $y>0$
- $a>1$ のとき x が増加すると y も増加
  $0<a<1$ のとき x が増加すると y は減少
- グラフは，点 $(0, 1)$ を通り，x 軸が漸近線

●指数と対数の基本関係
$a>0$, $a\neq 1$, $M>0$ とする。
定義 $a^p=M \iff p=\log_a M\quad [\log_a a^p = p]$
特に $\log_a a=1,\quad \log_a 1=0,\quad \log_a\dfrac{1}{a}=-1$

●対数の性質
a, b, c は 1 でない正の数，$M>0$, $N>0$, k は実数とする。
$\log_a MN = \log_a M + \log_a N$
$\log_a \dfrac{M}{N} = \log_a M - \log_a N,\quad \log_a M^k = k\log_a M$
$\log_a b = \dfrac{\log_c b}{\log_c a},\quad \log_a b = \dfrac{1}{\log_b a}$

●対数関数 $y=\log_a x$ とそのグラフ
- $y=\log_a x$ は $x=a^y$ と同値 $(a>0,\ a\neq 1)$
- 定義域は $x>0$, 値域は実数全体
- $a>1$ のとき x が増加すると y も増加
  $0<a<1$ のとき x が増加すると y は減少
- グラフは，点 $(1, 0)$ を通り，y 軸が漸近線

●指数・対数の方程式，不等式
CHART 対数 まず（真数）>0

$a^x=a^y \iff x=y,\quad \log_a M = \log_a N \iff M=N$
$a>1$ のとき $a^p<a^q \iff p<q,\quad \log_a p<\log_a q$
$0<a<1$ のとき $a^p>a^q \iff p<q,\quad \log_a p>\log_a q$

数 11713

チャート式®問題集シリーズ
35日完成！ 大学入学共通テスト対策　数学ⅡB

チャート研究所 編著

　試験勉強を始めるとき，まず「何点以上（または何割以上）とる」といった目標を決めると思います。例えば，数学の大学入学共通テスト（以下，共通テストと記す）に対しても，数学に自信があるなら8割以上を目標とするでしょうし，数学にはあまり自信がなければ，平均点程度の得点を目標とするかもしれません。

　そして，目標の点数によって勉強方法は違ってきます。高得点を目標とするなら，いろいろなタイプの問題が出題されても対応できるように，時間をかけて教科書や参考書の隅々まで目を通したり，多くの問題練習に取り組んだりして勉強する必要があるでしょう。また，6割程度の得点を目標とするのなら，基本的な問題は確実に得点する意味で，基本問題や典型問題に重点をおいて取り組むことが考えられます。

　このように，目標を決めたら，その目標を達成するための計画もきちんと立てておくことが必要になります。

　本書は，共通テスト対策問題集ですが，「数学の勉強ばかりに時間を掛けられない」，「数学は必要だけれども基礎が固まっていない」，「数学の勉強自体，気が進まない」という方々のために，無理のない計画で確実に得点できるような問題集として発行しました。試験勉強で大事なのは，「Ⅰ 目標」，「Ⅱ 計画」，「Ⅲ 実行」の3つですが，本書の特色は，この中の「Ⅰ 目標」と「Ⅱ 計画」にあります。

● 本書の目標と計画 ●

Ⅰ　目標　　数学の共通テストで確実に得点する。
　　　　　　　……高得点を狙うというより，6割程度の得点を確実にとる。

Ⅱ　計画　　35日の短期間で数学共通テスト対策を完了する。
　　　　　　　……数学ⅡBの範囲の中から典型的なタイプの問題を中心に採録。
　　　　　　　　　1日4～6ページ構成。詳しくは，次のページの本書の構成を参照。

　残りの「Ⅲ 実行」ですが，これは読者ご自身次第です。とにかく35日間，本書に取り組んでください。1日4～6ページ分だけ勉強すればよいのですから，決して難しいことではありません。根気よく続けることが大事なのです。35日目の学習を終えた後には，目標が達成できるだけの学力が身についていることと信じています。

　最後になりましたが，読者の皆さんのご健闘をお祈りいたします。

本 書 の 構 成

- 数学Ⅱ，数学Bの学習内容を35項目にまとめ，1日1項目4ページで構成しています。ただし，31～35日目は，より実践的な問題に取り組むため，6ページ構成となっています。
- 1項目の内容は，4ページの場合，例題1ページ，解答と解説2ページ，演習問題1ページです。詳しくは次の通りですが，例題のページと解答・解説のページは画像を交えて説明します。

■例題のページ

例題
- 共通テストで出題されるマークシート形式の問題を，教科書レベルの問題を中心に1～2問扱っています。
- それぞれの問題には，問題の内容を示すタイトルと解答の目安時間を入れています。

CHART
- 例題を解くために必要な公式，解法のポイントを簡潔にまとめました。

【注意事項】

- 例題と演習問題の答え方については，特に断りがない限り，次の通りとします。

(1) 問題の文中の ア ， イウ などには，特に指示のない限り，数字（0～9）または符号（−，±），文字（a～d）が入る。ア，イ，ウ，……の1つ1つは，これらのいずれか1つに対応する。

(2) 分数形で解答が求められているときは，既約分数で答える。符号は分子につけ，分母につけてはならない。また，根号を含む形で解答する場合は，根号の中に現れる自然数が最小となる形で答える。

- 同一の問題文中に ア ， イウ などが2度以上現れる場合，2度目以降は ア ， イウ のように細字で表記しています。

■例題の解答・解説のページ

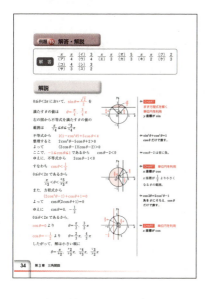

・このページでは，前のページで扱った例題の解答と解説を，見開き2ページで掲載しています。

解答
・例題の答の数値や文字のみを示しました。

解説
・解答のプロセスを丁寧に解説しました。また，ポイントとなる箇所を赤字で示した箇所もあります。更に，解説の右側には←などで，式変形や考え方を補足説明しました。

NOTE
・例題に関連した参考事項や注意事項を，必要に応じて扱いました。

■演習問題のページ

・例題の類問を1～2問扱いました。例題と同じように，問題タイトルと解答の目安時間を入れています。

■**答の部** 　巻末に，演習問題の答の数値や文字のみを掲載しました。
■**まとめ** 　数学Ⅱ，数学Bで出てくる公式などの基本事項を，本冊の表見返しと後見返しで扱っています。

■**別冊解答** 　演習問題の詳しい解説を，例題の解説ページと同じように扱いました。

問題数 　例題65題，　演習問題65題

スマートフォンやタブレットなどで取り組める **コンテンツ** を用意しました。

・1～30日目：**公式・用語集** 　各項目に関連する基本公式を確認できます。画面右上の「チェック問題」から，公式の使い方を確認できる問題に挑戦できます。

・31～35日目：**解説動画** 　例題を解くための方針の立て方について学習できます。問題を読んでもどこから手をつけてよいかわからない場合に，ヒントとして使うことができます。

※Webページへのアクセスにはネットワーク接続が必要となり，通信料が発生する可能性があります。

コンテンツ一覧へアクセス

目　次

第 1 章　式と証明，複素数と方程式（数Ⅱ）

1 日目　式と計算 (1)　　　 ……… 5
2 日目　式と計算 (2)，
　　　　複素数と方程式 (1)　 ……… 9
3 日目　複素数と方程式 (2)　 ……… 13

第 2 章　図形と方程式（数Ⅱ）

4 日目　円と直線 (1)　　　 ……… 17
5 日目　円と直線 (2)　　　 ……… 21
6 日目　軌跡と領域　　　　 ……… 25

第 3 章　三角関数（数Ⅱ）

7 日目　三角関数 (1)　　　 ……… 29
8 日目　三角関数 (2)　　　 ……… 33
9 日目　三角関数 (3)　　　 ……… 37
10 日目　三角関数 (4)　　　 ……… 41

第 4 章　指数関数・対数関数（数Ⅱ）

11 日目　指数・対数 (1)　　 ……… 45
12 日目　指数・対数 (2)　　 ……… 49
13 日目　指数・対数 (3)　　 ……… 53
14 日目　指数・対数 (4)　　 ……… 57
15 日目　指数・対数 (5)　　 ……… 61

第 5 章　微分法・積分法（数Ⅱ）

16 日目　導関数の応用 (1)　 ……… 65
17 日目　導関数の応用 (2)　 ……… 69
18 日目　導関数の応用 (3)　 ……… 73
19 日目　定積分 (1)　　　　 ……… 77
20 日目　定積分 (2)　　　　 ……… 81
21 日目　定積分 (3)　　　　 ……… 85

第 6 章　ベクトル（数B）

22 日目　ベクトル (1)　　　 ……… 89
23 日目　ベクトル (2)　　　 ……… 93
24 日目　ベクトル (3)　　　 ……… 97

第 7 章　数列（数B）

25 日目　数列 (1)　　　　　 ……… 101
26 日目　数列 (2)　　　　　 ……… 105
27 日目　数列 (3)　　　　　 ……… 109
28 日目　漸化式と数列 (1)　 ……… 113
29 日目　漸化式と数列 (2)　 ……… 117
30 日目　数列の応用　　　　 ……… 121

第 8 章　実践演習（数ⅡB）

31 日目　三角関数　　　　　 ……… 126
32 日目　図形と方程式，
　　　　　指数・対数関数　　 ……… 132
33 日目　微分法・積分法　　 ……… 138
34 日目　ベクトル　　　　　 ……… 144
35 日目　数列　　　　　　　 ……… 150

答の部　　　　　　　　　　 ……… 156

4

第1章 式と証明，複素数と方程式(数Ⅱ)

1日目 式と計算 (1)

例題 1 多項定理 (目安10分)

(1) $(3x+2y)^5$ を展開したとき，x^2y^3 の係数は アイウ である。

(2) $\{(3x+2y)+z\}^8$ を展開したとき，z についての3次の項をまとめると，${}_8C_{\boxed{エ}}(3x+2y)^{\boxed{オ}}z^3$ で表される。したがって，$(3x+2y+z)^8$ の展開式での $x^2y^3z^3$ の係数は オカキクケ になる。

例題 2 割り算と式の値 (目安15分)

a は実数とする。

(1) x の整式 A，B を $A=x^4-(a+8)x^2-2ax+4a+1$，$B=x^2-2x-a$ とする。A を B で割った商は $x^2+\boxed{ア}x-\boxed{イ}$，余りは $\boxed{ウエ}x+\boxed{オ}$ となる。

(2) $p=-1+\sqrt{5}$ とおく。p は2次方程式 $x^2+2x-\boxed{カ}=0$ の解の1つであり，$p^4-(a+8)p^2-2ap+4a+1=\boxed{キ}-\boxed{ク}\sqrt{\boxed{ケ}}$ である。

CHART 1

▶ 二項定理
$$ {}_nC_0 a^n + {}_nC_1 a^{n-1}b + \cdots\cdots + {}_nC_r a^{n-r}b^r + \cdots\cdots + {}_nC_n b^n $$
$(a+b)^n$ の展開式の一般項は ${}_nC_r a^{n-r}b^r$

▶ $(a+b+c)^n$ の展開
1. $\{(a+b)+c\}^n$ を展開して，$(a+b)^{n-r}$ を展開する
2. 一般項 $\dfrac{n!}{p!q!r!}a^p b^q c^r$，$p+q+r=n$ を利用

▶ 割り算の問題
基本公式 $A(x)=B(x)Q(x)+R(x)$ を利用
（余りの次数）＜（割る式の次数）が決め手

高次式の値は，割り算の基本公式を利用して
次数を下げる
$B(\alpha)=0$ $(Q(\alpha)=0)$ となる α について $A(\alpha)=R(\alpha)$

例題 ❶ 解答・解説

> **解答** （アイウ）720 （エ）5 （オカキクケ）40320

解説

(1) $(3x+2y)^5$ の展開式における一般項は

$$_5C_r(3x)^{5-r}(2y)^r = {}_5C_r\,3^{5-r}2^r x^{5-r}y^r$$

x^2y^3 となるのは $r=3$ のときで，その係数は

$$_5C_3 \cdot 3^2 \cdot 2^3 = 10 \cdot 9 \cdot 8 = {}^{\text{アイウ}}\mathbf{720}$$

← 一般項は $\quad _5C_r a^{5-r}b^r$

(2) $\{(3x+2y)+z\}^8$ を展開したとき，z^3 の項をまとめると

$$_8C_3(3x+2y)^{8-3}z^3 = {}_8C_{{}^{\text{エ}}5}(3x+2y)^5 z^3$$

で表される。

$(3x+2y)^5$ の展開式で x^2y^3 の係数は 720 であるから，

$(3x+2y+z)^8$ の展開式で $x^2y^3z^3$ の係数は

$$_8C_5 \times 720 = 56 \times 720$$
$$= {}^{\text{オカキクケ}}\mathbf{40320}$$

← $(3x+2y+z)^8 = \{(3x+2y)+z\}^8$ の展開を考える。

← $_nC_r = {}_nC_{n-r}$

← さらに，$_8C_5(3x+2y)^5z^3$ において $(3x+2y)^5$ の展開を考える。

〔別解〕 $(3x+2y+z)^8$ の展開式の一般項は

$$\frac{8!}{p!\,q!\,r!}(3x)^p(2y)^q z^r = \frac{8!}{p!\,q!\,r!}3^p 2^q x^p y^q z^r$$

$x^2y^3z^3$ となるのは $p=2$, $q=3$, $r=3$ のときで，その係数は

$$\frac{8!}{2!\,3!\,3!} \cdot 3^2 \cdot 2^3 = 560 \cdot 9 \cdot 8$$
$$= {}^{\text{オカキクケ}}\mathbf{40320}$$

← $\dfrac{n!}{p!\,q!\,r!}a^p b^q c^r$

NOTE この問題のように，(1)の結果をうまく利用して(2)を解くことがある。解法に迷ったときは，前の結果が利用できないか考えてみるとよい。

(1), (2)の問題　　**(1)は(2)のヒント**

---

6 第1章 式と証明，複素数と方程式

例題 2 解答・解説

解答　(ア) 2　(イ) 4　(ウエ) -8　(オ) 1　(カ) 4
(キ)$-$(ク)$\sqrt{}$(ケ)　$9-8\sqrt{5}$

解説

(1)
$$
\begin{array}{r}
x^2+2x-4 \\
x^2-2x-a \overline{\smash{\big)}\,x^4-(a+8)x^2-2ax+4a+1} \\
\underline{x^4-2x^3-ax^2} \\
2x^3-8x^2-2ax \\
\underline{2x^3-4x^2-2ax} \\
-4x^2+4a+1 \\
\underline{-4x^2+8x+4a} \\
-8x+1
\end{array}
$$

上の計算から，商は　　　$x^2+{}^{\mathcal{ア}}\mathbf{2}x-{}^{\mathcal{イ}}\mathbf{4}$,
　　　　　　　　余りは　　　${}^{\mathcal{ウエ}}\mathbf{-8}x+{}^{\mathcal{オ}}\mathbf{1}$

◀ 欠けている次数の項はあけておく。

(2)　$p=-1+\sqrt{5}$ から　　　$p+1=\sqrt{5}$
両辺を 2 乗すると　　　　　$(p+1)^2=5$
よって　　　　　　　　　　$p^2+2p-4=0$　……①
ゆえに，p は $x^2+2x-{}^{\mathcal{カ}}\mathbf{4}=0$ の解である。
また，(1) の結果から
$$p^4-(a+8)p^2-2ap+4a+1$$
$$=(p^2-2p-a)(p^2+2p-4)-8p+1$$
ここで，① から
$$p^4-(a+8)p^2-2ap+4a+1$$
$$=(p^2-2p-a)\cdot0-8p+1$$
$$=-8p+1=-8(-1+\sqrt{5})+1$$
$$={}^{\mathcal{キ}}\mathbf{9}-{}^{\mathcal{ク}}\mathbf{8}\sqrt{{}^{\mathcal{ケ}}\mathbf{5}}$$

◀ $\sqrt{}$ の形をなくすため，$\sqrt{}$ の項のみを右辺に残し，両辺を 2 乗する。

◀ **CHART**
(1) は (2) のヒント

◀ **CHART**　$A=BQ+R$

◀ $Q(p)=0$ となる p について　$A(p)=R(p)$

〔別解〕（**カ**）
$p=-1+\sqrt{5}$ が方程式 $x^2+2x-b=0$（b は整数）の解であるとき，$-1-\sqrt{5}$ もこの方程式の解である。
よって，解と係数の関係により
$$-b=(-1+\sqrt{5})(-1-\sqrt{5})$$
ゆえに　　　$b={}^{\mathcal{カ}}\mathbf{4}$

◀ 係数が有理数の 2 次方程式の解が $a+b\sqrt{\alpha}$（$\sqrt{\alpha}$ は無理数）のとき，$a-b\sqrt{\alpha}$ も解である。

1 日目　式と計算 (1)　　**7**

演 習 問 題

1 多項定理

目安10分

$(a+b+1)^5$ を展開したとき，a を含まない項をまとめると $(b+1)^{\boxed{ア}}$，a について 1 次の項をまとめると $\boxed{イ}(b+1)^{\boxed{ウ}}a$ と表される。

$(x^2+x+1)^5$ を展開したとき，x の係数は $\boxed{エ}$，x^3 の係数は $\boxed{オカ}$ である。

2 割り算と式の値

目安15分

m，n は有理数とする。x の整式 A，B を $A=x^3+mx^2+nx+2m+n+1$，$B=x^2-2x-1$ とする。

A を B で割ると，商 Q と余り R はそれぞれ

$$Q=x+(m+\boxed{ア})$$
$$R=(2m+n+\boxed{イ})x+(3m+n+\boxed{ウ})$$

である。

また，$x=1+\sqrt{2}$ のとき，B の値は $\boxed{エ}$ であり，さらにこのとき，A の値が -1 であるならば，m，n は有理数であるから，$m=\boxed{オ}$，$n=\boxed{カキ}$ である。

8　第1章　式と証明，複素数と方程式

第1章 式と証明, 複素数と方程式 (数Ⅱ)

2日目 式と計算(2), 複素数と方程式(1)

例題 3 相加平均と相乗平均の大小関係 （目安15分）

(1) $x>0$ のとき, $\left(x+\dfrac{1}{x}\right)\left(x+\dfrac{4}{x}\right)$ は $x=\sqrt{\boxed{ア}}$ で最小値 $\boxed{イ}$ をとる。

(2) $x>0$ のとき, $x+\dfrac{9}{x+2}$ は $x=\boxed{ウ}$ で最小値 $\boxed{エ}$ をとる。

例題 4 解と係数の関係 （目安15分）

a を定数とし, 2次方程式 $x^2+(a-3)x-3a+4=0$ の 2つの解を α, β とするとき,
$$\alpha^2+\beta^2 = a^{\boxed{ア}}+\boxed{イ},\quad \alpha^2\beta^2=\boxed{ウ}a^2-\boxed{エオ}a+\boxed{カキ}$$
である。

また, α^2, β^2 が x の方程式 $2x^2-kx+5k=0$ の 2つの解となるような a と実数 k の値は

$$a=\dfrac{\boxed{ク}}{\boxed{ケ}},\ k=\dfrac{\boxed{コ}}{\boxed{サ}} \quad\text{または}\quad a=\dfrac{\boxed{シス}}{\boxed{セ}},\ k=\dfrac{\boxed{ソタチ}}{\boxed{ツ}}$$

である。

CHART 2

▶相加平均と相乗平均の大小関係

$$a>0,\ b>0 \text{ のとき} \quad \dfrac{a+b}{2} \geq \sqrt{ab}$$

等号が成り立つのは $a=b$ のとき

$\dfrac{a+b}{2}$ を a と b の **相加平均**, $a>0$, $b>0$ のとき $\sqrt{ab}$ を a と b の **相乗平均** という。

▶解と係数の関係

2次方程式 $ax^2+bx+c=0$ の解を α, β とすると

$$\alpha+\beta=-\dfrac{b}{a},\quad \alpha\beta=\dfrac{c}{a}$$

例題 ❸ 解答・解説

解 答 $\sqrt{(ア)}$ $\sqrt{2}$ （イ）9 （ウ）1 （エ）4

解説

(1) 与式を展開して

$$\left(x+\frac{1}{x}\right)\left(x+\frac{4}{x}\right)=x^2+x\cdot\frac{4}{x}+\frac{1}{x}\cdot x+\frac{1}{x}\cdot\frac{4}{x}$$

$$=x^2+\frac{4}{x^2}+5$$

$x^2>0$, $\dfrac{4}{x^2}>0$ であるから，相加平均と相乗平均の大小関係

により $x^2+\dfrac{4}{x^2}\geqq 2\sqrt{x^2\cdot\dfrac{4}{x^2}}=2\cdot 2=4$

よって $\left(x+\dfrac{1}{x}\right)\left(x+\dfrac{4}{x}\right)=x^2+\dfrac{4}{x^2}+5\geqq 4+5=9$

等号が成り立つのは，$x>0$ かつ $x^2=\dfrac{4}{x^2}$

すなわち $x=\sqrt{2}$ のときである。
ゆえに，$x=\sqrt{^{ア}2}$ で最小値 $^{イ}9$ をとる。

← $x>0$ から
$x^2>0$, $\dfrac{4}{x^2}>0$

← $x^2=\dfrac{4}{x^2}$ から $x^2=2$
$x>0$ であるから
$x=\sqrt{2}$

(2) $x+\dfrac{9}{x+2}=x+2+\dfrac{9}{x+2}-2$

$x>0$ より $x+2>0$, $\dfrac{9}{x+2}>0$ であるから，

相加平均と相乗平均の大小関係により

$$x+2+\frac{9}{x+2}\geqq 2\sqrt{(x+2)\cdot\frac{9}{x+2}}=2\cdot 3=6$$

よって $x+\dfrac{9}{x+2}=x+2+\dfrac{9}{x+2}-2\geqq 6-2=4$

等号が成り立つのは，$x+2=\dfrac{9}{x+2}$ のときである。

このとき $(x+2)^2=9$
$x+2>0$ であるから $x+2=3$
ゆえに $x=1$
したがって，$x=^{ウ}1$ で最小値 $^{エ}4$ をとる。

← 2つの項の積が定数となるように，$x+2$ の項を作る。

← 式の値が 4 になるような x の値が存在することを必ず確認する。
← 等号成立は
$x+2=\dfrac{9}{x+2}$

かつ $x+2+\dfrac{9}{x+2}=6$
ゆえに $2(x+2)=6$
として求めてよい。

10 第1章 式と証明，複素数と方程式

例題 ④ 解答・解説

解答

(ア) 2　(イ) 1　(ウ) 9　(エオ) 24　(カキ) 16　$\dfrac{(ク)}{(ケ)}$　$\dfrac{1}{2}$

$\dfrac{(コ)}{(サ)}$　$\dfrac{5}{2}$　$\dfrac{(シス)}{(セ)}$　$\dfrac{11}{2}$　$\dfrac{(ソタチ)}{(ツ)}$　$\dfrac{125}{2}$

解説

解と係数の関係から

$$\alpha+\beta=-(a-3),\quad \alpha\beta=-3a+4$$

よって

$$\begin{aligned}\alpha^2+\beta^2&=(\alpha+\beta)^2-2\alpha\beta\\&=\{-(a-3)\}^2-2(-3a+4)\\&=a^{\,{}^{ア}2}+{}^{イ}1\end{aligned}$$

$$\begin{aligned}\alpha^2\beta^2&=(\alpha\beta)^2=(-3a+4)^2\\&={}^{ウ}9a^2-{}^{エオ}24a+{}^{カキ}16\end{aligned}$$

← CHART　対称式
基本対称式で表す

また，x の方程式 $2x^2-kx+5k=0$ の 2 つの解が α^2，β^2 であり，解と係数の関係から

$$\alpha^2+\beta^2=\frac{k}{2},\quad \alpha^2\beta^2=\frac{5}{2}k$$

← α^2，β^2 が 2 つの解である。

よって

$$a^2+1=\frac{k}{2}\quad\cdots\cdots①,$$

$$9a^2-24a+16=\frac{5}{2}k\quad\cdots\cdots②$$

①，② から　　$9a^2-24a+16=5(a^2+1)$

整理すると　　$4a^2-24a+11=0$

ゆえに　　$(2a-1)(2a-11)=0$

したがって　　$a=\dfrac{1}{2},\ \dfrac{11}{2}$

$a=\dfrac{1}{2}$ を ① に代入すると　　$k=\dfrac{5}{2}$

$a=\dfrac{11}{2}$ を ① に代入すると　　$k=\dfrac{125}{2}$

← ①×5 : $5(a^2+1)=\dfrac{5}{2}k$

これを ② に代入する。

← ② に代入して k の値を求めてもよいが，① に代入する方が簡単に求められる。

よって

$$a=\frac{{}^{ク}1}{{}^{ケ}2},\ k=\frac{{}^{コ}5}{{}^{サ}2}\quad または\quad a=\frac{{}^{シス}11}{{}^{セ}2},\ k=\frac{{}^{ソタチ}125}{{}^{ツ}2}$$

2 日目　式と計算 (2)，複素数と方程式 (1)

演 習 問 題

3 相加平均と相乗平均の大小関係

目安 15 分

$f(x) = \dfrac{x^4 - 2x^3 - 5x^2 + 6x + 2}{x^2 - x + 1}$ の最小値を求めよう。ただし，x は実数である。

$x^4 - 2x^3 - 5x^2 + 6x + 2$ を $x^2 - x + 1$ で割ると，商は $x^2 - x -$ 　ア　，余りは 　イ　 である。

よって，$f(x) = x^2 - x -$ 　ア　 $+ \dfrac{\boxed{イ}}{x^2 - x + 1} = x^2 - x + 1 + \dfrac{\boxed{イ}}{x^2 - x + 1} -$ 　ウ　 と変形できる。

ここで，$x^2 - x + 1$ の最小値は $\dfrac{\boxed{エ}}{\boxed{オ}}$ である。

したがって，相加平均と相乗平均の大小関係により，$x =$ 　カキ　，　ク　 のとき $f(x)$ は最小値 　ケコ　 をとることがわかる。

4 解と係数の関係

目安 15 分

a を定数とし，2 次方程式 $x^2 - 2ax + a + 5 = 0$ の 2 つの解を α, β とするとき，

$$\alpha + \beta = \boxed{ア}\, a, \quad \alpha\beta = a + \boxed{イ}$$

である。

また，$\alpha + \beta$, $\alpha\beta$ が x の方程式 $x^2 - kx - 5k + 2 = 0$ の 2 つの解となるような a と実数 k の値は

$$a = \boxed{ウエ}, \quad k = \boxed{オ} \quad \text{または} \quad a = \frac{\boxed{カキク}}{\boxed{ケ}}, \quad k = \frac{\boxed{コサシ}}{\boxed{ス}}$$

である。

12　第 1 章　式と証明，複素数と方程式

第1章 式と証明，複素数と方程式（数Ⅱ）

3日目 複素数と方程式 (2)

例題 5　割り算と余りの決定　　目安15分

整式 $f(x)=3x^3+5x^2+ax+b$ を $x+1$，$x-2$ で割ったときの余りは，それぞれ -3，12 である。このとき，$f(x)$ を $(x+1)(x-2)$ で割ったときの余りは $\boxed{ア}x+\boxed{イ}$ である。また，$a=\boxed{ウエ}$，$b=\boxed{オカキ}$ である。

例題 6　高次方程式　　目安15分

(1) 3次方程式 $3x^3+x^2-8x+4=0$ の解は $x=\boxed{ア}$，$\boxed{イウ}$，$\dfrac{\boxed{エ}}{\boxed{オ}}$ である。

(2) 複素数 $-1+i$ が4次方程式 $x^4+ax^3+7x^2+bx+26=0$ の解であるとき，実数の定数 a，b の値は $a=\boxed{カキ}$，$b=\boxed{クケ}$ であり，残りの解は $x=\boxed{コサ}-i$，$\boxed{シ}\pm\boxed{ス}i$ である。

▶割り算の問題

　　基本公式 $A(x)=B(x)Q(x)+R(x)$ を利用
　　$(R(x)$ の次数$)<(B(x)$ の次数$)$ が決め手

$R(x)=ax+b$ などとおいて，$B(\alpha)=0$ となる α を代入。

▶剰余の定理
① 整式 $f(x)$ を1次式 $x-\alpha$ で割ったときの余りは　$f(\alpha)$
② 整式 $f(x)$ を1次式 $ax+b$ で割ったときの余りは　$f\left(-\dfrac{b}{a}\right)$

▶因数定理
① 1次式 $x-\alpha$ が整式 $f(x)$ の因数である $\iff f(\alpha)=0$
② 1次式 $ax+b$ が整式 $f(x)$ の因数である $\iff f\left(-\dfrac{b}{a}\right)=0$

高次（3次以上の）方程式 ⟶ **因数定理を利用して因数分解**

▶係数が実数である方程式
$x=p+qi$（p, q は実数，$q\neq 0$）が解のとき $x=p-qi$ も解。
$p\pm qi$ を解にもつ2次方程式を考える。

例題 5 解答・解説

解答 (ア) 5 (イ) 2 (ウエ) -9 (オカキ) -14

解説

剰余の定理により
$$f(-1)=-3, \quad f(2)=12 \quad \cdots\cdots \text{①}$$
$f(x)$ を $(x+1)(x-2)$ で割ったときの余りは $px+q$ とおけるから，商を $Q(x)$ とおくと
$$f(x)=(x+1)(x-2)Q(x)+px+q$$
両辺に $x=-1$, 2 を代入して
$$f(-1)=0\cdot Q(-1)-p+q \quad \text{すなわち} \quad f(-1)=-p+q$$
$$f(2)=0\cdot Q(2)+2p+q \quad \text{すなわち} \quad f(2)=2p+q$$
① から　　　$-p+q=-3, \quad 2p+q=12$
これを解いて　　　$p=5, \quad q=2$
ゆえに，余りは　　$^{\text{ア}}5x+{}^{\text{イ}}2$
また，① から
$$3\cdot(-1)^3+5\cdot(-1)^2+a\cdot(-1)+b=-3,$$
$$3\cdot2^3+5\cdot2^2+a\cdot2+b=12$$
すなわち　　　$-a+b+5=0, \quad 2a+b+32=0$
これを解いて　　$a={}^{\text{ウエ}}-9, \quad b={}^{\text{オカキ}}-14$

◀ $x-\alpha$ で割った余りは $f(\alpha)$

◀ ($R(x)$ の次数) $<$($B(x)$ の次数)$=2$ であるから $px+q$ とおける。

◀ **CHART** $A=BQ+R$

◀ $B(\alpha)=0$ となる α を代入。

◀ NOTE 参照。

NOTE a, b を求めるには，組立除法を利用してもよい。

$$
\begin{array}{rrrr|r}
3 & 5 & a & b & \underline{-1} \\
 & -3 & -2 & -a+2 & \\
\hline
3 & 2 & a-2 & -a+b+2 &
\end{array}
$$

よって　　$f(-1)=-a+b+2$ すなわち　$-a+b+2=-3$

$$
\begin{array}{rrrr|r}
3 & 5 & a & b & \underline{2} \\
 & 6 & 22 & 2a+44 & \\
\hline
3 & 11 & a+22 & 2a+b+44 &
\end{array}
$$

よって　　$f(2)=2a+b+44$ すなわち　$2a+b+44=12$

ゆえに　　$a={}^{\text{ウエ}}-9, \quad b={}^{\text{オカキ}}-14$

14 第1章　式と証明，複素数と方程式

例題 6 解答・解説

解答 (ア) 1　(イウ) -2　$\dfrac{(エ)}{(オ)}$　$\dfrac{2}{3}$　(カキ) -2　(クケ) 18

(コサ) -1　(シ) 2　(ス) 3

解説

(1) $f(x)=3x^3+x^2-8x+4$ とすると

$$f(1)=3\cdot1^3+1^2-8\cdot1+4=0$$

よって，$f(x)$ は $x-1$ を因数にもつから

$$f(x)=(x-1)(3x^2+4x-4)$$
$$=(x-1)(x+2)(3x-2)$$

$f(x)=0$ から　　$x={}^{ア}1,\ {}^{イウ}-2,\ {}^{エ}\dfrac{2}{{}^{オ}3}$

← 因数定理。

← 組立除法。

3	1	-8	4	$\lfloor 1$
	3	4	-4	
3	4	-4	0	

(2) $x=-1+i$ が解であるから，$x=-1-i$ も解である。

これらの和は　　$(-1+i)+(-1-i)=-2$

　　　　　積は　　$(-1+i)(-1-i)=(-1)^2-i^2=2$

よって，$-1\pm i$ を解にもつ 2 次方程式の 1 つは

$$x^2+2x+2=0$$

ゆえに，4 次方程式の左辺は x^2+2x+2 で割り切れる。

実際に割ると，下のようになる。

$$\begin{array}{r}
x^2+(a-2)x+(-2a+9) \\
x^2+2x+2\ \overline{\smash{)}\ x^4+\ \ ax^3+\ \ \ \ 7x^2+\ \ \ \ \ \ bx\ \ \ +26} \\
\underline{x^4+\ \ 2x^3+\ \ \ \ 2x^2} \\
(a-2)x^3+\ \ \ \ 5x^2+\ \ \ \ \ \ bx \\
\underline{(a-2)x^3+(2a-4)x^2+\ \ \ (2a-4)x} \\
(-2a+9)x^2+(b-2a+4)x\ \ \ \ +26 \\
\underline{(-2a+9)x^2+(-4a+18)x-4a+18} \\
(b+2a-14)x+4a+\ 8
\end{array}$$

よって，余りは　　$(b+2a-14)x+4a+8$

割り切れるから　　$b+2a-14=0,\ 4a+8=0$

したがって　　$a={}^{カキ}-2,\ b={}^{クケ}18$

このとき，方程式は　　$(x^2+2x+2)(x^2-4x+13)=0$

$x^2-4x+13=0$ を解くと　$x=2\pm\sqrt{-9}=2\pm3i$

ゆえに，残りの解は　　$x={}^{コサ}-1-i,\ x={}^{シ}2\pm{}^{ス}3i$

← $p+qi$ が解

$\longrightarrow p-qi$ も解

← $\alpha,\ \beta$ を解にもつ 2 次方程式の 1 つは

$x^2-(\alpha+\beta)x+\alpha\beta=0$

← 割り切れる

$\Longleftrightarrow$ （余り）$=0$

← 割り算の商を利用する。

3 日目　複素数と方程式 (2)　　**15**

演 習 問 題

5 割り算と余りの決定

目安15分

$f(x)=x^3+ax^2+bx+c$ (a, b, c は定数) は $x+2$ で割っても $x+3$ で割っても 2 余る。

また，方程式 $f(x)=0$ の 1 つの解は $x=-1$ である。

このとき，$f(x)$ を x^2+3x+2 で割った余りは $\boxed{アイ}\,x-\boxed{ウ}$ である。

また，$a=\boxed{エ}$，$b=\boxed{オ}$，$c=\boxed{カ}$ である。

6 高次方程式

目安15分

(1) 3 次方程式 $x^3-x^2+x-6=0$ の解は $x=\boxed{ア}$，$\dfrac{\boxed{イウ}\pm\sqrt{\boxed{エオ}}\,i}{\boxed{カ}}$ である。

(2) 複素数 $1+2i$ が 4 次方程式 $x^4-3x^3+2x^2+ax+b=0$ の解であるとき，実数の定数 a, b の値は $a=\boxed{キ}$，$b=\boxed{クケコ}$ であり，残りの解は

$$x=\boxed{サ}-\boxed{シ}\,i,\ \dfrac{\boxed{ス}\pm\sqrt{\boxed{セソ}}}{\boxed{タ}}$$

である。

16　第 1 章　式と証明，複素数と方程式

第2章　図形と方程式（数Ⅱ）

4 日目 円と直線 (1)

1回目	2回目
／	／

例題 7　円の方程式　　　　　　　　　　　　　　　　目安15分

3点 A$(0, -1)$，B$(4, 1)$，C$(6, -3)$ を通る円の方程式は，
$x^2+y^2-\boxed{ア}x+\boxed{イ}y+\boxed{ウ}=0$ であり，この円の中心の座標は
$(\boxed{エ}, -\boxed{オ})$，半径は $\sqrt{\boxed{カキ}}$ である。
また，線分 BC を直径とする円の方程式は $(x-\boxed{ク})^2+(y+\boxed{ケ})^2=\boxed{コ}$
である。

例題 8　円の接線　　　　　　　　　　　　　　　　　目安15分

(1)　点 A$(4, 0)$ を通り，円 $x^2+y^2=4$ に接する傾きが負の直線の方程式は
　　$x+\sqrt{\boxed{ア}}\,y=\boxed{イ}$ であり，接点の座標は $(\boxed{ウ}, \sqrt{\boxed{エ}})$ である。

(2)　$k>0$ とする。直線 $kx+y=3\sqrt{2}$ が円 $x^2+y^2=6$ に接するとき，$k=\sqrt{\boxed{オ}}$
　　であり，接点の座標は $(\boxed{カ}, \sqrt{\boxed{キ}})$ である。

CHART 4

▶円の方程式

計算がらくな形を選ぶ

1　基本形　中心 (a, b)，半径 r の円の方程式
$$(x-a)^2+(y-b)^2=r^2$$

2　一般形　$x^2+y^2+lx+my+n=0$

▶円の接線

円 $x^2+y^2=r^2$ 上の点 (α, β) における接線の方程式は
$$\alpha x+\beta y=r^2$$

円の接線の求め方

1　公式利用　　　　2　中心と接線の距離＝半径

3　接点 ⟺ 重解　　4　接線⊥半径

4 日目　円と直線 (1)　　17

例題 7 解答・解説

解答 (ア) 6 (イ) 4 (ウ) 3 (エ) 3 (オ) 2 √(カキ) √10
(ク) 5 (ケ) 1 (コ) 5

解説

3点 A, B, C を通る円の方程式を $x^2+y^2+lx+my+n=0$ とおくと, A, B, C を通ることから

$$1-m+n=0 \quad \cdots\cdots ①,$$
$$17+4l+m+n=0 \quad \cdots\cdots ②,$$
$$45+6l-3m+n=0 \quad \cdots\cdots ③$$

②−① から $16+4l+2m=0$
すなわち $2l+m+8=0 \quad \cdots\cdots ④$
③−② から $28+2l-4m=0$
すなわち $2l-4m+28=0 \quad \cdots\cdots ⑤$
④, ⑤ を解いて $m=4, l=-6$
① から $n=m-1=3$
よって $x^2+y^2-{}^ア6x+{}^イ4y+{}^ウ3=0$
これより $(x^2-6x+9)+(y^2+4y+4)-9-4+3=0$
すなわち $(x-3)^2+(y+2)^2=10$
ゆえに, 中心の座標は $({}^エ3, -{}^オ2)$,
半径は $\sqrt{{}^{カキ}10}$

また, 線分 BC を直径とする円について,
中心は線分 BC の中点で, その座標は

$\left(\dfrac{4+6}{2}, \dfrac{1-3}{2}\right)$ すなわち $(5, -1)$

半径 r は中心 $(5, -1)$ と円上の点 $B(4, 1)$
の距離であるから
$$r^2=(4-5)^2+\{1-(-1)\}^2=5$$
したがって, 円の方程式は
$$(x-5)^2+\{y-(-1)\}^2=5$$
すなわち $(x-{}^ク5)^2+(y+{}^ケ1)^2={}^コ5$

← **一般形** が有効。
← 3点を通る。
→ 方程式に x 座標, y 座標を代入すれば成り立つ。

← 1つの文字 n を消去して解く。

← x, y について, それぞれ **平方完成** する。

← 図をかいてみるとわかりやすい。

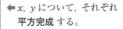

← 中点 $\left(\dfrac{x_1+x_2}{2}, \dfrac{y_1+y_2}{2}\right)$

← 半径は中心と端点の距離。

← 中心 (a, b), 半径 r の円の方程式
$(x-a)^2+(y-b)^2=r^2$

例題 8 解答・解説

解答 √(ア) 3　(イ) 4　(ウ) 1　√(エ) 3　√(オ) √2
(カ) 2　√(キ) √2

解説

(1) 接点の座標を (α, β) とおくと，接線の方程式は
$$\alpha x + \beta y = 4 \quad \cdots\cdots ①$$
① が点 $A(4, 0)$ を通るから　　$4\alpha = 4$
よって　　$\alpha = 1$
また，接点 (α, β) は円上にあるから　　$\alpha^2 + \beta^2 = 4$
$\alpha = 1$ を代入して　　$1 + \beta^2 = 4$
よって　　$\beta = \pm\sqrt{3}$
右の図から，傾きが負のとき接点の y 座標は正であるから　　$\beta = \sqrt{3}$
したがって，接点の座標は
$$(^ゥ 1, \sqrt{^{エ}3})$$
また，接線の方程式は，① から
$$x + \sqrt{^{ア}3}\, y = {^{イ}4}$$

(2) 条件から　　$\dfrac{|-3\sqrt{2}|}{\sqrt{k^2+1^2}} = \sqrt{6}$

すなわち　　$3\sqrt{2} = \sqrt{6}\sqrt{k^2+1}$
両辺を 2 乗して　　$18 = 6(k^2+1)$
よって　　$k^2 = 2$
$k > 0$ であるから　　$k = \sqrt{^{オ}2}$
接点は，接線 $\sqrt{2}\,x + y = 3\sqrt{2}$ と，接線に垂直で円の中心 $(0, 0)$ を通る直線 ℓ との交点である。

ℓ の傾きは $\dfrac{1}{\sqrt{2}}$ であるから，ℓ の方程式は　　$y = \dfrac{1}{\sqrt{2}}x$

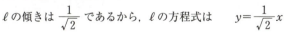

に代入して　　$\sqrt{2}\,x + \dfrac{1}{\sqrt{2}}x = 3\sqrt{2}$
よって　　$x = 2,\ y = \sqrt{2}$
したがって，接点の座標は　　$(^ヵ 2, \sqrt{^{キ}2})$

←**CHART** ① 公式利用

←A は接線上の点，(α, β) は円上の点。
⟶ x 座標，y 座標を代入すれば成り立つ。

←図を用いると，傾きを求めなくても $\beta = \sqrt{3}$ がわかるが，$\sqrt{\boxed{エ}}$ の形を見ればさらに早くわかる。

←**CHART** ② 中心と接線の距離＝半径

←接線は，中心と接点を通る直線 ℓ に垂直。

←接線の傾きは $-\sqrt{2}$
ℓ の傾きを m とすると，
$-\sqrt{2} \cdot m = -1$ から
$m = \dfrac{1}{\sqrt{2}}$

4 日目　円と直線 (1)

演　習　問　題

7　円の方程式

目安 15 分

3 点 A(4, -1), B(6, 3), C(-3, 0) を通る円の方程式は

$x^2+y^2-\boxed{ア}\,x-\boxed{イ}\,y-\boxed{ウエ}=0$ であり, この円の中心の座標は

($\boxed{オ}$, $\boxed{カ}$), 半径は $\boxed{キ}$ である。

また, 2 点 A, C を直径の両端とする円の方程式は

$\left(x-\dfrac{\boxed{ク}}{\boxed{ケ}}\right)^2+\left(y+\dfrac{\boxed{コ}}{\boxed{サ}}\right)^2=\dfrac{\boxed{シス}}{\boxed{セ}}$ である。

8　円の接線

目安 15 分

(1)　点 A(3, 1) から円 $x^2+y^2=2$ に引いた接線は 2 本あって, 接点の座標が

($\boxed{ア}$, $\boxed{イウ}$) のものが $x-y=\boxed{エ}$, 接点の座標が $\left(\dfrac{\boxed{オ}}{\boxed{カ}},\ \dfrac{\boxed{キ}}{\boxed{ク}}\right)$ の

ものが $x+\boxed{ケ}\,y=\boxed{コサ}$ である。

(2)　直線 $\ell : y=a(x-2)$ と円 $C : x^2+y^2=3$ が異なる 2 点で交わるとき

$-\sqrt{\boxed{シ}}<a<\sqrt{\boxed{シ}}$ である。

$a=\sqrt{\boxed{シ}}$ のとき, ℓ と C は接し, 接点の x 座標は $\dfrac{\boxed{ス}}{\boxed{セ}}$ である。

20　第 2 章　図形と方程式

第2章 図形と方程式(数II)

5日目 円と直線 (2)

例題 9　円と直線の共有点

座標平面上の円 $x^2+y^2=40$ を C とし，x の関数 $y=-3|x|+a$ のグラフを G とする。ただし，a は実数とする。

(1) グラフ G は，直線 $x=\boxed{\text{ア}}$ に関して対称である。

(2) 円 C と直線 $y=3x+a$ が接するのは，$a=\pm\boxed{\text{イウ}}$ のときであり，$a=\boxed{\text{イウ}}$ のときの接点の座標は $(\boxed{\text{エオ}},\ \boxed{\text{カ}})$ である。

(3) C と G の共有点の個数が最も多くなるのは $\boxed{\text{キ}}$ 個のときであり，そのときの a の値の範囲は，$\boxed{\text{ク}}\sqrt{\boxed{\text{ケコ}}}<a<\boxed{\text{サシ}}$ である。

例題 10　交点を通る図形

(1) 直線 $(2a-3)x+(a-2)y-4a+6=0$ は a の値に関係なく，定点 $(\boxed{\text{ア}},\ \boxed{\text{イ}})$ を通る。

(2) 2 直線 $\ell_1: 2x-3y+4=0$，$\ell_2: x+2y-5=0$ の交点を通り，直線 $3x+2y=0$ に平行な直線の方程式は $\boxed{\text{ウ}}x+\boxed{\text{エ}}y-\boxed{\text{オ}}=0$ である。

CHART 5

▶円と直線の位置関係

　　　　① **判別式**　　② **中心と直線の距離**

① 円と直線の方程式から 1 文字を消去して得られる 2 次方程式の **判別式 D の符号** を調べる。

② 円の中心と直線の距離 d と円の半径 r の **大小関係** を調べる。

円と直線が $\begin{cases} \text{異なる 2 点で交わる} \iff D>0 \iff d<r \\ \text{1 点で接する} \iff D=0 \iff d=r \\ \text{共有点をもたない} \iff D<0 \iff d>r \end{cases}$

▶ $f(x,\ y)=0$，$g(x,\ y)=0$ の交点を通る図形

$$f(x,\ y)+kg(x,\ y)=0$$

すべての k について 成り立つ ⟶ k についての **恒等式**。

例題 9 解答・解説

解答 （ア）0 （イウ）20 （エオ）−6 （カ）2 （キ）4 （ク）√（ケコ） 2√10 （サシ）20

解説

(1) $y = -3|x| + a$ から
   $x \geqq 0$ のとき　$y = -3x + a$,
   $x < 0$ のとき　$y = 3x + a$
   よって，グラフ G は，直線 $x = {}^ア0$ に関して対称である。

(2) $y = 3x + a$ を $x^2 + y^2 = 40$ に代入すると
   $$x^2 + (3x + a)^2 = 40$$
   すなわち　$10x^2 + 6ax + a^2 - 40 = 0$ ……①
   2次方程式①の判別式を D とすると
   $$\frac{D}{4} = (3a)^2 - 10(a^2 - 40) = -a^2 + 400$$
   円 C と直線が接するための条件は　$D = 0$
   よって　$a^2 = 400$　　ゆえに　$a = \pm {}^{イウ}20$
   $a = 20$ のとき，①は重解 $x = -\dfrac{6a}{2 \cdot 10} = -6$ をもつ。
   このとき，$y = 3x + a$ から　$y = 2$
   したがって，接点の座標は　（${}^{エオ}-6$, ${}^カ2$）

〔別解〕 a の値は次のように求めることもできる。
   円の半径は $2\sqrt{10}$ である。
   円の中心 $(0, 0)$ と直線の距離を d とすると，接するための条件は　$d = 2\sqrt{10}$
   $d = \dfrac{|3 \cdot 0 - 0 + a|}{\sqrt{3^2 + (-1)^2}}$ であるから　$\dfrac{|a|}{\sqrt{10}} = 2\sqrt{10}$
   よって　$|a| = 20$　　ゆえに　$a = \pm {}^{イウ}20$

(3) グラフ G は，関数 $y = -3|x|$ のグラフを y 軸方向に a だけ平行移動したものである。
   C と G の共有点の個数が最も多くなるのは，${}^キ4$ 個のときであり，右の図から
   　　${}^ク2\sqrt{{}^{ケコ}10} < a < {}^{サシ}20$

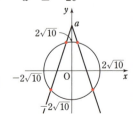

← **CHART**
絶対値　場合に分ける

← **CHART**　① 判別式

← 1点で接する ⟺ $D = 0$

← 2次方程式
$ax^2 + bx + c = 0$ の重解
は　$x = -\dfrac{b}{2a}$

← **CHART**
② 中心と直線の距離

← $y = 3x + a$ から
$3x - y + a = 0$

← 円 $x^2 + y^2 = 40$, 関数 $y = -3|x| + a$ のグラフはともに y 軸に関して対称である。

例題 ⑩ 解答・解説

解答 (ア) 2 (イ) 0 (ウ) 3 (エ) 2 (オ) 7

解説

(1) a について整理すると

$$a(2x+y-4)-3x-2y+6=0$$

この等式が a の値に関係なく成り立つとき

$$2x+y-4=0, \quad -3x-2y+6=0$$

← a についての恒等式。

これを解いて $x=2, \quad y=0$

よって，この直線は定点 ($^ア2$, $^イ0$) を通る。

(2) k は定数とする。方程式

$$2x-3y+4+k(x+2y-5)=0 \quad \cdots\cdots ①$$

← $f(x, y)+kg(x, y)=0$ の形をしている。

は，2 直線 ℓ_1, ℓ_2 の交点を通る直線を表す。

① を x, y について整理すると

$$(k+2)x+(2k-3)y+4-5k=0 \quad \cdots\cdots ②$$

直線① が直線 $3x+2y=0$ に平行であるための条件は

$$(k+2)\cdot 2-3(2k-3)=0$$

← 下の NOTE 参照。

整理すると $-4k+13=0$

したがって $k=\dfrac{13}{4}$

これを ② に代入して

$$\left(\dfrac{13}{4}+2\right)x+\left(2\cdot\dfrac{13}{4}-3\right)y+4-5\cdot\dfrac{13}{4}=0$$

整理すると $^ウ3x+^エ2y-^オ7=0$

NOTE 係数に文字が入った 2 つの直線の平行，垂直を考えるときは，次の公式を利用するのが早い。

$\ell_1 : a_1x+b_1y+c_1=0$, $\ell_2 : a_2x+b_2y+c_2=0$ について

$$\ell_1 /\!/ \ell_2 \Longleftrightarrow a_1b_2-a_2b_1=0, \qquad \ell_1 \perp \ell_2 \Longleftrightarrow a_1a_2+b_1b_2=0$$

[別解] (2) 2 直線の交点の座標は，$2x-3y+4=0$, $x+2y-5=0$ を連立して

解くと $(1, 2)$

点 $(1, 2)$ を通り，直線 $3x+2y=0$ に平行な直線の方程式は

$$3(x-1)+2(y-2)=0 \quad \text{すなわち} \quad ^ウ3x+^エ2y-^オ7=0$$

このように，2 直線の交点の座標を直接求めて考えた方が早いこともある。

5 日目 円と直線 (2) 23

演 習 問 題

9 円と直線の共有点

目安 15 分

座標平面上の円 $(x-2)^2+y^2=4$ を C とし，x の関数 $y=m|x-1|-2$ のグラフを G とする。ただし，$m \geqq 0$ とする。

(1) グラフ G は直線 $x=1$ に関して対称であり，m の値にかかわらず

点 A$(\boxed{\text{ア}}，\boxed{\text{イウ}})$ を通る。また，グラフ G が点 $(4，0)$ を通るとき，m の値

は $m=\dfrac{\boxed{\text{エ}}}{\boxed{\text{オ}}}$ であり，グラフ G が円 C と接するとき，m の値は

$m=\boxed{\text{カ}}，\dfrac{\boxed{\text{キ}}}{\boxed{\text{ク}}}$ である。

(2) グラフ G が円 C と $y<0$ の部分で，共有点を 1 個だけもつような m の値の範

囲は $m=\boxed{\text{ケ}}，\dfrac{\boxed{\text{コ}}}{\boxed{\text{サ}}} \leqq m < \dfrac{\boxed{\text{シ}}}{\boxed{\text{ス}}}$ である。

10 交点を通る図形

目安 15 分

(1) 直線 $(a+3)x-2ay-a+2=0$ は，どのような定数 a に対しても定点

$\left(\dfrac{\boxed{\text{アイ}}}{\boxed{\text{ウ}}}，\dfrac{\boxed{\text{エオ}}}{\boxed{\text{カ}}}\right)$ を通る。

(2) 円 $x^2+y^2=6$ と直線 $y=2x-1$ の 2 つの交点と原点 O を通る円の中心の座標

は $(\boxed{\text{キ}}，\boxed{\text{クケ}})$，半径は $\boxed{\text{コ}}\sqrt{\boxed{\text{サ}}}$ である。

24 第 2 章 図形と方程式

第2章 図形と方程式(数Ⅱ)

6日目 軌跡と領域

例題 11　軌跡　　　　　　　　　　　　　　　　　　　　目安15分

放物線 $y=x^2-2x+4$ と直線 $y=2mx$ が異なる2点で交わっている。
このとき，m の値の範囲は $m<\boxed{アイ}$，$\boxed{ウ}<m$ である。
2つの交点を A, B とすると，線分 AB の中点 M の x 座標は $m+\boxed{エ}$ であるから，点 M の軌跡の方程式は $y=\boxed{オ}x^2-\boxed{カ}x$（ただし，$x<\boxed{キク}$，$\boxed{ケ}<x$）
である。

例題 12　領域と最大・最小　　　　　　　　　　　　　　目安15分

実数 x, y が不等式 $x^2+y^2\leqq 10$，$y\geqq -2x+5$ を満たすとき，$x+y$ の値は
$x=\boxed{ア}$，$y=\boxed{イウ}$ のとき最小値 $\boxed{エ}$ を，$x=\sqrt{\boxed{オ}}$，$y=\sqrt{\boxed{カ}}$ のとき最大値 $\boxed{キ}\sqrt{\boxed{ク}}$ をとる。

CHART 6

▶軌跡

　　　　　つなぎの文字を消去して，x, y だけの関係式を導く

線分 AB の中点 M の座標を (x, y) として，次の方針で進める。
① x と y を つなぎの文字 m で表す。
② m を消去して x, y だけの式 を求める。
このとき，m に制限がつくから，軌跡は 曲線の一部 になる。

▶領域における最大・最小

　　　　　図示して，=k の直線(曲線)の動きを追う

連立不等式を考えるときは，**図示が有効** である。まず，条件の不等式の表す領域 D を図示し，$f(x, y)=k$ とおいて，図形的に考える。
① 不等式を満たす領域を図示。
② $f(x, y)=k$ とおき，k を変化させたとき，①の領域と共有点をもつような k の値の範囲を調べる。

6日目　軌跡と領域

例題 ⑪ 解答・解説

解答 （アイ）-3 （ウ）1 （エ）1 （オ）2 （カ）2 （キク）-2 （ケ）2

解説

$y=x^2-2x+4$, $y=2mx$ から y を消去すると
$$x^2-2x+4=2mx$$
すなわち $x^2-2(m+1)x+4=0$ …… ①

← 直線 $y=2mx$ は，m の値にかかわらず，原点を通る。

① の判別式を D とすると
$$\frac{D}{4}=(m+1)^2-1\cdot4=m^2+2m-3$$
$$=(m+3)(m-1)$$

← $b=2b'$ のとき
$$\frac{D}{4}=b'^2-ac$$

放物線と直線が異なる 2 点で交わるための条件は $D>0$
よって $m<{}^{アイ}-3$, ${}^{ウ}1<m$
このとき，① の解を $x=\alpha$, β とすると，
解と係数の関係により
$$\alpha+\beta=2(m+1)$$

← $(x-\alpha)(x-\beta)>0$ の解は $x<\alpha$, $\beta<x$ $(\alpha<\beta)$

α, β はそれぞれ A，B の x 座標であるから，M(x, y) とすると
$$x=\frac{\alpha+\beta}{2}=\frac{2(m+1)}{2}$$
$$=m+{}^{エ}1 \quad\text{……}\quad ②$$

← $\alpha+\beta=-\dfrac{b}{a}$, $\alpha\beta=\dfrac{c}{a}$

← 中点 $\left(\dfrac{x_1+x_2}{2},\ \dfrac{y_1+y_2}{2}\right)$

また，図より，M は直線 $y=2mx$ 上の点であるから
$$y=2mx=2m(m+1) \quad\text{……}\quad ③$$
② から $m=x-1$
これを ③ に代入して $y=2(x-1)x$
整理すると $y=2x^2-2x$

← **CHART**
つなぎの文字 m を消去

また，$m<-3$, $1<m$ であるから
$$x-1<-3,\ 1<x-1$$
よって $x<-2$, $2<x$
したがって，求める軌跡の方程式は
$$y={}^{オ}2x^2-{}^{カ}2x \quad(\text{ただし}, \ x<{}^{キク}-2, \ {}^{ケ}2<x)$$

← $m=x-1$ を代入して，m の条件 $m<-3$, $1<m$ を x の条件にする。

26 第 2 章 図形と方程式

例題 12 解答・解説

解答 (ア) 3 (イウ) －1 (エ) 2 (オ) $\sqrt{5}$ (カ) $\sqrt{5}$ (キ)$\sqrt{ }$(ク) $2\sqrt{5}$

解説

$x^2+y^2=10$ …… ①, $y=-2x+5$ …… ② とする。
② を ① に代入すると $x^2+(-2x+5)^2-10=0$
ゆえに $(x-1)(x-3)=0$ よって $x=1,\ 3$
$x=1$ のとき $y=3$, $x=3$ のとき $y=-1$
したがって，交点の座標は $(1,\ 3)$, $(3,\ -1)$
連立不等式 $x^2+y^2\leqq 10$, $y\geqq -2x+5$
を満たす領域は図の斜線部分で，境界線を含む。
$x+y=k$ とおくと
$y=-x+k$ …… ③
③ は傾き -1, y 切片 k の直線を表す。
直線 ② の傾きは -2, 直線 ③ の傾きは -1 で，$-2<-1$ であるから，k の値が最小となるのは，図より直線 ③ が $A(3,\ -1)$ を通るときである。
このとき，k の値は $3+(-1)=2$
よって，$x=^{ア}3$, $y=^{イウ}-1$ のとき最小値 ^エ2 をとる。
また，k が最大となるのは図の点 B で直線 ③ が円 $x^2+y^2=10$ と接するときである。
このとき，直線 OB は直線 ③ に垂直である。
直線 OB の方程式は $y=x$
点 B は直線 $y=x$ と円 $x^2+y^2=10$ との交点である。
$y=x$ を $x^2+y^2=10$ に代入すると $x^2+x^2=10$
ゆえに $x^2=5$ よって $x=\pm\sqrt{5}$
図から $B(\sqrt{5},\ \sqrt{5})$
したがって，$x=\sqrt{}^{オ}5$, $y=\sqrt{}^{カ}5$ のとき最大値
$k=\sqrt{5}+\sqrt{5}=^{キ}2\sqrt{}^{ク}5$ をとる。

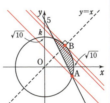

◀円 $x^2+y^2=10$ と直線 $y=-2x+5$ の交点のうち，x 座標の大きい方を A とする。

◀円 $x^2+y^2=10$ の内部かつ直線 $y=-2x+5$ の上側。ただし，境界線を含む。

◀直線 $y=-x+k$ を平行移動して考える。

◀$k=x+y$

◀接線⊥半径
◀③ の傾きは -1 であるから，$m\cdot(-1)=-1$ より $m=1$

◀x 座標が正の交点が B

◀$k=x+y$

演 習 問 題

11 軌跡

目安15分

放物線 $y=-x^2-5k^2$ と直線 $y=4kx+2k$ が異なる 2 点で交わっている。

このとき，k の値の範囲は $\boxed{アイ}<k<\boxed{ウ}$ である。

2 つの交点を A，B とすると，線分 AB の中点 M の座標は

$(\boxed{エオ}k,\ \boxed{カキ}k^2+\boxed{ク}k)$ であるから，点 M の軌跡の方程式は

$y=\boxed{ケコ}x^2-x$ （ただし，$\boxed{サ}<x<\boxed{シ}$）である。

12 領域と最大・最小

目安15分

連立不等式 $(x-3)^2+(y-3)^2\leqq9$，$y\geqq-2x+9$ で表される領域を D とする。

点 P$(x,\ y)$ が，この領域 D 内を動くとき，$(x-2)^2+(y-2)^2$ は

$x=\dfrac{\boxed{ア}+\boxed{イ}\sqrt{\boxed{ウ}}}{\boxed{エ}}$，$y=\dfrac{\boxed{オ}+\boxed{カ}\sqrt{\boxed{キ}}}{\boxed{ク}}$ のとき最大値をとり

$x=\dfrac{\boxed{ケコ}}{\boxed{サ}}$，$y=\dfrac{\boxed{シス}}{\boxed{セ}}$ のとき最小値をとる。

28　第 2 章　図形と方程式

第3章 三角関数(数II)

7日目 三角関数 (1)

例題 13 三角関数のグラフ　　目安10分

a を正の定数とし，x の関数 $f(x)$ を $f(x)=2\sin\left(ax-\dfrac{\pi}{6}\right)$ とする。

(1) 関数 $y=f(x)$ の周期のうち正で最小のものが 3π であるとすると $a=\dfrac{\boxed{ア}}{\boxed{イ}}$ である。

(2) $a=\dfrac{\boxed{ア}}{\boxed{イ}}$ とする。関数 $y=f(x)$ のグラフは，$y=2\sin ax$ のグラフを x 軸方向に $\dfrac{\pi}{\boxed{ウ}}$ だけ平行移動したものである。ただし，$0<\dfrac{\pi}{\boxed{ウ}}<\pi$ とする。また，$y=f(x)$ と $y=\cos x$ のグラフより，方程式 $f(x)=\cos x$ は $0\leqq x<2\pi$ において $\boxed{エ}$ 個の解をもつ。

例題 14 加法定理　　目安15分

$a>0$ として，2直線 $\ell : y=3x-a$，$m : y=\dfrac{1}{2}x+2$ が x 軸の正の向きとのなす角を，それぞれ α，β とする。このとき，$\tan\alpha=\boxed{ア}$，$\tan\beta=\dfrac{\boxed{イ}}{\boxed{ウ}}$ である。

さらに，2直線 ℓ，m のなす鋭角を θ とすると，$\tan\theta=\boxed{エ}$ であるから $\theta=\dfrac{\pi}{\boxed{オ}}$ である。また，ℓ，m が x 軸と交わる点をそれぞれ A，B とし，ℓ と m の交点を C とする。△ABC の面積が $\dfrac{15}{2}$ であるとき $a=\boxed{カ}$ である。

CHART 7

▶ 三角関数のグラフ

$y=a\sin bx$，$y=a\cos bx$ $(a>0,\ b>0)$ のグラフは右の図のようになる。

周期は $\dfrac{2\pi}{b}$

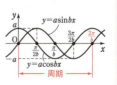

▶ 2直線のなす角　　**正接の加法定理を利用**

直線 $y=mx+n$ と x 軸の正の向きとのなす角を θ とすると

$$m=\tan\theta\ \left(0\leqq\theta<\dfrac{\pi}{2},\ \dfrac{\pi}{2}<\theta<\pi\right)$$

例題 13 解答・解説

解答 (ア)/(イ) $\dfrac{2}{3}$　(ウ) $\dfrac{\pi}{4}$　(エ) 2

解説

(1) 周期が 3π であるから　$\dfrac{2\pi}{a} = 3\pi$

　　よって　$a = \dfrac{{}^{\mathcal{P}}2}{{}_{\mathcal{1}}3}$

⇐ $y = a\sin bx$ $(a>0, b>0)$ の周期は $\dfrac{2\pi}{b}$

(2) $f(x) = 2\sin\left(\dfrac{2}{3}x - \dfrac{\pi}{6}\right)$

　　　　$= 2\sin\dfrac{2}{3}\left(x - \dfrac{\pi}{4}\right)$

⇐ $\dfrac{2}{3}x - \dfrac{\pi}{6}$ を x の係数 $\dfrac{2}{3}$ でくくる。

$y = f(x)$ のグラフは，$y = 2\sin\dfrac{2}{3}x$ のグラフを x 軸方向に $\dfrac{\pi}{{}_{\mathcal{7}}4}$ だけ平行移動したものである。

⇐ $y = f(x)$ のグラフを x 軸方向に p だけ平行移動すると　$y = f(x-p)$

また，$y = f(x)$ と $y = \cos x$ のグラフをかくと，右の図のようになる。

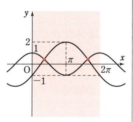

$0 \leqq x < 2\pi$ において，2 つのグラフは 2 個の共有点をもつ。

よって，方程式 $f(x) = \cos x$ は ${}^{\mathcal{I}}2$ 個の解をもつ。

⇐ 方程式 $f(x) = \cos x$ の解の個数は，$y = f(x)$ と $y = \cos x$ のグラフの共有点の個数と一致する。

第 3 章　三角関数

例題 ⑭ 解答・解説

解答　(ア) 3　$\dfrac{(イ)1}{(ウ)2}$　(エ) 1　$\dfrac{\pi}{(オ)4}$　(カ) 3

解説

2直線 ℓ, m の傾きがそれぞれ 3, $\dfrac{1}{2}$ であるから

$$\tan\alpha = {}^{ア}3, \quad \tan\beta = \dfrac{{}^{イ}1}{{}^{ウ}2}$$

ゆえに　$\tan\theta = \tan(\alpha - \beta)$

$$= \dfrac{\tan\alpha - \tan\beta}{1 + \tan\alpha\tan\beta} = \dfrac{3 - \dfrac{1}{2}}{1 + 3\cdot\dfrac{1}{2}} = {}^{エ}1$$

$0 < \theta < \dfrac{\pi}{2}$ であるから　$\theta = \dfrac{\pi}{{}^{オ}4}$

点 A の x 座標は，方程式 $3x - a = 0$ の解である。

これを解くと　$x = \dfrac{a}{3}$

点 B の x 座標は，方程式 $\dfrac{1}{2}x + 2 = 0$ の解である。

これを解くと　$x = -4$

$a > 0$ から　$AB = \dfrac{a}{3} - (-4) = \dfrac{a+12}{3}$　…… ①

点 C の x 座標は，方程式 $3x - a = \dfrac{1}{2}x + 2$ の解である。

これを解くと　$x = \dfrac{2}{5}(a+2)$

このとき　$y = \dfrac{1}{2}\cdot\dfrac{2}{5}(a+2) + 2 = \dfrac{a+12}{5}$　…… ②

①，② から　$\triangle ABC = \dfrac{1}{2}\cdot\dfrac{a+12}{3}\cdot\dfrac{a+12}{5} = \dfrac{(a+12)^2}{30}$

よって　$\dfrac{(a+12)^2}{30} = \dfrac{15}{2}$　　ゆえに　$(a+12)^2 = 15^2$

よって　$a + 12 = \pm 15$　　したがって　$a = 3, \ -27$

$a > 0$ であるから　$a = {}^{カ}3$

←単に2直線のなす角を求めるだけであれば，次の公式利用が早い。

傾きが m_1, m_2 の2直線のなす鋭角を θ とすると

$$\tan\theta = \left|\dfrac{m_1 - m_2}{1 + m_1 m_2}\right|$$

〔別解〕　(エ)，(オ)

2直線は垂直でないから

$$\tan\theta = \left|\dfrac{3 - \dfrac{1}{2}}{1 + 3\cdot\dfrac{1}{2}}\right|$$

$$= \dfrac{\dfrac{5}{2}}{\dfrac{5}{2}} = {}^{エ}1$$

$0 < \theta < \dfrac{\pi}{2}$ であるから

$$\theta = \dfrac{\pi}{{}^{オ}4}$$

←$\triangle ABC$ の高さを求める。

演 習 問 題

13 三角関数のグラフ
目安15分

関数 $y=a\sin(bx-c)+d$ …… ① について考える。

ただし，$a>0$，$b>0$，$0\leqq c<2\pi$ とする。

関数 ① の周期のうち正で最小のものが $\dfrac{2\pi}{3}$ であるとき $b=\boxed{\ \text{ア}\ }$ である。

以下，$b=\boxed{\ \text{ア}\ }$ とする。

関数 ① のグラフが，関数 $y=a\sin bx$ …… ② のグラフを x 軸方向に $\dfrac{\pi}{6}$，y 軸

方向に -1 だけ平行移動したものであるとき $c=\dfrac{\pi}{\boxed{\ \text{イ}\ }}$，$d=\boxed{\text{ウエ}}$ である。

さらに，関数 ① のグラフが点 $\left(\dfrac{\pi}{3},\ 1\right)$ を通るとき $a=\boxed{\ \text{オ}\ }$ である。

よって，関数 ① のグラフと関数 ② のグラフにより，方程式
$a\sin bx=a\sin(bx-c)+d$ は $0\leqq x\leqq 2\pi$ において $\boxed{\ \text{カ}\ }$ 個の解をもつことがわかる。

14 加法定理
目安15分

座標平面において，O(0, 0)，A(1, 0)，B(1, 2)，P(1, 1)，Q(a, b) とする。

ただし，$0<a<b$ である。

このとき，∠ABO$=\alpha$ とすると，$\cos\alpha=\dfrac{\boxed{\ \text{ア}\ }}{\sqrt{\boxed{\ \text{イ}\ }}}$ である。

△OAB∽△PQO であるとき，点 Q の座標を求めよう。

線分 OQ と x 軸の正の向きとのなす角は $\dfrac{\pi}{\boxed{\ \text{ウ}\ }}+\alpha$ であり，

OQ$=\dfrac{\boxed{\ \text{エ}\ }}{\boxed{\ \text{オ}\ }}\sqrt{\boxed{\text{カキ}}}$ である。

ここで，$\cos\left(\dfrac{\pi}{\boxed{\ \text{ウ}\ }}+\alpha\right)=\dfrac{\boxed{\ \text{ク}\ }}{\sqrt{\boxed{\text{ケコ}}}}$，$\sin\left(\dfrac{\pi}{\boxed{\ \text{ウ}\ }}+\alpha\right)=\dfrac{\boxed{\ \text{サ}\ }}{\sqrt{\boxed{\text{シス}}}}$ であるから，

点 Q の座標は $\left(\dfrac{\boxed{\ \text{セ}\ }}{\boxed{\ \text{ソ}\ }},\ \dfrac{\boxed{\ \text{タ}\ }}{\boxed{\ \text{チ}\ }}\right)$ である。

32　第3章　三角関数

第3章 三角関数(数Ⅱ)

8日目 三角関数 (2)

例題 15　三角方程式・三角不等式の基本　　目安15分

$0 \leq \theta < 2\pi$ とする。不等式 $\sin\theta \geq \dfrac{\sqrt{2}}{2}$ の解は $\dfrac{\pi}{ア} \leq \theta \leq \dfrac{イ}{ウ}\pi$ であり，不等式 $2\sin^2\theta + 5\cos\theta < 4$ の解は $\dfrac{\pi}{エ} < \theta < \dfrac{オ}{カ}\pi$ である。

また，方程式 $\cos 2\theta + \cos\theta + 1 = 0$ の解は，小さい順に

$\theta = \dfrac{\pi}{キ}$, $\dfrac{ク}{ケ}\pi$, $\dfrac{コ}{サ}\pi$, $\dfrac{シ}{ス}\pi$ である。

例題 16　三角関数の定義と方程式　　目安10分

$0 < \theta < \dfrac{\pi}{2}$ の範囲で $\sin 4\theta = \cos\theta$ …… ① を満たす θ の値を求めよう。

一般に，すべての x について $\cos x = \sin(\boxed{ア} - x)$ である。$\boxed{ア}$ に当てはまるものを，次の⓪～②のうちから1つ選べ。

⓪　π　　　①　$\dfrac{\pi}{2}$　　　②　$-\dfrac{\pi}{2}$

したがって，①が成り立つとき，$\sin 4\theta = \sin(\boxed{ア} - \theta)$ となり，$0 < \theta < \dfrac{\pi}{2}$ の範囲で 4θ, $\boxed{ア} - \theta$ のとりうる値の範囲を考えれば，$4\theta = \boxed{ア} - \theta$ または $4\theta = \pi - (\boxed{ア} - \theta)$ となる。

よって，①を満たす θ は $\theta = \dfrac{\pi}{イ}$ または $\theta = \dfrac{\pi}{ウエ}$ である。

CHART 8　三角方程式・三角不等式

単位円を利用　　不等式は，まず方程式を解く

複数の種類の三角関数を含む式は，まず1種類の三角関数で表す。
その際，かくれた条件 $\sin^2\theta + \cos^2\theta = 1$ を活用する。
$-1 \leq \sin\theta \leq 1$, $-1 \leq \cos\theta \leq 1$ に要注意。

例題 15 解答・解説

解答

| $\dfrac{\pi}{(ア)4}$ | $\dfrac{(イ)3}{(ウ)4}\pi$ | $\dfrac{\pi}{(エ)3}$ | $\dfrac{(オ)5}{(カ)3}\pi$ | $\dfrac{\pi}{(キ)2}$ | $\dfrac{(ク)2}{(ケ)3}\pi$ | $\dfrac{(コ)4}{(サ)3}\pi$ | $\dfrac{(シ)3}{(ス)2}\pi$ |

解説

$0 \leqq \theta < 2\pi$ において，$\sin\theta = \dfrac{\sqrt{2}}{2}$ を満たす θ の値は $\theta = \dfrac{\pi}{4}, \dfrac{3}{4}\pi$

右の図から不等式を満たす θ の値の範囲は $\dfrac{\pi}{_{\mathcal{ア}}4} \leqq \theta \leqq \dfrac{_{イ}3}{_{ウ}4}\pi$

不等式から $2(1-\cos^2\theta) + 5\cos\theta < 4$
整理すると $2\cos^2\theta - 5\cos\theta + 2 > 0$
よって $(2\cos\theta - 1)(\cos\theta - 2) > 0$
ここで，$-1 \leqq \cos\theta \leqq 1$ であるから $\cos\theta - 2 < 0$
ゆえに，不等式から $2\cos\theta - 1 < 0$
すなわち $\cos\theta < \dfrac{1}{2}$
$0 \leqq \theta < 2\pi$ であるから
$\dfrac{\pi}{_{エ}3} < \theta < \dfrac{_{オ}5}{_{カ}3}\pi$

また，方程式から $(2\cos^2\theta - 1) + \cos\theta + 1 = 0$
よって $\cos\theta(2\cos\theta + 1) = 0$
ゆえに $\cos\theta = 0, -\dfrac{1}{2}$
$0 \leqq \theta < 2\pi$ であるから，
$\cos\theta = 0$ より $\theta = \dfrac{\pi}{2}, \dfrac{3}{2}\pi$
$\cos\theta = -\dfrac{1}{2}$ より $\theta = \dfrac{2}{3}\pi, \dfrac{4}{3}\pi$

したがって，解は小さい順に
$\theta = \dfrac{\pi}{_{キ}2}, \dfrac{_{ク}2}{_{ケ}3}\pi, \dfrac{_{コ}4}{_{サ}3}\pi, \dfrac{_{シ}3}{_{ス}2}\pi$

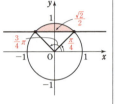

◀ **CHART**
まず方程式を解く
単位円を利用
y 座標が $\sin$

◀ $\sin^2\theta + \cos^2\theta = 1$
$\cos\theta$ だけで表す。

◀ $\cos\theta - 2$ は常に負。

◀ **CHART** 単位円を利用
x 座標が $\cos$
x 座標が $\dfrac{1}{2}$ より小さくなる θ の範囲。

◀ $\cos 2\theta = 2\cos^2\theta - 1$
角を θ にそろえ，$\cos\theta$ だけで表す。

◀ **CHART** 単位円を利用
x 座標が $\cos$

第3章 三角関数

例題16 解答・解説

解答 （ア） ① $\dfrac{\pi}{(イ)6}$ $\dfrac{\pi}{(ウエ)10}$

解説

一般に，すべての x について
$$\cos x = \sin\left(\dfrac{\pi}{2} - x\right)$$
ゆえに ア①
よって，① は
$$\sin 4\theta = \sin\left(\dfrac{\pi}{2} - \theta\right)$$
$0 < \theta < \dfrac{\pi}{2}$ であるから

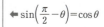

$$0 < 4\theta < 2\pi, \quad 0 < \dfrac{\pi}{2} - \theta < \dfrac{\pi}{2}$$
ゆえに $4\theta = \dfrac{\pi}{2} - \theta$ または $4\theta = \pi - \left(\dfrac{\pi}{2} - \theta\right)$
すなわち $5\theta = \dfrac{\pi}{2}$ または $3\theta = \dfrac{\pi}{2}$
したがって $\theta = \dfrac{\pi}{\text{ウエ}10}$ または $\theta = \dfrac{\pi}{\text{イ}6}$

← $\sin\left(\dfrac{\pi}{2} - \theta\right) = \cos\theta$

← **sin** だけで表す。
cos だけで表す場合は，
NOTE 参照。

← $\sin(\pi - \theta) = \sin\theta$

NOTE 例題16では誘導に従い，① を sin だけで表したが，cos だけで表すと，次のようになる。

$\sin x = \cos\left(\dfrac{\pi}{2} - x\right)$ であるから
$$\cos\left(\dfrac{\pi}{2} - 4\theta\right) = \cos\theta$$
$-\dfrac{3}{2}\pi < \dfrac{\pi}{2} - 4\theta < \dfrac{\pi}{2}$ であるから
$$\dfrac{\pi}{2} - 4\theta = \pm\theta$$
よって $\theta = \dfrac{\pi}{\text{ウエ}10}$, $\theta = \dfrac{\pi}{\text{イ}6}$

演 習 問 題

15 三角方程式・三角不等式の基本　　　目安15分

$0 \leqq \theta < 2\pi$ とする。不等式 $\cos\theta \leqq -\dfrac{\sqrt{3}}{2}$ の解は $\dfrac{\boxed{\text{ア}}}{\boxed{\text{イ}}}\pi \leqq \theta \leqq \dfrac{\boxed{\text{ウ}}}{\boxed{\text{エ}}}\pi$ であり，

不等式 $2\cos^2\theta + \sqrt{3}\sin\theta + 1 > 0$ の解は

$\boxed{\text{オ}} \leqq \theta < \dfrac{\boxed{\text{カ}}}{\boxed{\text{キ}}}\pi,\ \dfrac{\boxed{\text{ク}}}{\boxed{\text{ケ}}}\pi < \theta < \boxed{\text{コ}}\pi$ である。

また，方程式 $\sin 2\theta = \sqrt{2}\cos\theta$ の解は，小さい順に

$\theta = \dfrac{\pi}{\boxed{\text{サ}}},\ \dfrac{\pi}{\boxed{\text{シ}}},\ \dfrac{\boxed{\text{ス}}}{\boxed{\text{セ}}}\pi,\ \dfrac{\boxed{\text{ソ}}}{\boxed{\text{タ}}}\pi$ である。

16 三角関数の定義と方程式　　　目安15分

$0 \leqq \alpha \leqq \dfrac{\pi}{2}$，$0 \leqq \beta \leqq \pi$ として，$\sin\alpha = \cos 2\beta$ を満たす β について考えよう。

例えば，$\alpha = \dfrac{\pi}{6}$ のとき，β のとりうる値は $\dfrac{\pi}{\boxed{\text{ア}}}$ と $\dfrac{\boxed{\text{イ}}}{\boxed{\text{ア}}}\pi$ の 2 つである。

このように，α の各値に対して，β のとりうる値は 2 つある。

それらを $\beta_1,\ \beta_2\ (\beta_1 < \beta_2)$ とする。

$\beta_1,\ \beta_2$ を α を用いて表すと $\beta_1 = \dfrac{\pi}{\boxed{\text{ウ}}} - \dfrac{\alpha}{\boxed{\text{エ}}}$，$\beta_2 = \dfrac{\boxed{\text{オ}}}{\boxed{\text{ウ}}}\pi + \dfrac{\alpha}{\boxed{\text{エ}}}$ となる。

このとき，$\alpha + \dfrac{\beta_1}{2} + \dfrac{\beta_2}{3}$ のとりうる値の範囲は $\dfrac{\boxed{\text{カ}}}{\boxed{\text{キ}}}\pi \leqq \alpha + \dfrac{\beta_1}{2} + \dfrac{\beta_2}{3} \leqq \dfrac{\boxed{\text{ク}}}{\boxed{\text{ケ}}}\pi$

であるから，$y = \sin\left(\alpha + \dfrac{\beta_1}{2} + \dfrac{\beta_2}{3}\right)$ が最大となる α の値は $\dfrac{\boxed{\text{コ}}}{\boxed{\text{サシ}}}\pi$ である。

第3章 三角関数(数Ⅱ)

9日目 三角関数 (3)

例題 17 三角不等式（倍角の公式利用） 目安15分

不等式 $\sqrt{6}\cos\left(x+\dfrac{\pi}{4}\right)+\dfrac{3}{2}<\sin 2x$ を満たす x の範囲を求めよう。

ただし，$0\leqq x<2\pi$ とする。$\cos\left(x+\dfrac{\pi}{4}\right)=\dfrac{1}{\sqrt{\boxed{ア}}}(\cos x-\sin x)$，

$\sin 2x=\boxed{イ}\sin x\cos x$ であるから，$a=\sin x$，$b=\cos x$ とおくと，与えられた不等式は $\boxed{ウ}ab+\boxed{エ}\sqrt{\boxed{オ}}a-\boxed{カ}\sqrt{\boxed{キ}}b-3>0$ となる。

左辺の因数分解を利用して x の範囲を求めると

$\dfrac{\pi}{\boxed{ク}}<x<\dfrac{\boxed{ケ}}{\boxed{コ}}\pi$ または $\dfrac{\boxed{サ}}{\boxed{シ}}\pi<x<\dfrac{\boxed{ス}}{\boxed{セ}}\pi$ である。

例題 18 三角方程式・三角不等式（合成利用） 目安15分

$0\leqq\theta<2\pi$ において，$f(\theta)=2\sin 2\theta-2\cos 2\theta$ とする。

方程式 $f(\theta)=\sqrt{6}$ の解は，小さい順に $\dfrac{\boxed{ア}}{\boxed{イウ}}\pi$，$\dfrac{\boxed{エオ}}{\boxed{カキ}}\pi$，$\dfrac{\boxed{クケ}}{\boxed{コサ}}\pi$，$\dfrac{\boxed{シス}}{\boxed{セソ}}\pi$

である。また，不等式 $f(\theta)<0$ の解は

$\boxed{タ}\leqq\theta<\dfrac{\pi}{\boxed{チ}}$，$\dfrac{\boxed{ツ}}{\boxed{テ}}\pi<\theta<\dfrac{\boxed{ト}}{\boxed{ナ}}\pi$，$\dfrac{\boxed{ニヌ}}{\boxed{ネ}}\pi<\theta<\boxed{ノ}\pi$ である。

CHART 9　三角方程式・三角不等式

▶ θ と 2θ が混在した式

　　関数の種類 と 角を θ に 統一する

　加法定理 や 倍角の公式 を利用して，式を変形する。

▶ $a\sin\theta$ と $b\cos\theta$ を含む式

　　同周期には合成が有効

$$a\sin\theta+b\cos\theta=\sqrt{a^2+b^2}\sin(\theta+\alpha)$$

ただし　$\cos\alpha=\dfrac{a}{\sqrt{a^2+b^2}}$，$\sin\alpha=\dfrac{b}{\sqrt{a^2+b^2}}$

合成した後の角の変域に注意 する。

例題 17 解答・解説

解答
$\dfrac{1}{\sqrt{(ア)}}$　$\dfrac{1}{\sqrt{2}}$　(イ) 2　(ウ) 4　(エ)$\sqrt{(オ)}$　$2\sqrt{3}$
(カ)$\sqrt{(キ)}$　$2\sqrt{3}$　$\dfrac{\pi}{(ク)}$　$\dfrac{\pi}{3}$　$\dfrac{(ケ)}{(コ)}$　$\dfrac{2}{3}$　$\dfrac{(サ)}{(シ)}$　$\dfrac{5}{6}$　$\dfrac{(ス)}{(セ)}$　$\dfrac{7}{6}$

解説

$$\cos\left(x+\dfrac{\pi}{4}\right)=\cos x\cos\dfrac{\pi}{4}-\sin x\sin\dfrac{\pi}{4}$$
$$=\dfrac{1}{\sqrt{^\mathcal{ア}2}}(\cos x-\sin x)$$

$\sin 2x = {}^\mathcal{イ}2\sin x\cos x$

よって，与えられた不等式は
$$\sqrt{6}\cdot\dfrac{1}{\sqrt{2}}(\cos x-\sin x)+\dfrac{3}{2}<2\sin x\cos x$$

$a=\sin x$，$b=\cos x$ を代入すると
$$\sqrt{6}\cdot\dfrac{1}{\sqrt{2}}(b-a)+\dfrac{3}{2}<2ab$$

ゆえに　${}^\mathcal{ウ}4ab+{}^\mathcal{エ}2\sqrt{{}^\mathcal{オ}3}\,a-{}^\mathcal{カ}2\sqrt{{}^\mathcal{キ}3}\,b-3>0$

左辺を因数分解して　$(2a-\sqrt{3})(2b+\sqrt{3})>0$

よって　$\left(a>\dfrac{\sqrt{3}}{2}\ \text{かつ}\ b>-\dfrac{\sqrt{3}}{2}\right)$

または　$\left(a<\dfrac{\sqrt{3}}{2}\ \text{かつ}\ b<-\dfrac{\sqrt{3}}{2}\right)$

すなわち　$\left(\sin x>\dfrac{\sqrt{3}}{2}\ \text{かつ}\ \cos x>-\dfrac{\sqrt{3}}{2}\right)$

または　$\left(\sin x<\dfrac{\sqrt{3}}{2}\ \text{かつ}\ \cos x<-\dfrac{\sqrt{3}}{2}\right)$

ゆえに　$\dfrac{\pi}{3}<x<\dfrac{2}{3}\pi$ かつ $\left(0\leqq x<\dfrac{5}{6}\pi,\ \dfrac{7}{6}\pi<x<2\pi\right)$

または　$\left(0\leqq x<\dfrac{\pi}{3},\ \dfrac{2}{3}\pi<x<2\pi\right)$ かつ $\dfrac{5}{6}\pi<x<\dfrac{7}{6}\pi$

したがって，求める x の範囲は
$$\dfrac{\pi}{{}^\mathcal{ク}3}<x<\dfrac{{}^\mathcal{ケ}2}{{}^\mathcal{コ}3}\pi\ \ \text{または}\ \ \dfrac{{}^\mathcal{サ}5}{{}^\mathcal{シ}6}\pi<x<\dfrac{{}^\mathcal{ス}7}{{}^\mathcal{セ}6}\pi$$

← $\cos(\alpha+\beta)$
　$=\cos\alpha\cos\beta-\sin\alpha\sin\beta$

← $\sin 2\alpha=2\sin\alpha\cos\alpha$

← CHART　角を統一する

← $2\sqrt{3}(b-a)+3<4ab$

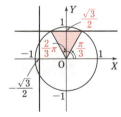

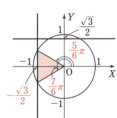

例題 18 解答・解説

解答 (ア)/(イウ) $\dfrac{7}{24}$　(エオ)/(カキ) $\dfrac{11}{24}$　(クケ)/(コサ) $\dfrac{31}{24}$　(シス)/(セソ) $\dfrac{35}{24}$　(タ) 0　(チ) $\dfrac{\pi}{8}$　(ツ)/(テ) $\dfrac{5}{8}$　(ト)/(ナ) $\dfrac{9}{8}$　(ニヌ)/(ネ) $\dfrac{13}{8}$　(ノ) 2

解説

$$f(\theta) = 2\sin 2\theta - 2\cos 2\theta$$
$$= \sqrt{2^2+2^2}\sin\left(2\theta - \dfrac{\pi}{4}\right)$$
$$= 2\sqrt{2}\sin\left(2\theta - \dfrac{\pi}{4}\right)$$

← 合成で sin に統一。

ここで，$0 \leqq \theta < 2\pi$ の各辺に 2 を掛けて　$0 \leqq 2\theta < 4\pi$
各辺から $\dfrac{\pi}{4}$ を引いて

$$-\dfrac{\pi}{4} \leqq 2\theta - \dfrac{\pi}{4} < \dfrac{15}{4}\pi \quad \cdots\cdots ①$$

◀ CHART
おき換え　範囲に注意
$2\theta - \dfrac{\pi}{4}$ の範囲は右の図。

$f(\theta) = \sqrt{6}$ から　$\sin\left(2\theta - \dfrac{\pi}{4}\right) = \dfrac{\sqrt{3}}{2}$

① の範囲でこれを解くと，右の図から

$$2\theta - \dfrac{\pi}{4} = \dfrac{\pi}{3},\ \dfrac{2}{3}\pi,\ \dfrac{\pi}{3}+2\pi,\ \dfrac{2}{3}\pi+2\pi$$

よって　$\theta = \dfrac{^{ア}7}{_{イウ}24}\pi,\ \dfrac{^{エオ}11}{_{カキ}24}\pi,$

$\dfrac{^{クケ}31}{_{コサ}24}\pi,\ \dfrac{^{シス}35}{_{セソ}24}\pi$

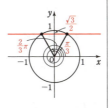

◀ CHART　単位円を利用
y 座標が sin
y 座標が $\dfrac{\sqrt{3}}{2}$ となる $2\theta - \dfrac{\pi}{4}$ の値。動径が 1 回りしたところにも方程式を満たす角があることに注意。

また，$f(\theta) < 0$ から　$\sin\left(2\theta - \dfrac{\pi}{4}\right) < 0$

① の範囲でこれを解くと，右の図から

$$-\dfrac{\pi}{4} \leqq 2\theta - \dfrac{\pi}{4} < 0,\ \pi < 2\theta - \dfrac{\pi}{4} < 2\pi,$$
$$3\pi < 2\theta - \dfrac{\pi}{4} < \dfrac{15}{4}\pi$$

各辺に $\dfrac{\pi}{4}$ を加えて，2 で割ると

$$^{タ}0 \leqq \theta < \dfrac{\pi}{_{チ}8},\ \dfrac{^{ツ}5}{_{テ}8}\pi < \theta < \dfrac{^{ト}9}{_{ナ}8}\pi,\ \dfrac{^{ニヌ}13}{_{ネ}8}\pi < \theta < ^{ノ}2\pi$$

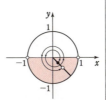

◀ CHART　単位円を利用
y 座標が sin
y 座標が負となる $2\theta - \dfrac{\pi}{4}$ の範囲。

演 習 問 題

17 三角不等式（倍角の公式利用） 目安15分

$\sin 4x + 2\sin\left(2x - \dfrac{\pi}{4}\right) - (\sqrt{2} + \sqrt{3})\sin 2x + \dfrac{\sqrt{6}}{2} \geqq 0$ を満たす x の範囲を求めよ

う。ただし，$0 \leqq x < \pi$ とする。

$a = \sin 2x,\ b = \cos 2x$ とおくと，与えられた不等式は

$$\boxed{ア}\,ab - \boxed{イ}\,\sqrt{\boxed{ウ}}\,a - \boxed{エ}\,\sqrt{\boxed{オ}}\,b + \sqrt{6} \geqq 0$$

となる。左辺の因数分解を利用して，x の範囲を求めると

$$\dfrac{\pi}{\boxed{カキ}} \leqq x \leqq \dfrac{\pi}{\boxed{ク}},\quad \dfrac{\boxed{ケ}}{\boxed{コ}}\pi \leqq x \leqq \dfrac{\boxed{サシ}}{\boxed{スセ}}\pi$$

である。

18 三角方程式・三角不等式（合成利用） 目安15分

$0 \leqq \theta < 2\pi$ において，$f(\theta) = -\sqrt{3}\sin\dfrac{\theta}{2} + \cos\dfrac{\theta}{2}$ とすると，方程式 $f(\theta) = 0$ の解

は $\theta = \dfrac{\pi}{\boxed{ア}}$ であり，不等式 $f(\theta) \geqq -\sqrt{2}$ の解は $\boxed{イ} \leqq \theta \leqq \dfrac{\boxed{ウ}}{\boxed{エ}}\pi,$

$\dfrac{\boxed{オカ}}{\boxed{キ}}\pi \leqq \theta < \boxed{ク}\,\pi$ である。

40　第3章　三角関数

第3章 三角関数(数Ⅱ)

10日目 三角関数 (4)

1回目　2回目
／　　／

例題 19　三角方程式の解の個数　　　目安15分

$0 \leq \theta < 2\pi$ とし，$f(\theta) = \cos^2\theta + \cos\theta - 1$ とする。

関数 $f(\theta)$ の最大値は $\boxed{ア}$，最小値は $\dfrac{\boxed{イウ}}{\boxed{エ}}$ である。

次に，a を定数として，方程式 $f(\theta) = a$ を考える。

$a = 0$ のとき，この方程式は $\boxed{オ}$ 個の解をもつ。

また，方程式が 4 つの解をもつような a の値の範囲は $\dfrac{\boxed{カキ}}{\boxed{ク}} < a < \boxed{ケコ}$ である。

例題 20　三角関数の最大・最小　　　目安15分

$0 \leq \theta < 2\pi$ のとき，$y = 2\sin\theta\cos\theta - 2\sin\theta - 2\cos\theta - 3$ とする。

$x = \sin\theta + \cos\theta$ とおくと，y は x の関数 $y = x^{\boxed{ア}} - \boxed{イ}\,x - \boxed{ウ}$ となる。

$x = \sqrt{\boxed{エ}}\sin\left(\theta + \dfrac{\pi}{\boxed{オ}}\right)$ であるから，x の値の範囲は

$-\sqrt{\boxed{カ}} \leq x \leq \sqrt{\boxed{キ}}$ である。

したがって，y は $\theta = \dfrac{\boxed{ク}}{\boxed{ケ}}\pi$ のとき最大値 $\boxed{コ}\left(\sqrt{\boxed{サ}} - \boxed{シ}\right)$ をとる。

また，y の最小値は $\boxed{スセ}$ である。

CHART 10

▶ **方程式 $f(x) = a$ の実数解**

　　曲線 $y = f(x)$ と直線 $y = a$ の共有点の x 座標

　　t の方程式などに **おき換え** たとき，t の **範囲に注意**。

　　また，方程式の **解 t に対して，解 x がいくつあるか** にも注意。

▶ **三角関数の最大・最小**

　　① **おき換え　範囲に注意**

　　② **角を統一する**

　　③ **1 種類の三角関数で表す**

　　④ **$a\sin\theta + b\cos\theta$ は合成**

10 日目　三角関数 (4)　　41

例題 19 解答・解説

解答 (ア) 1　$\dfrac{(イウ)}{(エ)}$ $\dfrac{-5}{4}$　(オ) 2　$\dfrac{(カキ)}{(ク)}$ $\dfrac{-5}{4}$　(ケコ) -1

解説

$\cos\theta = t$ とおくと，$0 \leqq \theta < 2\pi$ から
$$-1 \leqq t \leqq 1 \quad \cdots\cdots ①$$
$f(\theta)$ を t の式で表すと
$$f(\theta) = t^2 + t - 1$$
$$= t^2 + t + \left(\dfrac{1}{2}\right)^2 - \left(\dfrac{1}{2}\right)^2 - 1$$
$$= \left(t + \dfrac{1}{2}\right)^2 - \dfrac{5}{4}$$

← CHART　おき換え　範囲に注意

← CHART　まず平方完成

① の範囲において，$f(\theta)$ は
　　$t = 1$ のとき最大値 $^{ア}1$
　　$t = -\dfrac{1}{2}$ のとき最小値 $\dfrac{^{イウ}-5}{^{エ}4}$
をとる。

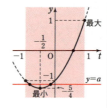

ここで，$\cos\theta = a$ を満たす θ ($0 \leqq \theta < 2\pi$) の個数を考える。
　　$-1 < a < 1$ のとき　　θ は 2 個
　　$a = \pm 1$ 　　のとき　　θ はそれぞれ 1 個
存在する。
$a = 0$ のとき，グラフから，$f(\theta) = 0$ の解 t は，$-1 < t < 1$ の範囲に 1 つ存在する。
したがって，解 θ は　　$^{オ}2$ 個
また，方程式が 4 つの解をもつのは，$y = t^2 + t - 1$ のグラフと直線 $y = a$ が $-1 < t < 1$ の範囲で異なる 2 つの共有点をもつときである。
よって，グラフから　　$\dfrac{^{カキ}-5}{^{ク}4} < a < ^{ケコ}-1$

← 解 t ($= \cos\theta$) 1 つに対して，θ の値がいくつ存在するか考える。

← 解は共有点の t 座標。

← 解 t 1 つに対して，解 θ は 2 つ存在する。

← 2 つの共有点それぞれに対して θ が 2 つずつ存在し，それらはすべて異なる。
　　$\longrightarrow 2 \times 2 = 4$ (個)

例題 20 解答・解説

解答 (ア) 2 (イ) 2 (ウ) 4 $\sqrt{(エ)}$ $\sqrt{2}$ $\dfrac{\pi}{(オ)}$ $\dfrac{\pi}{4}$ $\sqrt{(カ)}$ $\sqrt{2}$
$\sqrt{(キ)}$ $\sqrt{2}$ $\dfrac{(ク)}{(ケ)}$ $\dfrac{5}{4}$ (コ) 2 $\sqrt{(サ)}$ $\sqrt{2}$ (シ) 1 (スセ) -5

解説

$x=\sin\theta+\cos\theta$ の両辺を 2 乗すると
$$x^2=\sin^2\theta+2\sin\theta\cos\theta+\cos^2\theta$$
ゆえに $x^2=1+2\sin\theta\cos\theta$
よって $2\sin\theta\cos\theta=x^2-1$
したがって $y=2\sin\theta\cos\theta-2(\sin\theta+\cos\theta)-3$
$=(x^2-1)-2x-3$
$=x^{ア}{}^2-{}^{イ}2x-{}^{ウ}4$
ここで $x=\sin\theta+\cos\theta$
$=\sqrt{{}^{エ}2}\sin\left(\theta+\dfrac{\pi}{{}^{オ}4}\right)$

$0\leqq\theta<2\pi$ であるから,
$$\dfrac{\pi}{4}\leqq\theta+\dfrac{\pi}{4}<\dfrac{9}{4}\pi \quad \cdots\cdots ①$$
よって $-1\leqq\sin\left(\theta+\dfrac{\pi}{4}\right)\leqq 1$
すなわち $-\sqrt{{}^{カ}2}\leqq x\leqq\sqrt{{}^{キ}2}$ ……②
ここで $y=x^2-2x+1-1-4$
$=(x-1)^2-5$

② の範囲において,y は $x=-\sqrt{2}$ で最大値をとる。

$x=-\sqrt{2}$ のとき $\sin\left(\theta+\dfrac{\pi}{4}\right)=-1$

① の範囲でこれを解くと
$$\theta+\dfrac{\pi}{4}=\dfrac{3}{2}\pi \quad \text{すなわち} \quad \theta=\dfrac{{}^{ク}5}{{}_{ケ}4}\pi$$

このとき,最大値は
$$(-\sqrt{2})^2-2\cdot(-\sqrt{2})-4={}^{コ}2(\sqrt{{}^{サ}2}-{}^{シ}1)$$

また,$x=1$ のとき,最小値 ${}^{スセ}-5$

← $\sin^2\theta+\cos^2\theta=1$

← y を x の式で表す。

← 合成で sin に統一。

← $\theta+\dfrac{\pi}{4}$ のとりうる値は右の図。

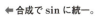

CHART おき換え 範囲に注意

CHART まず平方完成

CHART 単位円を利用
y 座標が sin

10 日目 三角関数 (4)

演 習 問 題

19　三角方程式の解の個数

目安15分

a を実数とし，関数 $F(x)=a\sin\left(x-\dfrac{\pi}{3}\right)+a\sin\left(x+\dfrac{\pi}{3}\right)-2\sin^2x$ を考える。

ただし，$0\leqq x\leqq\pi$ とする。

$0<a\leqq2$ のとき，$F(x)$ は $\sin x=\dfrac{\boxed{\text{ア}}}{\boxed{\text{イ}}}a$ のとき最大値 $m=\dfrac{\boxed{\text{ウ}}}{\boxed{\text{エ}}}a^{\boxed{\text{オ}}}$ をとる。

また，$F(x)$ の最小値は $\boxed{\text{カ}}-\boxed{\text{キ}}$ である。

定数 b を $0<b<m$ を満たすようにとるとき，x に関する方程式 $F(x)=b$ の解は $\boxed{\text{ク}}$ 個ある。

20　三角関数の最大・最小

目安15分

$0\leqq\theta\leqq\dfrac{\pi}{2}$ のとき，$y=8\sqrt{3}\cos^2\theta+6\sin\theta\cos\theta+2\sqrt{3}\sin^2\theta$ は

$y=\boxed{\text{ア}}\sin\left(\boxed{\text{イ}}\theta+\dfrac{\pi}{\boxed{\text{ウ}}}\right)+\boxed{\text{エ}}\sqrt{\boxed{\text{オ}}}$ となるから，$\theta=\dfrac{\pi}{\boxed{\text{カキ}}}$ のとき

最大値 $\boxed{\text{ク}}+\boxed{\text{ケ}}\sqrt{\boxed{\text{コ}}}$ をとり，$\theta=\dfrac{\pi}{\boxed{\text{サ}}}$ のとき最小値 $\boxed{\text{シ}}\sqrt{\boxed{\text{ス}}}$

をとる。

44　第3章　三角関数

第4章 指数関数・対数関数(数Ⅱ)

11日目 指数・対数 (1)

例題 21　指数・対数の計算，式の値　　　目安15分

(1) $2^3 \times \sqrt[3]{2} \div \sqrt{2} = 2^{\frac{\boxed{アイ}}{\boxed{ウ}}}$, $\log_2 24 - \log_4 36 = \boxed{エ}$ である。

(2) $a>0$, $a^x - a^{-x} = 5$ のとき，$a^{2x} + a^{-2x} = \boxed{オカ}$, $a^{3x} - a^{-3x} = \boxed{キクケ}$ である。

(3) $\log_{10} 2 = a$ とすると，$\log_{10} 5 = \boxed{コ} - \boxed{サ}$, $\log_2 5 = \dfrac{\boxed{シ} - \boxed{ス}}{\boxed{セ}}$ である。

例題 22　指数・対数の大小比較　　　目安15分

x, y, z は正の数で $2^x = 3^y = \left(\dfrac{9}{2}\right)^z$ を満たしているとする。このとき，$a = 2x$, $b = 3y$, $c = \dfrac{9}{2}z$ とおき，a, b, c の大小関係を調べよう。

$x = y \log_2 \boxed{ア}$ であるから $b - a = y(\boxed{イ} - \boxed{ウ} \log_2 3)$ である。同様に，$x = z(\boxed{エ} \log_2 3 - \boxed{オ})$ であるから $c - a = z\left(\dfrac{\boxed{カキ}}{2} - \boxed{ク} \log_2 3\right)$ である。

$\boxed{イ} = \log_2 \boxed{ケ}$, $\dfrac{\boxed{カキ}}{2} = \log_2 \boxed{コサ}\sqrt{\boxed{シ}}$ に注意すると，a, b, c の間には大小関係 $\boxed{ス} < \boxed{セ} < \boxed{ソ}$ が成り立つことがわかる。

CHART 11

▶ **指数法則**　$a > 0$, $b > 0$, x, y は実数とする。
　　　1　$a^x \cdot a^y = a^{x+y}$　　　2　$(a^x)^y = a^{xy}$　　　3　$(ab)^x = a^x b^x$

▶ **対数の計算**　公式を用いて，次のどちらかの方針により計算する。
　　① 1つの対数に **まとめる**。
　　② $\log_a 2$, $\log_a 3$ などに **分解する**。
　　なお，**底の変換公式** $\log_a b = \dfrac{\log_c b}{\log_c a}$ を利用して，**底をそろえる**。

▶ **大小比較**　**底をそろえる**
　　$a > 1$ のとき　$p < q \iff a^p < a^q$　　　（不等号の向き
　　　　　　　　　　　　$\iff \log_a p < \log_a q$　　は そのまま。）
　　$0 < a < 1$ のとき　$p < q \iff a^p > a^q$　　（不等号の向き
　　　　　　　　　　　　　　$\iff \log_a p > \log_a q$　が 変わる。）

例題 ㉑ 解答・解説

解 答

$\dfrac{(アイ)}{(ウ)}\ \dfrac{17}{6}$ （エ）2 （オカ）27 （キクケ）140 （コ）1 （サ）a

$\dfrac{(シ)-(ス)}{(セ)}\ \dfrac{1-a}{a}$

解説

(1) $2^3 \times \sqrt[3]{2} \div \sqrt{2} = 2^3 \times 2^{\frac{1}{3}} \div 2^{\frac{1}{2}}$

$\qquad\qquad\qquad = 2^3 \times 2^{\frac{1}{3}} \times 2^{-\frac{1}{2}}$

$\qquad\qquad\qquad = 2^{3+\frac{1}{3}-\frac{1}{2}}$

$\qquad\qquad\qquad = 2^{\overset{アイ}{\frac{17}{6}}\,\underset{ウ}{}}$

← $\sqrt[n]{a^m} = a^{\frac{m}{n}}$

← $\div a^m \longrightarrow \times \dfrac{1}{a^m} \longrightarrow \times a^{-m}$

← $a^x a^y = a^{x+y}$

$\log_2 24 - \log_4 36 = \log_2 24 - \dfrac{\log_2 36}{\log_2 4}$

$\qquad\qquad\qquad = \log_2 2^3 \cdot 3 - \dfrac{\log_2 2^2 \cdot 3^2}{\log_2 2^2}$

$\qquad\qquad\qquad = \log_2 2^3 + \log_2 3 - \dfrac{\log_2 2^2 + \log_2 3^2}{\log_2 2^2}$

$\qquad\qquad\qquad = 3\log_2 2 + \log_2 3 - \dfrac{2\log_2 2 + 2\log_2 3}{2\log_2 2}$

$\qquad\qquad\qquad = 3 \cdot 1 + \log_2 3 - \dfrac{2 \cdot 1 + 2\log_2 3}{2 \cdot 1}$

$\qquad\qquad\qquad = {}^{エ}\mathbf{2}$

← 底を 2 にそろえる。
$\qquad \log_a b = \dfrac{\log_c b}{\log_c a}$

← $\log_a MN = \log_a M + \log_a N$

← $\log_a M^p = p\log_a M$

← $\log_a a = 1$

(2) $a^{2x} + a^{-2x} = (a^x)^2 + (a^{-x})^2$

$\qquad\qquad\quad = (a^x - a^{-x})^2 + 2a^x a^{-x}$

$\qquad\qquad\quad = 5^2 + 2 \cdot 1$

$\qquad\qquad\quad = {}^{オカ}\mathbf{27}$

← $\alpha^2 + \beta^2 = (\alpha - \beta)^2 + 2\alpha\beta$

← $a^x a^{-x} = a^0 = 1$

$a^{3x} - a^{-3x} = (a^x)^3 - (a^{-x})^3$

$\qquad\qquad\quad = (a^x - a^{-x})^3 + 3a^x a^{-x}(a^x - a^{-x})$

$\qquad\qquad\quad = 5^3 + 3 \cdot 1 \cdot 5$

$\qquad\qquad\quad = {}^{キクケ}\mathbf{140}$

← $\alpha^3 - \beta^3$
$\qquad = (\alpha - \beta)^3 + 3\alpha\beta(\alpha - \beta)$

(3) $\log_{10} 5 = \log_{10} \dfrac{10}{2} = \log_{10} 10 - \log_{10} 2 = {}^{コ}\mathbf{1} - {}^{サ}\boldsymbol{a}$

よって $\quad \log_2 5 = \dfrac{\log_{10} 5}{\log_{10} 2} = \dfrac{{}^{シ}\mathbf{1} - {}^{ス}\boldsymbol{a}}{{}^{セ}\boldsymbol{a}}$

← $5 = \dfrac{10}{2}$ である。

← 底を 10 にそろえる。
$\qquad \log_a b = \dfrac{\log_c b}{\log_c a}$

46　第4章　指数関数・対数関数

例題 22 解答・解説

解答 (ア) 3　(イ) 3　(ウ) 2　(エ) 2　(オ) 1　$\dfrac{(カキ)}{2}$　$\dfrac{13}{2}$

(ク) 4　(ケ) 8　(コサ)$\sqrt{(シ)}$　$64\sqrt{2}$　(ス) b　(セ) a　(ソ) c

解説

$2^x = 3^y$ の両辺の 2 を底とする対数をとると

$$\log_2 2^x = \log_2 3^y$$

すなわち　　$x = y\log_2{}^\mathcal{P}3$

したがって　$b - a = 3y - 2x$

$$= 3y - 2y\log_2 3$$

$$= y({}^\mathcal{1}3 - {}^\mathcal{7}2\log_2 3) \quad \cdots\cdots ①$$

同様に，$2^x = \left(\dfrac{9}{2}\right)^z$ から　　$\log_2 2^x = \log_2\left(\dfrac{9}{2}\right)^z$

すなわち　　$x = z({}^\mathcal{I}2\log_2 3 - {}^\mathcal{T}1)$

したがって　$c - a = \dfrac{9}{2}z - 2x$

$$= \dfrac{9}{2}z - 2z(2\log_2 3 - 1)$$

$$= z\left(\dfrac{{}^{\mathcal{D}\mathcal{\xi}}13}{2} - {}^\mathcal{7}4\log_2 3\right) \quad \cdots\cdots ②$$

ここで，① について

$$3 = \log_2 2^3 = \log_2{}^\mathcal{\tau}8, \quad 2\log_2 3 = \log_2 3^2 = \log_2 9$$

$8 < 9$ であり，底 2 は 1 より大きいから

$$\log_2 8 < \log_2 9 \quad \text{すなわち} \quad 3 < 2\log_2 3$$

$y > 0$ から，① より　　$b - a < 0$

よって　　　　　　　$b < a \quad \cdots\cdots ③$

また，② について

$$\dfrac{13}{2} = \log_2 2^{\frac{13}{2}} = \log_2{}^{\mathcal{DH}}64\sqrt{{}^\mathcal{S}2},$$

$$4\log_2 3 = \log_2 3^4 = \log_2 81$$

$64\sqrt{2} > 64 \times 1.4 > 81$ であり，底 2 は 1 より大きいから

$$\log_2 64\sqrt{2} > \log_2 81 \quad \text{すなわち} \quad \dfrac{13}{2} > 4\log_2 3$$

$z > 0$ から，② より　　$c - a > 0$

よって　　　　　　　$a < c \quad \cdots\cdots ④$

③，④ から　　　　　${}^\mathcal{X}b < {}^\mathcal{t}a < {}^\mathcal{Y}c$

◀ **CHART**
大小比較は差を作る

◀ 両辺の 2 を底とする対数をとる。

◀ **CHART**
底をそろえて真数を比較

◀ **CHART**
底をそろえて真数を比較

演 習 問 題

21 指数・対数の計算，式の値　[目安15分]

(1) $\dfrac{1}{9} \times \sqrt[4]{3^5} \div \dfrac{1}{\sqrt[3]{9}} = \dfrac{1}{\boxed{アイ}\sqrt{3}}$, $\log_9 72 + \log_3 \dfrac{27}{2} = \boxed{ウ} + \dfrac{\boxed{エ}}{\boxed{オ}}\log_3 2$ である。

(2) $a>0$, $a^x + a^{-x} = 3$ のとき，$a^{2x} + a^{-2x} = \boxed{カ}$, $a^{3x} + a^{-3x} = \boxed{キク}$ である。

(3) $\log_{10} 2 = a$ とすると，$\log_5 2 = \dfrac{\boxed{ケ}}{\boxed{コ} - \boxed{サ}}$ である。

22 指数・対数の大小比較　[目安15分]

4つの数 ① $\dfrac{\log_2 9}{4}$, ② $\dfrac{\log_{\sqrt{3}} 8}{3}$, ③ $\sqrt[4]{\dfrac{1}{16}}$, ④ $\sin\dfrac{25}{12}\pi$ の大小関係を調べよう。

$\dfrac{\log_2 9}{4} = \log_2 \sqrt{\boxed{ア}}$, $\dfrac{\log_{\sqrt{3}} 8}{3} = \dfrac{1}{\log_2 \sqrt{\boxed{イ}}}$ であるから，①と②の大小関係は

$\boxed{ウ} < \boxed{エ}$ である。

また，$\sqrt[4]{\dfrac{1}{16}} = \dfrac{1}{\boxed{オ}}$ である。

さらに，①と③，③と④を大小比較することにより，

$\boxed{カ} < \boxed{キ} < \boxed{ク} < \boxed{ケ}$ であることがわかる。

$\boxed{ウ}$, $\boxed{エ}$, $\boxed{カ} \sim \boxed{ケ}$ に当てはまるものを，上の①〜④のうちから1つずつ選べ。

48　第4章　指数関数・対数関数

第4章 指数関数・対数関数(数Ⅱ)

12日目 指数・対数(2)

例題 23 　指数方程式，対数方程式　　目安10分

(1) 方程式 $9^x - 7 \cdot 3^{x+1} + 108 = 0$ において，$t = 3^x$ とおくと，$t > \boxed{ア}$，
$t^2 - \boxed{イウ}t + \boxed{エオカ} = 0$ が成り立つ。これより，$t = \boxed{キ}$，$\boxed{クケ}$ であるから，
$x = \boxed{コ}$，$\boxed{サ} + \boxed{シ}\log_3 \boxed{ス}$ である。

(2) 方程式 $\log_3(x-2) + \log_3(x-3) = 2\log_9(x+1)$ の解は $x = \boxed{セ}$ である。

例題 24 　対数不等式(1)　　目安10分

不等式 $\log_{\frac{1}{2}}(x-3) - \log_{\frac{1}{2}}x - 1 > 0$ の解は $\boxed{ア} < x < \boxed{イ}$ である。

CHART 12

▶指数方程式
　① まず，底をそろえる
　② おき換え　範囲に注意
　　$a^x = t$ などに おき換え て t の方程式を導く。$t > 0$ に注意。

▶対数方程式
　　まず (真数) > 0
　① (真数) > 0，(底) > 0，(底) ≠ 1 の条件を確認。
　② $\log_a M = \log_a N$ の形を導く。
　③ 真数の方程式 $M = N$ を解く。
　④ ③で得られた解のうち，①の条件を満たすものを求める解とする。

▶対数不等式
　　まず (真数) > 0
　$a > 1$ 　のとき　$\log_a M < \log_a N \iff M < N$
　$0 < a < 1$ 　のとき　$\log_a M < \log_a N \iff M > N$
　底 a と 1 の大小によって，不等号の向きが変わる ことに注意する。

例題 23 解答・解説

解答　(ア) 0　(イウ) 21　(エオカ) 108　(キ) 9　(クケ) 12　(コ) 2
(サ) 1　(シ) 2　(ス) 2　(セ) 5

解説

(1)　$t=3^x$ とおくと　　$t>{}^{\mathcal{P}}0$

$$9^x=3^{2x}=(3^x)^2=t^2,$$
$$3^{x+1}=3 \cdot 3^x=3t$$

ゆえに，方程式は

$$t^2-{}^{\mathcal{イウ}}21t+{}^{\mathcal{エオカ}}108=0$$

よって　　　$(t-9)(t-12)=0$

ゆえに　　　$t=9,\ 12$

これらは $t>0$ を満たす。

よって　　　$t={}^{\mathcal{キ}}9,\ {}^{\mathcal{クケ}}12$　すなわち　$3^x=9,\ 12$

$3^x=9$ のとき　　$3^x=3^2$

ゆえに　　　$x={}^{\mathcal{コ}}2$

$3^x=12$ のとき

$$x=\log_3 12=\log_3 3 \cdot 2^2$$
$$=\log_3 3+2\log_3 2$$
$$={}^{\mathcal{サ}}1+{}^{\mathcal{シ}}2\log_3{}^{\mathcal{ス}}2$$

(2)　真数は正であるから

$x-2>0,\ x-3>0,\ x+1>0$

共通範囲を求めて

$x>3$　……　①

与えられた方程式から

$$\log_3(x-2)+\log_3(x-3)=2 \cdot \frac{\log_3(x+1)}{\log_3 9}$$

すなわち　　$\log_3(x-2)(x-3)=\log_3(x+1)$

よって　　　$(x-2)(x-3)=x+1$

整理して　　$x^2-6x+5=0$

ゆえに　　　$(x-1)(x-5)=0$

よって　　　$x=1,\ 5$

① から　　　$x={}^{\mathcal{セ}}5$

◀ CHART
おき換え　範囲に注意
◀ $a^{xy}=(a^x)^y,\ a^{x+y}=a^x a^y$

◀ $t>0$ を満たすかどうか確認。

◀ $a^p=M \iff p=\log_a M$

◀ CHART
まず (真数)>0

◀ 底を 3 にそろえる。
$$\log_a b=\frac{\log_c b}{\log_c a}$$

◀ $\log_a M=\log_a N \implies M=N$

◀ $x>3$ を満たすもののみが解である。

50　第 4 章　指数関数・対数関数

例題 24 解答・解説

解答 (ア) 3 (イ) 6

解説

真数は正であるから
$$x-3>0,\ x>0$$
共通範囲を求めて
$$x>3\quad\cdots\cdots\ ①$$
与えられた不等式は
$$\log_{\frac{1}{2}}(x-3)>\log_{\frac{1}{2}}x+\log_{\frac{1}{2}}\frac{1}{2}$$
よって $\log_{\frac{1}{2}}(x-3)>\log_{\frac{1}{2}}\frac{1}{2}x$

底 $\dfrac{1}{2}$ は 1 より小さいから

$$x-3<\frac{1}{2}x$$
ゆえに $x<6\quad\cdots\cdots\ ②$
①, ② の共通範囲を求めて
$${}^{\mathcal{T}}3<x<{}^{\mathcal{A}}6$$

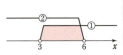

← CHART
まず (真数) >0

← $\log_a MN=\log_a M+\log_a N$

← $0<a<1$ のとき不等号の**向きが変わる。**

NOTE この問題では，$\log_{\frac{1}{2}}x$ と 1 を右辺に移項して解いた。
移項せずに解くと，
$$\log_{\frac{1}{2}}(x-3)-\log_{\frac{1}{2}}x-1=\log_{\frac{1}{2}}\frac{x-3}{\frac{1}{2}x}$$
と分数式が出てきてしまう。
対数方程式・不等式では，**係数が負の項を移項して解けばよい。**

12 日目　指数・対数 (2)

演 習 問 題

23 指数方程式, 対数方程式 　　　　　目安10分

(1) 方程式 $\dfrac{4}{(\sqrt{2})^x}+\dfrac{5}{2^x}=1$ の解 x を求めよう。

$X=\dfrac{1}{(\sqrt{2})^x}$ ‥‥‥ ① とおくと, X の方程式 $\boxed{ア}X^2+\boxed{イ}X-1=0$ が得られる。

一方, ① より $X>\boxed{ウ}$ である。

したがって, $X=\dfrac{\boxed{エ}}{\boxed{オ}}$ を得る。

これから, 求める x は $x=\boxed{カ}\log_2\boxed{キ}$ となる。

(2) 方程式 $2\log_5(x-1)+\dfrac{1}{2}\log_{\sqrt{5}}(x+3)=1$ の解は $x=\boxed{ク}$ である。

24 対数不等式 (1) 　　　　　目安10分

不等式 $4\log_4(x+1)-\log_2(5-x)<3$ の解は $\boxed{アイ}<x<\boxed{ウ}$ である。

52　第4章　指数関数・対数関数

第4章 指数関数・対数関数（数Ⅱ）

13日目 指数・対数 (3)

例題 25　対数不等式 (2)　　　　　　　　　　　目安15分

不等式 $2\log_3 x - 4\log_x 27 \leq 5$ …… ① が成り立つような x の値の範囲は

$\boxed{ア} < x \leq \dfrac{\sqrt{\boxed{イ}}}{\boxed{ウ}}$, $\boxed{エ} < x \leq \boxed{オカ}$ である。

例題 26　対数方程式の解の理論　　　　　　　目安15分

x の関数 $\log_2(x^2+\sqrt{2})$ は $x = \boxed{ア}$ のとき，最小値 $\dfrac{\boxed{イ}}{\boxed{ウ}}$ をとる。

a を定数とするとき，x の方程式

$\{\log_2(x^2+\sqrt{2})\}^2 - 2\log_2(x^2+\sqrt{2}) + a = 0$ …… ① が解をもつ条件は

$a \leq \boxed{エ}$ である。

$a = \boxed{エ}$ のとき，方程式 ① は $\boxed{オ}$ 個の解をもつ。

CHART 13

▶対数不等式

　　　　　（真数）>0, （底）>0, （底）≠1

　不等式の両辺に同じ数を掛ける ── 正 なら不等号の向きは **そのまま**。
　　　　　　　　　　　　　　　　　　負 なら不等号の向きは **変わる**。
　文字を含む式を掛けるときは，**正か負かで場合分け** する。

▶方程式 $f(x) = a$ の実数解

　　　　　曲線 $y = f(x)$ と直線 $y = a$ の共有点の x 座標

　t の方程式などに おき換え たとき，t の 範囲に注意。
　また，方程式の 解 t に対して，解 x がいくつあるかにも注意。

例題 ㉕ 解答・解説

解 答 （ア）0　$\dfrac{\sqrt{（イ）}}{（ウ）}$　$\dfrac{\sqrt{3}}{9}$　（エ）1　（オカ）81

解説

真数は正であるから　　　　$x>0$

x は対数の底であるから　　$x>0$ かつ $x \neq 1$

ここで　　$\log_x 27 = \dfrac{\log_3 27}{\log_3 x} = \dfrac{3}{\log_3 x}$

よって，① から　　$2\log_3 x - \dfrac{12}{\log_3 x} - 5 \leqq 0$ …… ②

[1]　$\log_3 x > 0$　すなわち　$x > 1$ のとき

② の両辺に $\log_3 x$ を掛けて

$$2(\log_3 x)^2 - 5\log_3 x - 12 \leqq 0$$

すなわち　　$(\log_3 x - 4)(2\log_3 x + 3) \leqq 0$

$\log_3 x > 0$ より $2\log_3 x + 3 > 0$ であるから

$$\log_3 x - 4 \leqq 0$$

よって　　　　$\log_3 x \leqq 4$

底 3 は 1 より大きいから　　$x \leqq 81$

$x > 1$ との共通範囲は　　　$1 < x \leqq 81$

[2]　$\log_3 x < 0$　すなわち　$0 < x < 1$ のとき

② の両辺に $\log_3 x$ を掛けて

$$2(\log_3 x)^2 - 5\log_3 x - 12 \geqq 0$$

すなわち　　$(\log_3 x - 4)(2\log_3 x + 3) \geqq 0$

$\log_3 x < 0$ より $\log_3 x - 4 < 0$ であるから

$$2\log_3 x + 3 \leqq 0$$

よって　　$\log_3 x \leqq -\dfrac{3}{2}$

底 3 は 1 より大きいから　　$x \leqq \dfrac{\sqrt{3}}{9}$

$0 < x < 1$ との共通範囲は　　$0 < x \leqq \dfrac{\sqrt{3}}{9}$

[1]，[2] から，求める x の値の範囲は

$$^{\text{ア}}0 < x \leqq \dfrac{\sqrt{^{\text{イ}}3}}{^{\text{ウ}}9}，\quad ^{\text{エ}}1 < x \leqq {}^{\text{オカ}}81$$

← **CHART** まず (真数)>0

← (底)>0，(底)≠1

← $\log_a b = \dfrac{\log_c b}{\log_c a}$

← 両辺に掛ける数 $\log_3 x$ の正負で場合分け。

← $\log_3 x > 0$ のとき不等号の向きは **そのまま**。

← $\log_3 x \leqq \log_3 3^4$ から $x \leqq 3^4$

← 場合分けの条件 $x > 1$ との共通範囲。

← $\log_3 x < 0$ のとき不等号の向きは **変わる**。

← $\log_3 x \leqq \log_3 3^{-\frac{3}{2}}$ から $x \leqq 3^{-\frac{3}{2}}$

← 場合分けの条件 $0 < x < 1$ との共通範囲。

54　第 4 章　指数関数・対数関数

例題 26 解答・解説

解答 (ア) 0 (イ)/(ウ) $\dfrac{1}{2}$ (エ) 1 (オ) 2

解説

底 2 が 1 より大きいから,真数 $x^2+\sqrt{2}$ が最小となるとき,$\log_2(x^2+\sqrt{2})$ も最小となる。
$x^2+\sqrt{2}$ が最小となるのは $x={}^{\mathcal{T}}0$ のときである。
このとき,$\log_2(x^2+\sqrt{2})$ の最小値は
$$\log_2\sqrt{2}=\dfrac{{}^{\mathcal{A}}1}{{}^{\mathcal{\dot{\mathcal{U}}}}2}$$

← $y=x^2+\sqrt{2}$ のグラフは右の図。

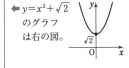

ここで,$\log_2(x^2+\sqrt{2})=t$ とおくと,① は
$$t^2-2t+a=0 \quad\text{すなわち}\quad a=-t^2+2t$$
また,$t\geqq\dfrac{1}{2}$ であるから,① が解をもつのは $y=-t^2+2t$ のグラフと直線 $y=a$ が $t\geqq\dfrac{1}{2}$ において共有点をもつときである。
$$\begin{aligned}y&=-t^2+2t\\&=-(t^2-2t+1^2-1^2)\\&=-(t-1)^2+1\end{aligned}$$

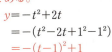

CHART おき換え 範囲に注意

← 共有点の t 座標が方程式 $a=-t^2+2t$ の解。

CHART まず平方完成

であるから,このグラフは図のようになり,共有点をもつのは $a\leqq{}^{\mathcal{エ}}1$ のときである。
$a=1$ のとき,グラフから,$-t^2+2t=1$ の解 t は
$$t=1 \quad\text{すなわち}\quad \log_2(x^2+\sqrt{2})=1$$
よって $x^2+\sqrt{2}=2$ ゆえに $x^2=2-\sqrt{2}$
$2-\sqrt{2}>0$ であるから,これを満たす x の値は 2 つある。
よって,① は ${}^{\mathcal{オ}}2$ 個の解をもつ。

← $\log_2(x^2+\sqrt{2})=\log_2 2$ から $x^2+\sqrt{2}=2$

← 解 $t=1$ に対して x の値は 2 つ ($x=\pm\sqrt{2-\sqrt{2}}$) 存在する。

演 習 問 題

25 対数不等式 (2)

目安 15 分

x の不等式 $\log_{10} x + \log_{10}(x-2a) < \log_{10}(4-4a)$ ‥‥‥ ① を考えよう。

(1) 真数は正であるから $x > \boxed{\text{ア}}$ かつ $x > \boxed{\text{イウ}}$ かつ $a < \boxed{\text{エ}}$ ‥‥‥ ②

②から $a \leqq \boxed{\text{オ}}$ のとき $x > \boxed{\text{ア}}$,

$\boxed{\text{オ}} < a < \boxed{\text{エ}}$ のとき $x > \boxed{\text{イウ}}$ である。

(2) ① の解は $a \leqq \boxed{\text{オ}}$ のとき $\boxed{\text{カ}} < x < \boxed{\text{キ}}$

$\boxed{\text{オ}} < a < \boxed{\text{エ}}$ のとき $\boxed{\text{クケ}} < x < \boxed{\text{コ}}$ である。

26 対数方程式の解の理論

目安 15 分

実数 a に対し，x の方程式

$$\log_4(x-1) + \log_4(4-x) = \log_4(a-x) \quad \text{‥‥‥} \quad ①$$

を考える。

これを解くことは，$1 < x < 4$ かつ $x < \boxed{\text{ア}}$ の範囲で方程式

$$-x^2 + \boxed{\text{イ}} \, x - \boxed{\text{ウ}} = a \quad \text{‥‥‥} \quad ②$$

を解くことと同じである。

2 次方程式 ② は，$a = \boxed{\text{エ}}$ のとき重解 $x = \boxed{\text{オ}}$ をもつ。

したがって，方程式 ① が，ただ 1 つの解をもつのは，$a = \boxed{\text{エ}}$ または

$\boxed{\text{カ}} < a \leqq \boxed{\text{キ}}$ のときである。

56   第 4 章 指数関数・対数関数

第4章 指数関数・対数関数（数Ⅱ）

14日目 指数・対数 (4)

例題 27　指数・対数の連立方程式　　目安15分

連立方程式 $(*) \begin{cases} x+y=\log_2 24 & \cdots\cdots ① \\ 2^{-x}+2^{-y}=\dfrac{5}{12} & \cdots\cdots ② \end{cases}$ を満たす実数 x, y を求めよう。

① から，$2^x \cdot 2^y = \boxed{アイ}$ が成り立つ。

これと ② より，$2^x + 2^y = \boxed{ウエ}$ である。

したがって，$2^x, 2^y$ は 2 次方程式 $t^2 - \boxed{オカ} t + \boxed{キク} = 0$ …… ③ の解である。

③ の解は，$t = \boxed{ケ}, \boxed{コ}$ である。

ただし，$\boxed{ケ}$ と $\boxed{コ}$ は解答の順序を問わない。

よって，連立方程式 $(*)$ の解は

$\quad (x, y) = (\boxed{サ}, \log_2 \boxed{シ})$ または $(x, y) = (\log_2 \boxed{シ}, \boxed{サ})$

である。

例題 28　桁数・小数首位　　目安10分

2^{100} は $\boxed{アイ}$ 桁の整数である。

また，30^{-20} を小数で表示すると，小数第 $\boxed{ウエ}$ 位に初めて 0 でない数字が現れる。

ただし，$\log_{10} 2 = 0.3010, \log_{10} 3 = 0.4771$ とする。

CHART 14

▶指数方程式・対数方程式
　　　　おき換え　範囲に注意
　　$a^x = t, \log_a x = t$ などに **おき換え** て t の方程式を導く。t の **範囲に注意**。

▶桁数・小数首位
　　　　常用対数の値を利用
　　整数 N が n 桁 $\iff 10^{n-1} \leq N < 10^n \iff n-1 \leq \log_{10} N < n$
　　N の小数第 n 位に初めて 0 でない数字が現れる
　　　　$\iff \dfrac{1}{10^n} \leq N < \dfrac{1}{10^{n-1}} \iff -n \leq \log_{10} N < -n+1$

14日目　指数・対数 (4)　57

例題 27 解答・解説

解答　（アイ）24　（ウエ）10　（オカ）10　（キク）24
（ケ），（コ）4, 6 または 6, 4　（サ）2　（シ）6

解説

① から　　　　$2^{x+y}=24$

よって　　　　$2^x \cdot 2^y = {}^{アイ}\mathbf{24}$

← $a^p=M \Longleftrightarrow p=\log_a M$

また，② から　　　　$\dfrac{1}{2^x}+\dfrac{1}{2^y}=\dfrac{5}{12}$

左辺を通分すると　　　　$\dfrac{2^x+2^y}{2^x \cdot 2^y}=\dfrac{5}{12}$

$2^x \cdot 2^y=24$ を代入して　　　　$\dfrac{2^x+2^y}{24}=\dfrac{5}{12}$

ゆえに　　　　$2^x+2^y={}^{ウエ}\mathbf{10}$

したがって，2^x，2^y は 2 次方程式

$$t^2-{}^{オカ}\mathbf{10}t+{}^{キク}\mathbf{24}=0 \quad \cdots\cdots \text{③}$$

← 2 数 α, β を解とする 2 次方程式の 1 つは $t^2-(\alpha+\beta)t+\alpha\beta=0$

の解である。

③ から　　　　$(t-4)(t-6)=0$

ゆえに　　　　$t={}^{ケ，\ コ}\mathbf{4,\ 6}$

よって　　　　$2^x=4$，$2^y=6$　または　$2^x=6$，$2^y=4$

$2^x=4$ のとき　　　　$2^x=2^2$

ゆえに　　　　$x=2$

$2^y=6$ のとき　　　　$y=\log_2 6$

← $a^p=M \Longleftrightarrow p=\log_a M$

同様に，$2^x=6$，$2^y=4$ の解も求められる。

したがって，連立方程式（＊）の解は

$$(x,\ y)=({}^{サ}\mathbf{2},\ \log_2{}^{シ}\mathbf{6}) \quad \text{または} \quad (x,\ y)=(\log_2 6,\ 2)$$

58　第 4 章　指数関数・対数関数

例題 28 解答・解説

解答　（アイ）31　（ウエ）30

解説

$$\log_{10} 2^{100} = 100 \log_{10} 2$$
$$= 100 \times 0.3010$$
$$= 30.10$$

よって　　　$30 < \log_{10} 2^{100} < 31$

ゆえに　　　$10^{30} < 2^{100} < 10^{31}$

したがって，2^{100} は ^{アイ}**31** 桁の整数である。

また　　　$\log_{10} 30^{-20} = -20 \log_{10} 30$
$$= -20 \log_{10}(10 \times 3)$$
$$= -20(1 + \log_{10} 3)$$
$$= -20 \times 1.4771$$
$$= -29.542$$

よって　　　$-30 < \log_{10} 30^{-20} < -29$

ゆえに　　　$10^{-30} < 30^{-20} < 10^{-29}$

したがって，30^{-20} は小数第 ^{ウエ}**30** 位に初めて 0 でない数字が現れる。

右側注:

← $\log_a M^p = p \log_a M$

← $n-1 \leqq \log_{10} N < n$

← $\log_a M^p = p \log_a M$

← $-n \leqq \log_{10} N < -n+1$

第4章

NOTE
$30 < \log_{10} 2^{100} < 31$ を得た後，30 桁か 31 桁か，しっかり覚えていないと間違えてしまう。

もし忘れた場合は，次のように簡単な例で確認するとよい。

2 桁の数 50 について　　$10^1 < 50 < 10^2$　　である。

よって　　$1 = \log_{10} 10^1 < \log_{10} 50 < \log_{10} 10^2 = 2$

50 は 2 桁であるから，不等式の右側の数字をとればよい。

つまり，$30 < \log_{10} 2^{100} < 31$ についても，不等式の右側の数字をとり，^{アイ}**31** 桁となる。

$-30 < \log_{10} 30^{-20} < -29$ についても同様に，$10^{-2} = 0.01 < 0.05 < 0.1 = 10^{-1}$ を考えれば，不等式の左側の数字（の絶対値）をとればよいことがわかる。

---

14 日目　指数・対数 (4)　　**59**

演習問題

27　指数の連立方程式

目安15分

連立方程式 $(*)$ $\begin{cases} x+y+z=5 \\ 2^x+2^y+2^z=19 \\ \dfrac{1}{2^x}+\dfrac{1}{2^y}+\dfrac{1}{2^z}=\dfrac{25}{16} \end{cases}$ を満たす実数 x, y, z を求めよう。

ただし，$x \leqq y \leqq z$ とする。

$X=2^x$, $Y=2^y$, $Z=2^z$ とおくと，$x \leqq y \leqq z$ により $X \leqq Y \leqq Z$ である。

$(*)$ から，X, Y, Z の関係式 $\begin{cases} XYZ=\boxed{アイ} \\ X+Y+Z=19 \\ XY+YZ+ZX=\boxed{ウエ} \end{cases}$ が得られる。

この関係式を利用すると，t の3次式 $(t-X)(t-Y)(t-Z)$ は

$$(t-X)(t-Y)(t-Z)=t^3-(X+Y+Z)t^2+(XY+YZ+ZX)t-XYZ$$
$$=t^3-19t^2+\boxed{ウエ}\,t-\boxed{アイ}$$
$$=(t-1)(t-\boxed{オ})(t-\boxed{カキ})$$

となる。したがって，$X \leqq Y \leqq Z$ により $X=1$, $Y=\boxed{オ}$, $Z=\boxed{カキ}$ となり，$x=\boxed{ク}$, $y=\boxed{ケ}$, $z=\boxed{コ}$ であることがわかる。

28　桁数・小数首位

目安10分

3^{100} は $\boxed{アイ}$ 桁の整数である。

また，0.3^{100} を小数で表示すると，小数第 $\boxed{ウエ}$ 位に初めて0でない数字が現れる。

ただし，$\log_{10}3=0.4771$ とする。

60　第4章　指数関数・対数関数

第4章 指数関数・対数関数(数II)

15日目 指数・対数 (5)

例題 29 指数関数の最大・最小 目安15分

関数 $y=4^x+4^{-x}-6(2^x+2^{-x})+5$ の最小値を求めよう。

(1) $t=2^x+2^{-x}$ とおくと，$t \geq \boxed{ア}$ であり，$x=\boxed{イ}$ のとき等号が成り立つ。

(2) (1)の t を用いて y を表すと，$y=t^2-\boxed{ウ}t+\boxed{エ}$ となる。

$t \geq \boxed{ア}$ において，$y=t^2-\boxed{ウ}t+\boxed{エ}$ が最小となるのは $t=\boxed{オ}$ のときである。

よって，y は $x=\log_2(\boxed{カ}\pm\sqrt{\boxed{キ}})-\boxed{ク}$ で最小値 $\boxed{ケコ}$ をとる。

例題 30 対数関数の最大・最小 目安15分

$\dfrac{1}{3} \leq x \leq 9$ のとき，関数 $y=(\log_9 x)^2-\log_{81} x^3+1$ …… ① の最大値と最小値を求めよう。

$\log_3 x=t$ とおくと，$\log_9 x=\dfrac{t}{\boxed{ア}}$, $\log_{81} x^3=\dfrac{\boxed{イ}}{\boxed{ウ}}t$ であるから，

$y=\dfrac{\boxed{エ}}{\boxed{オ}}t^2-\dfrac{\boxed{カ}}{\boxed{キ}}t+1$ となる。

また，t のとりうる値の範囲は，$\boxed{クケ} \leq t \leq \boxed{コ}$ である。

よって，関数 ① は $x=\dfrac{\boxed{サ}}{\boxed{シ}}$ のとき最大値 $\boxed{ス}$ をとり，$x=\boxed{セ}\sqrt{\boxed{ソ}}$ のとき最小値 $\dfrac{\boxed{タ}}{\boxed{チツ}}$ をとる。

CHART 15 指数関数，対数関数の最大・最小

おき換え　範囲に注意

$a^x=t$, $\log_a x=t$ などに **おき換え** ると，y は t の2次式で表され，2次関数の最大・最小の問題に帰着。2次式は

まず平方完成

また，t のとりうる **範囲に注意** する。

例題 29 解答・解説

解答 （ア）2 （イ）0 （ウ）6 （エ）3 （オ）3 （カ）$\pm\sqrt{（キ）}$ $3\pm\sqrt{5}$
（ク）1 （ケコ）−6

解説

(1) $2^x>0$, $2^{-x}>0$ であるから，相加平均と相乗平均の大小関
係により $t=2^x+2^{-x}\geqq2\sqrt{2^x\cdot2^{-x}}={}^{ア}2$
等号が成り立つのは，$2^x=2^{-x}$ のときである。
よって，$x=-x$ から $x={}^{イ}0$

(2) $4^x+4^{-x}=(2^x)^2+(2^{-x})^2$
$=(2^x+2^{-x})^2-2\cdot2^x\cdot2^{-x}$
$=(2^x+2^{-x})^2-2=t^2-2$
よって $y=4^x+4^{-x}-6(2^x+2^{-x})+5$
$=t^2-2-6t+5$
$=t^2-{}^{ウ}6t+{}^{エ}3$
$=(t-3)^2-6$

$t\geqq2$ において，y は
$t={}^{オ}3$ のとき最小値 -6
をとる。
$2^x+2^{-x}=3$ の両辺に 2^x を掛けると
$(2^x)^2-3\cdot2^x+1=0$
ゆえに $2^x=\dfrac{3\pm\sqrt{5}}{2}$
対数の定義から
$x=\log_2\dfrac{3\pm\sqrt{5}}{2}=\log_2(3\pm\sqrt{5})-1$
したがって，y は
$x=\log_2({}^{カ}3\pm\sqrt{{}^{キ}5})-{}^{ク}1$ のとき最小値 ${}^{ケコ}-6$
をとる。

← 相加平均と相乗平均の大
小関係
$a>0$, $b>0$ のとき
$$\dfrac{a+b}{2}\geqq\sqrt{ab}$$
$a=b$ のとき等号成立

← $a^2+b^2=(a+b)^2-2ab$

← **CHART** まず平方完成

← $2^x=X$ とおくと
$X^2-3X+1=0$

← $\log_a\dfrac{M}{N}=\log_aM-\log_aN$

62　第4章　指数関数・対数関数

例題 30 解答・解説

解答 　(ア) 2 　(イ)(ウ) $\dfrac{3}{4}$ 　(エ)(オ) $\dfrac{1}{4}$ 　(カ)(キ) $\dfrac{3}{4}$ 　(クケ) -1 　(コ) 2
(サ)(シ) $\dfrac{1}{3}$ 　(ス) 2 　(セ)$\sqrt{\ }$(ソ) $3\sqrt{3}$ 　(タ)(チツ) $\dfrac{7}{16}$

解説

$$\log_9 x = \dfrac{\log_3 x}{\log_3 9} = \dfrac{t}{{}^{\mathcal{P}}2},$$

$$\log_{81} x^3 = 3\log_{81} x = 3 \cdot \dfrac{\log_3 x}{\log_3 81} = \dfrac{{}^{\mathcal{I}}3}{{}^{\mathcal{P}}4}t$$

よって 　$y = \left(\dfrac{t}{2}\right)^2 - \dfrac{3}{4}t + 1 = \dfrac{{}^{\mathcal{I}}1}{{}^{\mathcal{P}}4}t^2 - \dfrac{{}^{\mathcal{P}}3}{{}^{\mathcal{P}}4}t + 1$

　$\Leftarrow \log_a b = \dfrac{\log_c b}{\log_c a}$

　$\Leftarrow \log_a M^p = p\log_a M$

底 3 は 1 より大きいから，
$\dfrac{1}{3} \leqq x \leqq 9$ のとき

$$\log_3 \dfrac{1}{3} \leqq \log_3 x \leqq \log_3 9$$

ゆえに
$$\log_3 3^{-1} \leqq \log_3 x \leqq \log_3 3^2$$

したがって 　${}^{\mathcal{P}\mathcal{P}}{-1} \leqq t \leqq {}^{\mathcal{P}}2$

　$\Leftarrow a > 1$ のとき
　$p < q \Longleftrightarrow \log_a p < \log_a q$

また 　$y = \dfrac{1}{4}\left(t - \dfrac{3}{2}\right)^2 + \dfrac{7}{16}$

$-1 \leqq t \leqq 2$ において，関数 ① は
　$t = -1$ のとき最大値，
　$t = \dfrac{3}{2}$ のとき最小値
をとる。

$\log_3 x = t$ より，$x = 3^t$ であるから

　$t = -1$ のとき 　$x = 3^{-1} = \dfrac{1}{3}$

　$t = \dfrac{3}{2}$ のとき 　$x = 3^{\frac{3}{2}} = 3\sqrt{3}$

したがって，関数 ① は

　$x = \dfrac{{}^{\mathcal{P}}1}{{}^{\mathcal{P}}3}$ のとき最大値 ${}^{\mathcal{A}}2$，

　$x = {}^{\mathcal{P}}3\sqrt{{}^{\mathcal{P}}3}$ のとき最小値 $\dfrac{{}^{\mathcal{P}}7}{{}^{\mathcal{P}\mathcal{P}}16}$ をとる。

　$\Leftarrow$ CHART 　まず平方完成

　$\Leftarrow t$ の値から x の値を求める。対数の定義を利用。

演 習 問 題

29 指数関数の最大・最小

目安15分

関数 $y=4^x+9\cdot4^{-x}-7(2^x+3\cdot2^{-x})+19$ の最小値を求めよう。

$t=2^x+3\cdot2^{-x}$ とおくと，$t\geqq\boxed{ア}\sqrt{\boxed{イ}}$ であり，$x=\dfrac{1}{2}\log_2\boxed{ウ}$ のとき等号が成り立つ。

また，y を t の式で表すと $y=t^{\boxed{エ}}-\boxed{オ}\,t+\boxed{カキ}$ となる。

したがって，y は $x=\boxed{ク}$ または $x=\log_2\boxed{ケ}-1$ で最小値 $\dfrac{\boxed{コ}}{\boxed{サ}}$ をとる。

30 対数関数の最大・最小

目安15分

$\dfrac{1}{8}\leqq x\leqq8$ のとき，関数 $y=(\log_2 x)(\log_8 x)+\log_2 4x$ …… ① の最大値と最小値を求めよう。

$\log_2 x=t$ とおくと，$\log_8 x=\dfrac{t}{\boxed{ア}}$，$\log_2 4x=t+\boxed{イ}$ であるから，

$y=\dfrac{\boxed{ウ}}{\boxed{エ}}t^2+t+\boxed{オ}$ となる。

また，t のとりうる値の範囲は，$\boxed{カキ}\leqq t\leqq\boxed{ク}$ である。

よって，関数 ① は $x=\boxed{ケ}$ のとき最大値 $\boxed{コ}$ をとり，$x=\dfrac{\sqrt{\boxed{サ}}}{\boxed{シ}}$ のとき最小値 $\dfrac{\boxed{ス}}{\boxed{セ}}$ をとる。

64　第4章　指数関数・対数関数

第5章 微分法・積分法（数Ⅱ）

1回目	2回目
／	／

16日目 導関数の応用 (1)

例題 31 接線 　　　　　　　　　　　　　　　　　　　目安15分

(1) $f(x)=x^3-x^2$ とする。曲線 $y=f(x)$ 上の，x 座標が 2 である点における接線の方程式は $y=\boxed{ア}x-\boxed{イウ}$ であり，傾きが 1 である接線の方程式は $y=x-\boxed{エ}$ と $y=x+\dfrac{\boxed{オ}}{\boxed{カキ}}$ である。

(2) $f(x)=x^3+2x^2-3$ とする。曲線 $y=f(x)$ の接線のうち，点 $(-1, 1)$ を通るものの方程式は $y=\boxed{ク}x+\boxed{ケ}$ である。

例題 32 共通接線 　　　　　　　　　　　　　　　　　目安15分

2 つの放物線 $C_1 : y=x^2+2ax+5$，$C_2 : y=-x^2+2x+a$ が $x>0$ の範囲で 1 点 P を共有し，その点で共通の接線をもつとき，$a=\boxed{アイ}$ であり，P の座標は $(\boxed{ウ}, \boxed{エオ})$ である。

また，接線の方程式は，$y=\boxed{カキ}x+\boxed{ク}$ である。

CHART 16　接線

▶ 曲線 $y=f(x)$ 上の点 $(a, f(a))$ における接線
　　　　傾き $f'(a)$，方程式 $y-f(a)=f'(a)(x-a)$

▶ 曲線上にない点 A から引いた接線
　　　　曲線の接線が点 A を通る と考える

▶ 2 曲線 $y=f(x)$ と $y=g(x)$ が $x=p$ の点で接する条件
　　　　$f(p)=g(p)$ かつ $f'(p)=g'(p)$

「2 曲線が共通接線をもつ」とは，2 曲線が 1 点を共有し，かつ，共有点における接線が一致することである（この共有点を 2 曲線の接点という）。

　　接点を共有する　　　 $\iff f(p)=g(p)$
　　接線の傾きが一致する $\iff f'(p)=g'(p)$

例題 ③1 解答・解説

解答 (ア) 8 (イウ) 12 (エ) 1 $\dfrac{(オ)}{(カキ)}$ $\dfrac{5}{27}$ (ク) 4 (ケ) 5

解説

(1) $f(x)=x^3-x^2$ から $f'(x)=3x^2-2x$

$f(2)=4$, $f'(2)=3\cdot2^2-2\cdot2=8$ であるから，接線の方程式は

$\qquad y-4=8(x-2)$ よって $y={}^{ア}\!\boldsymbol{8}x-{}^{イウ}\!\boldsymbol{12}$

傾き 1 の接線の接点の座標を $(a,\ f(a))$ とすると，$f'(a)=1$

から $3a^2-2a=1$ ゆえに $(a-1)(3a+1)=0$

よって $a=1,\ -\dfrac{1}{3}$

[1] $a=1$ のとき

$\quad f(1)=0$ から，接点の座標は $(1,\ 0)$

ゆえに，接線の方程式は

$\qquad y-0=1\cdot(x-1)$ すなわち $y=x-{}^{エ}\!\boldsymbol{1}$

[2] $a=-\dfrac{1}{3}$ のとき

$\quad f\!\left(-\dfrac{1}{3}\right)=-\dfrac{4}{27}$ から，接点の座標は $\left(-\dfrac{1}{3},\ -\dfrac{4}{27}\right)$

ゆえに，接線の方程式 $y-\left(-\dfrac{4}{27}\right)=1\cdot\left\{x-\left(-\dfrac{1}{3}\right)\right\}$

すなわち $y=x+\dfrac{{}^{オ}\!\boldsymbol{5}}{{}^{カキ}\!\boldsymbol{27}}$

(2) $f'(x)=3x^2+4x$ であるから，接点の座標を

$(a,\ a^3+2a^2-3)$ とすると，接線の方程式は

$\qquad y-(a^3+2a^2-3)=(3a^2+4a)(x-a)$

すなわち $y=(3a^2+4a)x-2a^3-2a^2-3$ ……①

これが点 $(-1,\ 1)$ を通るから

$\qquad 1=(3a^2+4a)\cdot(-1)-2a^3-2a^2-3$

すなわち $2a^3+5a^2+4a+4=0$

よって $(a+2)(2a^2+a+2)=0$ ……②

$2a^2+a+2=0$ の判別式 D について $D=1^2-4\cdot2\cdot2<0$

ゆえに，② の実数解は $a=-2$

これを ① に代入すると，接線の方程式は $y={}^{ク}\!\boldsymbol{4}x+{}^{ケ}\!\boldsymbol{5}$

◆ $(x^3)'=3x^2$, $(x^2)'=2x$
$(x)'=1$, (定数)$'=0$

◆ $y-f(2)=f'(2)(x-2)$

◆接点の x 座標がわから
ないから，未知数 a とお
く。$f'(a)$ が接線の傾き。

◆ $y-f(1)=f'(1)(x-1)$

◆ $y-f\!\left(-\dfrac{1}{3}\right)$
$=f'\!\left(-\dfrac{1}{3}\right)\!\left\{x-\left(-\dfrac{1}{3}\right)\right\}$

◆接点の座標を $(a,\ f(a))$
とすると接線の方程式は
$\boldsymbol{y-f(a)=f'(a)(x-a)}$

◆通る点の x 座標，y 座標
を代入。

◆ a についての 3 次方程式
が得られる。

66 第 5 章 微分法・積分法

例題 32 解答・解説

解答 （アイ）-3 （ウ）2 （エオ）-3 （カキ）-2 （ク）1

解説

$$C_1 : y' = 2x + 2a, \quad C_2 : y' = -2x + 2$$

点 P の x 座標を $p\,(p>0)$ とすると，共通接線をもつから

$$p^2 + 2ap + 5 = -p^2 + 2p + a \quad \cdots\cdots ①$$

$\leftarrow f(p) = g(p)$ かつ $f'(p) = g'(p)$

$$かつ \quad 2p + 2a = -2p + 2 \quad\quad \cdots\cdots ②$$

② から $\quad a = -2p + 1$

$\leftarrow$ 連立方程式は文字を消去して解く。

① に代入して

$$p^2 + 2(-2p+1)p + 5 = -p^2 + 2p - 2p + 1$$

すなわち $\quad p^2 - p - 2 = 0 \quad$ よって $\quad (p+1)(p-2) = 0$

$p > 0$ であるから $\quad p = 2$

このとき $\quad a = -2 \cdot 2 + 1 = {}^{アイ}\mathbf{-3}$

P の y 座標は $\quad p^2 + 2ap + 5 = 2^2 + 2\cdot(-3)\cdot 2 + 5 = -3$

$\leftarrow y = x^2 + 2ax + 5$

ゆえに $\quad$ P$({}^{ウ}\mathbf{2},\ {}^{エオ}\mathbf{-3})$

また，このとき，接線の傾きは $\quad -2 \cdot 2 + 2 = -2$

$\leftarrow y' = -2x + 2$

したがって，接線の方程式は

$$y - (-3) = -2(x - 2) \quad すなわち \quad y = {}^{カキ}\mathbf{-2}x + {}^{ク}\mathbf{1}$$

$\leftarrow$ 接線は，傾きが $-2p+2$ で P を通る。

〔**別解**〕 $x^2 + 2ax + 5 = -x^2 + 2x + a$ とすると

$$2x^2 + 2(a-1)x + (5-a) = 0 \quad \cdots\cdots ③$$

③ の判別式を D とすると

$\leftarrow$ 条件から，2 曲線は接している $\longrightarrow$ 判別式 $D=0$

$$\frac{D}{4} = (a-1)^2 - 2(5-a) = a^2 - 9$$

$$= (a+3)(a-3)$$

1 点で接するための条件は $\quad D = 0$

ゆえに $\quad a = \pm 3$

共有点 P の x 座標は，③ の重解で $\quad x = -\dfrac{a-1}{2}$

$\leftarrow ax^2 + bx + c = 0$ の重解は $\quad x = -\dfrac{b}{2a}$

$x > 0$ より，$a - 1 < 0$ であるから $\quad a < 1$

よって $\quad a = {}^{アイ}\mathbf{-3}$

このとき，重解は $\quad x = 2$

C_1 は $y = x^2 - 6x + 5$ であるから，P の y 座標は

$$2^2 - 6\cdot 2 + 5 = -3 \quad\quad ゆえに \quad P({}^{ウ}\mathbf{2},\ {}^{エオ}\mathbf{-3})$$

（以下同じ）

$\leftarrow$ このように，放物線どうしの場合は判別式を利用してもよい。

第5章

16 日目　導関数の応用 (1)　　**67**

演 習 問 題

31　接線
目安15分

(1)　$f(x)=x^3-x+1$ とする。

曲線 $y=f(x)$ 上の，x 座標が -2 である点における接線の方程式は

$y=\boxed{\text{アイ}}\,x+\boxed{\text{ウエ}}$ であり，傾きが 2 であるような，曲線 $y=f(x)$ の接線の方程式は $y=2x-\boxed{\text{オ}}$ と $y=2x+\boxed{\text{カ}}$ である。

(2)　$f(x)=-x^3-7x^2+2$ とする。

曲線 $y=f(x)$ の接線のうち，点 $(2,\ 2)$ を通るものの方程式は $y=\boxed{\text{キ}}$，

$y=\boxed{\text{ク}}\,x-\boxed{\text{ケコ}}$，$y=-\dfrac{\boxed{\text{サシス}}}{\boxed{\text{セ}}}x+\dfrac{\boxed{\text{ソタチ}}}{\boxed{\text{ツ}}}$ である。

32　共通接線
目安15分

$f(x)=3x^2-ax-a+4$ （ただし，$a>0$），$g(x)=x^3$ とする。

2曲線 $y=f(x)$ と $y=g(x)$ が点 P において共通の接線 ℓ をもつとき，$a=\boxed{\text{ア}}$ であり，P の座標は $(\boxed{\text{イ}},\ \boxed{\text{ウ}})$ である。

また，ℓ の方程式は，$y=\boxed{\text{エ}}\,x-\boxed{\text{オ}}$ である。

さらに，曲線 $y=g(x)$ と接線 ℓ は点 P 以外の共有点 Q をもち，Q の座標は $(\boxed{\text{カキ}},\ \boxed{\text{クケ}})$ である。

68　第5章　微分法・積分法

第5章 微分法・積分法(数Ⅱ)

17日目 導関数の応用 (2)

例題 33　極値と最大・最小　　目安15分

3次関数 $f(x)=-x^3+3x^2+9x$ は $x=\boxed{ア}$ のとき極大値 $\boxed{イウ}$ を，$x=\boxed{エオ}$ のとき極小値 $\boxed{カキ}$ をとる。
また，$-4 \leqq x \leqq 4$ において，$f(x)$ は $x=\boxed{クケ}$ のとき最大値 $\boxed{コサ}$ を，$x=\boxed{シス}$ のとき最小値 $\boxed{セソ}$ をとる。

例題 34　図形と最大・最小　　目安15分

放物線 $y=x^2$ 上の点 $P(t, t^2)$ $(0<t \leqq 3)$ における接線を ℓ とする。また，ℓ と x 軸の交点を A，ℓ と直線 $x=3$ の交点を B とし，点 $(3, 0)$ を C とする。
このとき，三角形 ABC の面積の最大値を求めよう。
接線 ℓ の方程式は，$y=\boxed{ア}tx-t^{\boxed{イ}}$ であるから，
$$A\left(\frac{t}{\boxed{ウ}}, 0\right), B(3, \boxed{エ}t-t^{\boxed{オ}})$$
となる。ここで，三角形 ABC の面積を $S(t)$ とすると
$$S(t)=\frac{1}{\boxed{カ}}(t^{\boxed{キ}}-\boxed{クケ}t^{\boxed{コ}}+\boxed{サシ}t)$$
と表される。したがって，$S(t)$ は $t=\boxed{ス}$ のとき最大値 $\boxed{セ}$ をとる。

CHART 17

▶極値

　　$f(\alpha)$ が極値
　　$\Longrightarrow f'(\alpha)=0$（必要条件）

3次関数 $y=ax^3+bx^2+cx+d$ が極値をもつとき，グラフは右のようになる。

▶最大・最小

　　増減表を利用　　極値と端の値に注目

　〔注意〕　増減表の端点については y' は空欄にしておく。
　　　　　今後，本書の増減表はこの方針でかく。

例題 33 解答・解説

解答 (ア) 3 (イウ) 27 (エオ) -1 (カキ) -5 (クケ) -4
(コサ) 76 (シス) -1 (セソ) -5

解説

$$f'(x) = -3x^2 + 6x + 9 = -3(x^2 - 2x - 3)$$
$$= -3(x+1)(x-3)$$

$f'(x) = 0$ とすると $x = -1, 3$

x^3 の係数が負であるから, $y = f(x)$ の
グラフは右のようになり,
$x = {}^{ア}3$ のとき極大値

$$f(3) = -3^3 + 3 \cdot 3^2 + 9 \cdot 3 = {}^{イウ}27,$$

$x = {}^{エオ}-1$ のとき極小値

$$f(-1) = -(-1)^3 + 3 \cdot (-1)^2 + 9 \cdot (-1) = {}^{カキ}-5$$

をとる。

また $f(-4)$
$$= -(-4)^3 + 3 \cdot (-4)^2 + 9 \cdot (-4)$$
$$= 76$$
$$f(4) = -4^3 + 3 \cdot 4^2 + 9 \cdot 4 = 20$$

よって, $f(x)$ は
$x = {}^{クケ}-4$ のとき最大値 ${}^{コサ}76,$
$x = {}^{シス}-1$ のとき最小値 ${}^{セソ}-5$ をとる。

← 極値 $\Longrightarrow f'(x) = 0$
← グラフをイメージする。

← **CHART**
極値と端の値に注目
グラフの概形から
極大値と $f(-4)$, 極小値
と $f(4)$ を比べる。
(極大値) $< f(-4)$,
(極小値) $< f(4)$

NOTE 極大・極小や, 最大・最小を求めるには, 厳密には増減表を用いるが, **極値の有無と3次の係数の正・負に注意** して, グラフの概形をかいて考えた方が早く処理できる。ただし, **解答過程を記述する問題では, 必ず増減表をかくようにすること。**

なお, $f(3), f(-4), f(4)$ の値を求める計算は次のようにしてもよい。
$f(3)$ は, 剰余の定理により, $f(x)$ を $x-3$ で割った余りである。よって, 組立除法を用いて求めることができる。

```
 -1   3   9   0 | 3      -1   3    9    0 |-4      -1   3   9   0 | 4
         -3   0   27              4  -28   76              -4  -4   20
 ─────────────────      ─────────────────────      ─────────────────
 -1   0   9  27         -1   7  -19   76            -1  -1   5  20
```

ゆえに $f(3) = 27, f(-4) = 76, f(4) = 20$
このようにすると, 計算がらくになることがある。

第5章 微分法・積分法

例題 34 解答・解説

解答 (ア) 2 (イ) 2 $\dfrac{t}{(ウ)2}$ (エ) 6 (オ) 2 $\dfrac{1}{(カ)4}$ (キ) 3
(クケ) 12 (コ) 2 (サシ) 36 (ス) 2 (セ) 8

解説

$y=x^2$ から $y'=2x$
よって，接線 ℓ の方程式は
$$y-t^2=2t(x-t)$$
すなわち
$$y={}^{ア}2tx-t^{イ2} \quad \cdots\cdots ①$$
① において，$y=0$ を代入すると
$$2tx-t^2=0$$
$t\neq 0$ から $x=\dfrac{t}{2}$

ゆえに $A\left(\dfrac{t}{{}^{ウ}2},\ 0\right)$

また，① に $x=3$ を代入すると $y=6t-t^2$
ゆえに $B(3,\ {}^{エ}6t-t^{オ2})$
したがって，△ABC の面積 $S(t)$ は
$$S(t)=\dfrac{1}{2}\left(3-\dfrac{t}{2}\right)(6t-t^2)$$
$$=\dfrac{1}{{}^{カ}4}(t^{{}^{キ}3}-{}^{クケ}12t^{{}^{コ}2}+{}^{サシ}36t)$$
$$S'(t)=\dfrac{1}{4}(3t^2-24t+36)$$
$$=\dfrac{3}{4}(t-2)(t-6)$$

$0<t<3$ において，$S'(t)=0$ となるのは $t=2$ のときである。
よって，$S(t)$ の増減表は右のようになる。

t	0	$\cdots$	2	$\cdots$	3
$S'(t)$		+	0	−	
$S(t)$		↗	極大 8	↘	

ゆえに，$S(t)$ は $t={}^{ス}2$ のとき極大かつ最大となり，最大値は
$$S(2)=\dfrac{1}{2}\left(3-\dfrac{2}{2}\right)(6\cdot 2-2^2)=\dfrac{1}{2}\cdot 2\cdot 8={}^{セ}8$$
をとる。

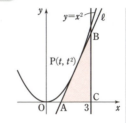

← 接点の座標を $(a,\ f(a))$ とすると接線の方程式は $y-f(a)=f'(a)(x-a)$

← $S(t)=\dfrac{1}{2}\mathrm{AC}\cdot\mathrm{BC}$

← $S(t)$ は 3 次式で表されるから，最大値を求めるために微分法を利用する。

← 増減表をかいて最大値を求める。

演 習 問 題

33 極値と最大・最小　［目安15分］

$f(x)=x^3+4x^2-3x+4$ とする。

(1) $f(x)$ は $x=\boxed{アイ}$ のとき極大値 $\boxed{ウエ}$ を，$x=\dfrac{\boxed{オ}}{\boxed{カ}}$ のとき極小値 $\dfrac{\boxed{キク}}{\boxed{ケコ}}$ をとる。

(2) $-4\leqq x\leqq -1$ において，$f(x)$ は $x=\boxed{サシ}$ のとき最大値 $\boxed{スセ}$ を，$x=\boxed{ソタ}$ のとき最小値 $\boxed{チツ}$ をとる。

34 図形と最大・最小　［目安15分］

放物線 $y=6-x^2$ と直線 $y=t$ $(0<t<6)$ との交点を A，B とする。

ただし，点 A の x 座標は点 B の x 座標より大きいものとする。

2点 A，B から x 軸にそれぞれ垂線 AD，BC を引く。

$A(a,\ t)$ $(a>0)$ とおくと $t=\boxed{ア}-a^{\boxed{イ}}$ であり，$0<a<\sqrt{\boxed{ウ}}$ である。

長方形 ABCD の面積 $S(a)$ は，$S(a)=\boxed{エオ}a^{\boxed{カ}}+\boxed{キク}a$ と表される。

したがって，$S(a)$ は $a=\sqrt{\boxed{ケ}}$ すなわち $t=\boxed{コ}$ のとき最大値 $\boxed{サ}\sqrt{\boxed{シ}}$ をとる。

また，放物線 $y=6-x^2$ の点 A における接線と，y 軸との交点を E とする。

三角形 ABE の面積と長方形 ABCD の面積が等しくなるような t の値は $t=\boxed{ス}$ である。

72　第5章　微分法・積分法

第5章 微分法・積分法(数Ⅱ)

18日目 導関数の応用 (3)

例題 35　方程式の解の個数　　目安15分

3次方程式 $x^3-6x^2+9x+1-a=0$ が異なる3つの実数解をもつとき，a の値の範囲は $\boxed{ア}<a<\boxed{イ}$ である。
$a=\boxed{ア}$ のとき，解は $x=\boxed{ウ}$, $\boxed{エ}$ である。
ただし，$x=\boxed{ウ}$ はこの方程式の2重解である。

例題 36　接線の本数　　目安15分

曲線 $y=2x^3-3x$ を C とする。
C 上の点 $(a, 2a^3-3a)$ における C の接線の方程式は
$y=(\boxed{ア}a^{\boxed{イ}}-\boxed{ウ})x-\boxed{エ}a^{\boxed{オ}}$ である。
この接線が点 $(1, b)$ を通るのは $b=\boxed{カキ}a^{\boxed{ク}}+\boxed{ケ}a^{\boxed{コ}}-\boxed{サ}$ が成り立つときである。
したがって，点 $(1, b)$ から C へ異なる3本の接線が引けるのは
$\boxed{シス}<b<\boxed{セソ}$ のときである。

CHART 18

▶方程式 $f(x)=a$ の実数解
　　　曲線 $y=f(x)$ と直線 $y=a$ の共有点の x 座標
グラフをかいて共有点の個数を調べる。
定数 a の入った方程式は $f(x)=a$ の形にして，動く部分（直線 $y=a$）と固定部分（曲線 $y=f(x)$）を分離すると考えやすい。
　　　定数 a を分離する

▶3次関数のグラフの接線
　　　接点が異なると接線が異なる
$(a, f(a))$ における接線が満たす条件を求め，その条件を満たす **接点の個数** が接線の本数に等しい。

例題 35 解答・解説

解答 (ア) 1 (イ) 5 (ウ) 3 (エ) 0

解説

方程式を変形して　　$x^3-6x^2+9x+1=a$

ここで, $f(x)=x^3-6x^2+9x+1$ とすると, 方程式が異なる 3 つの実数解をもつのは, 曲線 $y=f(x)$ と直線 $y=a$ が異なる 3 つの共有点をもつときである。

$$f'(x)=3x^2-12x+9$$
$$=3(x^2-4x+3)$$
$$=3(x-1)(x-3)$$

$f'(x)=0$ とすると　　$x=1, 3$
また　$f(1)=1^3-6\cdot 1^2+9\cdot 1+1=5$
　　　$f(3)=3^3-6\cdot 3^2+9\cdot 3+1=1$

$f(x)$ の 3 次の係数は正であるから, $y=f(x)$ のグラフは図のようになる。

よって, 曲線 $y=f(x)$ と直線 $y=a$ が異なる 3 つの共有点をもつとき
　　　ア$1<a<$イ5

また, $a=1$ のとき, グラフから,
解は　　　$x=0, 3$
曲線 $y=f(x)$ と直線 $y=1$ は $x=0$ の点で交わり, $x=3$ の点で接するから, 重解は　　$x=3$
したがって, 解は　　$x=$ウ$3,$ エ0

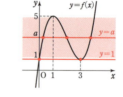

◀ CHART
定数 a を分離する

◀ 極値 $\Longrightarrow f'(\alpha)=0$

◀ 3 次の係数の正負に注意してグラフをかく。

◀ 解は共有点の x 座標。

◀ 接点 $\Longleftrightarrow$ 重解

NOTE　$a=1$ のとき, 方程式に代入して解を求めてもよいが, せっかくグラフをかいたのだから, 利用しない手はない。
　$x=3$ は簡単にわかるが, もう 1 つの解 (交点の x 座標) は, グラフを正確にかかないと, すぐには求められない。
　3 次関数のグラフをかくときは, 概形と極大, 極小以外にも y 軸との交点にも気をつけよう ($x=0$ のときの y の値であるから, すぐに求められる)。
　また, 問題によっては x 軸との交点が重要になることもある。

例題 36 解答・解説

解答 (ア) 6 (イ) 2 (ウ) 3 (エ) 4 (オ) 3 (カキ) −4 (ク) 3
(ケ) 6 (コ) 2 (サ) 3 (シス) −3 (セソ) −1

解説

$y=2x^3-3x$ から $y'=6x^2-3$
よって,点 $(a, 2a^3-3a)$ における接線の方程式は
$$y-(2a^3-3a)=(6a^2-3)(x-a)$$
すなわち $y=({}^{ア}6a^{イ2}-{}^{ウ}3)x-{}^{エ}4a^{オ3}$
この接線が点 $(1, b)$ を通るとき
$$b=(6a^2-3)\cdot 1-4a^3$$
ゆえに $b={}^{カキ}-4a^{ク3}+{}^{ケ}6a^{コ2}-{}^{サ}3$ …… ①
点 $(1, b)$ から曲線 C へ異なる 3 本の接線が引けるのは, a の 3 次方程式 ① が異なる 3 つの実数解をもつときである。
したがって, $f(a)=-4a^3+6a^2-3$ とすると,曲線 $y=f(a)$ と直線 $y=b$ が異なる 3 つの共有点をもてばよい。
$$f'(a)=-12a^2+12a$$
$$=-12a(a-1)$$
$f'(a)=0$ とすると $a=0, 1$
また $f(0)=-3$,
$f(1)=-4\cdot 1^3+6\cdot 1^2-3$
$=-1$
$f(a)$ の 3 次の係数は負であるから, $y=f(a)$ のグラフは図のようになる。
よって,曲線 $y=f(a)$ と直線 $y=b$ が異なる 3 つの共有点をもつとき
$${}^{シス}-3<b<{}^{セソ}-1$$

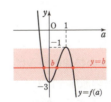

← $(1, b)$ から引いた接線
⟶ $(a, 2a^3-3a)$ における接線が $(1, b)$ を通る。

← **CHART**
定数 b を分離する

← 接線が 3 本
⟺ 接点が 3 個
⟺ ① の実数解が 3 個
⟺ $y=f(a)$ と $y=b$ の共有点が 3 個

← 極値 ⟹ $f'(\alpha)=0$

← 3 次の係数の正負に注意してグラフをかく。

演 習 問 題

35 方程式の解の個数
目安 15分

3次方程式 $x^3+x^2-x+2+k=0$ が異なる3つの実数解をもつとき，k の値の範囲は $\boxed{アイ}<k<\dfrac{\boxed{ウエオ}}{\boxed{カキ}}$ である。

また，正の解1つと負の解2つをもつとき，k の値の範囲は $\boxed{クケ}<k<\boxed{コサ}$ である。

36 接線の本数
目安 15分

3次関数 $y=x^3-3x^2$ のグラフを C とする。

a を実数として，座標平面上に点 P$(3,\ a)$ をとる。

(1) 点 Q$(t,\ t^3-3t^2)$ における C の接線が点 P を通るとき
$\boxed{アイ}t^3+\boxed{ウエ}t^2-\boxed{オカ}t=a$ が成り立つ。

(2) 点 P を通る C の接線が2本となるのは $a=\boxed{キ}$，$a=\boxed{クケ}$ のときであり，$a=\boxed{キ}$ のときの2本の接線の傾きは $\boxed{コ}$ と $\boxed{サ}$ である。ただし，$\boxed{コ}$ と $\boxed{サ}$ は解答の順序を問わない。

(3) $a=2$ のとき，接線は1本で，傾きは $\boxed{シ}$ である。

$\boxed{シ}$ に当てはまるものを，⓪ 正，① 負 のうちから1つ選べ。

76　第5章　微分法・積分法

第5章　微分法・積分法（数Ⅱ）

19日目 定　積　分 (1)

1回目 　2回目
／ 　　／

例題 37　定積分で表された関数 (1)　　目安15分

(1) $f(x)=ax+b$ について，$\displaystyle\int_0^1 f(x)dx=\int_0^1 xf(x)dx=1$ が成り立つとき，

$a=\boxed{\text{ア}}$，$b=\boxed{\text{イウ}}$ である。

(2) 2次関数 $f(x)$ について，$f(1)=0$，$f'(1)=2$，$\displaystyle\int_1^3 f(x)dx=12$ が成り立つとき，

$f(x)=\boxed{\text{エ}}x^2-\boxed{\text{オ}}x+\boxed{\text{カ}}$ である。

(3) 関数 $f(x)$ について，$\displaystyle\int_a^x f(t)dt=x^2-6x-7$ が成り立つとき，

$a=\boxed{\text{キク}}$ または $a=\boxed{\text{ケ}}$ であり，$f(x)=\boxed{\text{コ}}x-\boxed{\text{サ}}$ である。

例題 38　定積分で表された関数 (2)　　目安15分

関数 $f(x)$ が $f(x)=3x^2+4x\displaystyle\int_{-1}^0 f(t)dt-2\int_1^3 f(t)dt$ を満たすとする。

a，b を定数として，$\displaystyle\int_{-1}^0 f(t)dt=a$ …… ①，$\displaystyle\int_1^3 f(t)dt=b$ …… ② とおくと，

①，② から $\boxed{\text{ア}}a+\boxed{\text{イ}}b=1$，$\boxed{\text{ウエ}}a-5b=\boxed{\text{オカキ}}$ が成り立つ。

よって，$f(x)=3x^2-\boxed{\text{ク}}x-\boxed{\text{ケ}}$ であり，$\displaystyle\int_0^3 |f(x)|dx=\boxed{\text{コサ}}$ である。

CHART 19　定積分

▶定積分と微分法　$\dfrac{d}{dx}\displaystyle\int_a^x f(t)dt=f(x)$

$\displaystyle\int_a^x f(t)dt$ を含む等式では，x について微分 するとよい。

また，等式で $x=a$ とおくと，$\displaystyle\int_a^a f(t)dt=0$ であるから 左辺は 0 になり，

これより a の方程式が得られる。

▶定積分の扱い

a，b が定数のとき $\displaystyle\int_a^b f(t)dt$ は定数 ⟶ 文字でおく

第5章

19日目　定積分 (1)　　77

例題 ③⑦ 解答・解説

解 答 （ア）6　（イウ）−2　（エ）3　（オ）4　（カ）1　（キク）−1
（ケ）7　（コ）2　（サ）6

解説

(1) $\displaystyle\int_0^1 f(x)dx = \int_0^1 (ax+b)dx = \left[\frac{a}{2}x^2 + bx\right]_0^1 = \frac{a}{2} + b$

よって　$\dfrac{a}{2} + b = 1$　……①

また　$\displaystyle\int_0^1 xf(x)dx = \int_0^1 (ax^2 + bx)dx$

$\qquad\qquad = \left[\frac{a}{3}x^3 + \frac{b}{2}x^2\right]_0^1 = \frac{a}{3} + \frac{b}{2}$

よって　$\dfrac{a}{3} + \dfrac{b}{2} = 1$　……②

①，②から　$a = {}^{\mathcal{P}}6$，$b = {}^{\mathcal{AD}}-2$

$\Leftarrow$ ① から　$b = 1 - \dfrac{a}{2}$
これを ② に代入して a を求める。

(2) $f(x) = ax^2 + bx + c$ $(a \neq 0)$ とすると　$f'(x) = 2ax + b$

$f(1) = 0$ から　$a + b + c = 0$　……③

$f'(1) = 2$ から　$2a + b = 2$　……④

$\displaystyle\int_1^3 f(x)dx = \int_1^3 (ax^2 + bx + c)dx = \left[\frac{a}{3}x^3 + \frac{b}{2}x^2 + cx\right]_1^3$

$\qquad\qquad = \left(9a + \frac{9}{2}b + 3c\right) - \left(\frac{1}{3}a + \frac{1}{2}b + c\right)$

$\qquad\qquad = \frac{26}{3}a + 4b + 2c$

よって　$\dfrac{26}{3}a + 4b + 2c = 12$　……⑤

③，④，⑤ から　$a = 3$，$b = -4$，$c = 1$

ゆえに　$f(x) = {}^{\mathcal{I}}3x^2 - {}^{\mathcal{A}}4x + {}^{\mathcal{D}}1$

$\Leftarrow$ ④ から　$b = -2a + 2$
これを ③，⑤ に代入して，a, c の連立方程式を作る。

(3) $\displaystyle\int_a^x f(t)dt = x^2 - 6x - 7$　……⑥ とする。

⑥ で $x = a$ とおくと，左辺は 0 になるから　$0 = a^2 - 6a - 7$

よって　$(a+1)(a-7) = 0$　ゆえに　$a = {}^{\mathcal{+D}}-1$，${}^{\mathcal{f}}7$

また，⑥ の両辺を x で微分すると　$\dfrac{d}{dx}\displaystyle\int_a^x f(t)dt = 2x - 6$

したがって　$f(x) = {}^{\mathcal{J}}2x - {}^{\mathcal{H}}6$

$\Leftarrow$ 常に $\displaystyle\int_a^a f(t)dt = 0$

$\Leftarrow$ $\dfrac{d}{dx}\displaystyle\int_a^x f(t)dt = f(x)$

78　第5章　微分法・積分法

例題 ③8 解答・解説

解 答　（ア）3　（イ）2　（ウエ）16　（オカキ）－26　（ク）4　（ケ）4
（コサ）13

解説

①，②から　　$f(x)=3x^2+4ax-2b$　……　③
よって

$$\int_{-1}^{0}f(t)dt=\int_{-1}^{0}(3t^2+4at-2b)dt=\Big[t^3+2at^2-2bt\Big]_{-1}^{0}$$
$$=1-2a-2b$$

$$\int_{1}^{3}f(t)dt=\int_{1}^{3}(3t^2+4at-2b)dt=\Big[t^3+2at^2-2bt\Big]_{1}^{3}$$
$$=16a-4b+26$$

← $f(t)=3t^2+4at-2b$ を
代入。

ゆえに　　$a=1-2a-2b$，　$b=16a-4b+26$
よって　　$^ア3a+^イ2b=1$，　$^{ウエ}16a-5b=^{オカキ}-26$
これらを連立させて解くと　　$a=-1$，$b=2$
ゆえに　　$f(x)=3x^2-^ク4x-^ケ4$
また，$f(x)=(3x+2)(x-2)$ であるから

$x\leqq-\dfrac{2}{3}$，$2\leqq x$ のとき

$$|f(x)|=f(x)$$
$$=3x^2-4x-4$$

$-\dfrac{2}{3}\leqq x\leqq2$ のとき

$$|f(x)|=-f(x)$$
$$=-(3x^2-4x-4)$$

← **CHART**
絶対値　場合に分ける

よって　　$\displaystyle\int_{0}^{3}|f(x)|dx$

$$=\int_{0}^{2}\{-(3x^2-4x-4)\}dx+\int_{2}^{3}(3x^2-4x-4)dx$$
$$=-\Big[x^3-2x^2-4x\Big]_{0}^{2}+\Big[x^3-2x^2-4x\Big]_{2}^{3}$$
$$=-(2^3-2\cdot2^2-4\cdot2)+3^3-2\cdot3^2-4\cdot3-(2^3-2\cdot2^2-4\cdot2)$$
$$=^{コサ}13$$

← $\displaystyle\int_{a}^{b}f(x)dx$
$=\displaystyle\int_{a}^{c}f(x)dx+\int_{c}^{b}f(x)dx$

演 習 問 題

37 定積分で表された関数 (1)

目安 15分

(1) 2次関数 $f(x) = ax^2 + bx + c$ について，$f(1) = \dfrac{1}{6}$，$f'(1) = 0$，$\displaystyle\int_0^1 f(x)dx = \dfrac{1}{3}$

が成り立つとき，$a = \dfrac{\boxed{\text{ア}}}{\boxed{\text{イ}}}$，$b = \boxed{\text{ウエ}}$，$c = \dfrac{\boxed{\text{オ}}}{\boxed{\text{カ}}}$ である。

(2) $f(a) = \displaystyle\int_0^2 |x^2 - 2ax|\,dx$ とする。ただし，$a > 0$ である。このとき，$f(a)$ は

$$0 < a \leq \boxed{\text{キ}} \ \text{のとき} \quad f(a) = \dfrac{\boxed{\text{ク}}}{\boxed{\text{ケ}}}a^3 - \boxed{\text{コ}}\,a + \dfrac{\boxed{\text{サ}}}{\boxed{\text{シ}}},$$

$$\boxed{\text{キ}} < a \quad \text{のとき} \quad f(a) = \boxed{\text{ス}}\,a - \dfrac{\boxed{\text{セ}}}{\boxed{\text{ソ}}}$$

である。よって，$f(a)$ は $a = \dfrac{\boxed{\text{タ}}}{\sqrt{\boxed{\text{チ}}}}$ のとき最小値 $\dfrac{\boxed{\text{ツ}}}{\boxed{\text{テ}}} - \dfrac{\boxed{\text{ト}}\sqrt{\boxed{\text{ナ}}}}{\boxed{\text{ニ}}}$

をとる。

38 定積分で表された関数 (2)

目安 15分

2つの関数 $f(x)$，$g(x)$ が $f(x) = x^2 + 3x\displaystyle\int_0^1 f(t)dt$，$g(x) = \displaystyle\int_2^x f(t)dt$ を満たす。

このとき，$\displaystyle\int_0^1 f(t)dt = a$（$a$ は定数）とおくと，$f(x) = x^2 + 3ax$ であるから

$a = \dfrac{\boxed{\text{アイ}}}{\boxed{\text{ウ}}}$ である。

したがって，$g(x) = \dfrac{1}{\boxed{\text{エ}}}(x + \boxed{\text{オ}})(x - \boxed{\text{カ}})^2$ となり，不等式 $g(x) < 0$ を満

たす x の値の範囲は $x < \boxed{\text{キク}}$ である。

さらに，$g(x)$ は $x = \boxed{\text{ケ}}$ で極大値 $\dfrac{\boxed{\text{コ}}}{\boxed{\text{サ}}}$ をとり，$x = \boxed{\text{シ}}$ で極小値 $\boxed{\text{ス}}$ を

とる。

80 第5章 微分法・積分法

第5章 微分法・積分法(数Ⅱ)

20日目 定 積 分 (2)

例題 39　2曲線で囲まれた図形の面積　　目安10分

2つの放物線 $C_1：y=x^2-4x+5$, $C_2：y=-x^2+2x+5$ がある。
C_1, x 軸, y 軸, 直線 $x=3$ で囲まれた部分の面積 S_1 は ア である。
また, C_1, C_2 で囲まれた部分の面積 S_2 は イ である。

例題 40　放物線と接線で囲まれた図形の面積　　目安15分

$a>0$ とする。

放物線 $C：y=\left(1-\dfrac{3}{a^2}\right)x^2$ について, x 座標が a である C 上の点 A における C の

接線 ℓ の方程式は $y=\left(\boxed{アイ}-\dfrac{\boxed{ウ}}{\boxed{エ}}\right)x-\boxed{オ}^{\boxed{カ}}+\boxed{キ}$ である。

$a=2$ のとき, C, ℓ, y 軸で囲まれた図形の面積は $\dfrac{\boxed{ク}}{\boxed{ケ}}$ である。

CHART　20　　面積

▶曲線と x 軸の間の面積

$$\int_\alpha^\beta f(x)dx$$

▶2つの曲線の間の面積

$$\int_\alpha^\beta \{\underbrace{f(x)}_{上側}-\underbrace{g(x)}_{下側}\}dx$$

▶面積の計算　まずグラフをかく
　　① 積分区間の決定　　② 上下関係を調べる

を活用すると計算がらく。

例題 39 解答・解説

解答 (ア) 6 (イ) 9

解説

C_1 は右の図のように，x 軸の上側にあるから

$$S_1 = \int_0^3 (x^2 - 4x + 5) dx$$
$$= \left[\frac{x^3}{3} - 2x^2 + 5x \right]_0^3$$
$$= (9 - 18 + 15) - 0$$
$$= {}^\mathcal{P}6$$

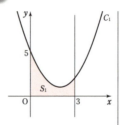

← $y = x^2 - 4x + 5$
　$= (x-2)^2 + 1 > 0$

C_1, C_2 の交点の x 座標は
$$x^2 - 4x + 5 = -x^2 + 2x + 5$$
すなわち　　$2x^2 - 6x = 0$
を解くと　　$2x(x-3) = 0$
よって　　$x = 0, \ 3$

ゆえに，右の図から，求める面積は
$$S_2 = \int_0^3 \{(-x^2 + 2x + 5) - (x^2 - 4x + 5)\} dx$$
$$= \int_0^3 (-2x^2 + 6x) dx$$
$$= -2 \int_0^3 (x - 0)(x - 3) dx$$
$$= -2 \left\{ -\frac{1}{6}(3 - 0)^3 \right\}$$
$$= {}^\mathcal{A}9$$

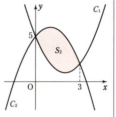

← $\int_\alpha^\beta \{f(x) - g(x)\} dx$

← $\int_\alpha^\beta (x-\alpha)(x-\beta) dx$
　$= -\frac{1}{6}(\beta - \alpha)^3$

NOTE　面積を求めるときのグラフは
　　　　　曲線と x 軸の交点　や　曲線と x 軸との上下関係
などを正確につかむのが大きな目的であるから，頂点や極値を表す点の座標などは記入しなくてよい。

例題 40 解答・解説

解答 (アイ) $2a$ (ウ)/(エ) $\dfrac{6}{a}$ (オ) a (カ) 2 (キ) 3 (ク)/(ケ) $\dfrac{2}{3}$

解説

$y = \left(1 - \dfrac{3}{a^2}\right)x^2$ から $\quad y' = 2\left(1 - \dfrac{3}{a^2}\right)x$

点 A の y 座標は $\quad \left(1 - \dfrac{3}{a^2}\right) \cdot a^2 = a^2 - 3$

よって，C 上の点 $A(a,\ a^2-3)$ における接線 ℓ の方程式は
$$y - (a^2-3) = 2\left(1 - \dfrac{3}{a^2}\right)a \cdot (x-a)$$

$\Leftarrow y - f(a) = f'(a)(x-a)$

すなわち $\quad y = \left({}^{アイ}2a - {}^{ウ}\dfrac{6}{{}^{エ}a}\right)x - {}^{オ}a\,{}^{カ}2 + {}^{キ}3$

$a=2$ のとき
$$C : y = \left(1 - \dfrac{3}{2^2}\right)x^2 \quad \text{すなわち} \quad C : y = \dfrac{1}{4}x^2$$
$$\ell : y = \left(2 \cdot 2 - \dfrac{6}{2}\right)x - 2^2 + 3 \quad \text{すなわち} \quad y = x - 1$$

ゆえに，右の図から，求める面積は

$\displaystyle\int_0^2 \left\{\dfrac{1}{4}x^2 - (x-1)\right\}dx$

$= \dfrac{1}{4}\displaystyle\int_0^2 (x-2)^2\,dx$

$= \dfrac{1}{4}\left[\dfrac{1}{3}(x-2)^3\right]_0^2$

$= \dfrac{1}{4}\left\{\dfrac{1}{3} \cdot 0^3 - \dfrac{1}{3}(-2)^3\right\}$

$= {}^{ク}\dfrac{2}{{}^{ケ}3}$

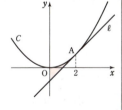

$\Leftarrow \displaystyle\int_\alpha^\beta (ax+b)^2\,dx$
$= \left[\dfrac{1}{a} \cdot \dfrac{1}{3}(ax+b)^3\right]_\alpha^\beta$

NOTE $\displaystyle\int_\alpha^\beta (ax+b)^2\,dx = \left[\dfrac{1}{a} \cdot \dfrac{1}{3}(ax+b)^3\right]_\alpha^\beta$ は，放物線と接線の間の面積を求めるのに必ず利用できる。数学Ⅲの内容であるが，$\displaystyle\int_\alpha^\beta (x-\alpha)(x-\beta)\,dx = -\dfrac{1}{6}(\beta-\alpha)^3$ と合わせて覚えておこう。

演 習 問 題

39 2曲線で囲まれた図形の面積

目安15分

2つの放物線 $y=-x^2+3x-2$ …… ①, $y=x^2-(2a+1)x+2a$ …… ② がある。ただし, $a>0$ とする。

① と x 軸で囲まれた部分の面積を S_1 とすると, $S_1=\dfrac{\boxed{ア}}{\boxed{イ}}$ である。

また, ①, ② の交点の x 座標は $\boxed{ウ}$ と $a+\boxed{エ}$ であるから, ①, ② で囲まれた部分の面積を S_2 とすると, $S_2=\dfrac{a^{\boxed{オ}}}{\boxed{カ}}$ である。

さらに, $S_2=2S_1$ となるときの a の値を求めると, $a=\boxed{キ}$ である。

40 放物線と接線で囲まれた図形の面積

目安15分

放物線 $C:y=\dfrac{1}{2}x^2$ 上の点 P の x 座標を $a\,(a>0)$ とする。

P における C の接線を ℓ_1 とし, ℓ_1 と直交する C の接線を ℓ_2 とする。
また, ℓ_2 と C の接点を Q とする。

(1) Q の x 座標は $\dfrac{\boxed{アイ}}{\boxed{ウ}}$ であり, ℓ_2 の方程式は $y=\dfrac{\boxed{エオ}}{\boxed{カ}}x-\dfrac{\boxed{キ}}{\boxed{ク}}a^2$ である。

(2) $\ell_1,\ \ell_2$ と C で囲まれた部分の面積は $\dfrac{1}{\boxed{ケコ}}\left(\boxed{サ}+\dfrac{\boxed{シ}}{\boxed{ス}}\right)^{\boxed{セ}}$ である。

84　第5章　微分法・積分法

第5章 微分法・積分法（数Ⅱ）

21日目 定積分 (3)

例題 41　3次曲線と接線で囲まれた図形の面積　　目安15分

曲線 $C: y = x^3 + x^2 - 6x - 9$ 上の点 $A(-2, -1)$ における C の接線 ℓ の方程式は $y = \boxed{ア}x + \boxed{イ}$ であり，C と ℓ の A と異なる共有点の x 座標は $\boxed{ウ}$ である。したがって，C と ℓ で囲まれた図形の面積は $\dfrac{\boxed{エオカ}}{\boxed{キク}}$ である。

例題 42　面積の最大・最小　　目安20分

座標平面において放物線 $y = x^2$ を C とし，直線 $y = ax$ を ℓ とする。
ただし，$0 < a < 1$ とする。
C と ℓ で囲まれた図形の面積を S_1 とし，C と ℓ と直線 $x = 1$ で囲まれた図形の面積を S_2 とする。

2つの面積の和 $S = S_1 + S_2$ は $S = \dfrac{1}{\boxed{ア}} a^{\boxed{イ}} - \dfrac{1}{\boxed{ウ}} a + \dfrac{1}{\boxed{エ}}$ と表されるから，S は $a = \dfrac{\sqrt{\boxed{オ}}}{\boxed{カ}}$ のとき最小値 $\dfrac{\boxed{キ}}{\boxed{ク}} - \dfrac{\sqrt{\boxed{ケ}}}{\boxed{コ}}$ をとる。

CHART 21

▶面積の計算　**まずグラフをかく**
　　① 積分区間の決定　　② 上下関係を調べる
　　3次曲線 $y = f(x)$ とその接線 $y = g(x)$ が $x = a$ で接するとき，
　　$f(x) - g(x) = 0$ の左辺は $(x - a)^2$ で割り切れる。

▶面積の最大・最小
　　面積の式がどのような形であるかに注目する。
　　2次式　　　　　⟶ 平方完成
　　3次以上の整式　⟶ 微分法を利用　　}　して，最大値や最小値を求める。

例題 41 解答・解説

解答 (ア) 2　(イ) 3　(ウ) 3　$\dfrac{(エオカ)}{(キク)}$　$\dfrac{625}{12}$

解説

$f(x) = x^3 + x^2 - 6x - 9$ とする。
$f'(x) = 3x^2 + 2x - 6$ であるから
$$f'(-2) = 3 \cdot (-2)^2 + 2 \cdot (-2) - 6 = 2$$
よって，点 A$(-2, -1)$ における接線 ℓ の方程式は
$$y + 1 = 2(x+2) \quad \text{すなわち} \quad y = {}^{\text{ア}}2x + {}^{\text{イ}}3$$

← $y - f(a) = f'(a)(x-a)$

また，C と ℓ の共有点の x 座標は $x^3 + x^2 - 6x - 9 = 2x + 3$ の解である。
整理すると　$x^3 + x^2 - 8x - 12 = 0$
すなわち　$(x+2)^2(x-3) = 0$
よって，C と ℓ の A と異なる共有点の x 座標は　${}^{\text{ウ}}3$

← $x = -2$ で接するから $(x+2)^2$ で割り切れる。

x^3 の係数が 1 で定数項が -12 であるから，$(x+2)^2$ で割った商は $x-3$ とわかる。

したがって，図から，求める面積は
$$\int_{-2}^{3} \{2x+3 - (x^3+x^2-6x-9)\}dx$$
$$= \int_{-2}^{3}(-x^3-x^2+8x+12)dx = \left[-\dfrac{1}{4}x^4 - \dfrac{1}{3}x^3 + 4x^2 + 12x\right]_{-2}^{3}$$
$$= -\dfrac{1}{4} \cdot 3^4 - \dfrac{1}{3} \cdot 3^3 + 4 \cdot 3^2 + 12 \cdot 3$$
$$\quad - \left\{-\dfrac{1}{4} \cdot (-2)^4 - \dfrac{1}{3} \cdot (-2)^3 + 4 \cdot (-2)^2 + 12 \cdot (-2)\right\}$$
$$= \dfrac{{}^{\text{エオカ}}625}{{}^{\text{キク}}12}$$

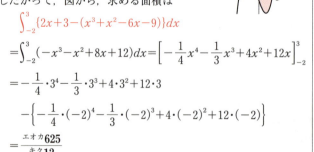

NOTE 次のように変形して $\displaystyle\int_{\alpha}^{\beta}(ax+b)^n dx = \left[\dfrac{1}{a} \cdot \dfrac{1}{n+1}(ax+b)^{n+1}\right]_{\alpha}^{\beta}$ を利用すると，積分の計算が素早くできる。

$$\int_{-2}^{3}\{2x+3-(x^3+x^2-6x-9)\}dx = -\int_{-2}^{3}(x+2)^2(x-3)dx$$
$$= -\int_{-2}^{3}(x+2)^2(\boldsymbol{x+2-5})dx = -\int_{-2}^{3}\{(x+2)^3 - 5(x+2)^2\}dx$$
$$= -\left[\dfrac{(x+2)^4}{4} - 5 \cdot \dfrac{(x+2)^3}{3}\right]_{-2}^{3} = -\dfrac{5^4}{4} + 5 \cdot \dfrac{5^3}{3} = 5^4\left(-\dfrac{1}{4} + \dfrac{1}{3}\right) = \dfrac{{}^{\text{エオカ}}625}{{}^{\text{キク}}12}$$

例題 42 解答・解説

解答 $\dfrac{1}{(ア)}\ \dfrac{1}{3}$　(イ) 3　$\dfrac{1}{(ウ)}\ \dfrac{1}{2}$　$\dfrac{1}{(エ)}\ \dfrac{1}{3}$　$\dfrac{\sqrt{(オ)}}{(カ)}\ \dfrac{\sqrt{2}}{2}$
$\dfrac{(キ)}{(ク)}\ \dfrac{1}{3}$　$\dfrac{\sqrt{(ケ)}}{(コ)}\ \dfrac{\sqrt{2}}{6}$

解説

C と ℓ の共有点の x 座標は $x^2=ax$ の解である。
よって　　　$x^2-ax=0$
ゆえに　　　$x(x-a)=0$
これを解いて　$x=0,\ a$
また，$0<a<1$ であるから，放物線 C，直線 ℓ は図のようになる。

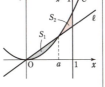

← **CHART**
まずグラフをかく

$$S_1=\int_0^a (ax-x^2)dx = -\int_0^a x(x-a)dx$$
$$=-\left\{-\dfrac{1}{6}(a-0)^3\right\}=\dfrac{1}{6}a^3$$

← $\int_\alpha^\beta (x-\alpha)(x-\beta)dx$
$=-\dfrac{1}{6}(\beta-\alpha)^3$

また　$S_2=\displaystyle\int_a^1 (x^2-ax)dx=\left[\dfrac{1}{3}x^3-\dfrac{1}{2}ax^2\right]_a^1$
$=\dfrac{1}{3}-\dfrac{1}{2}a-\left(\dfrac{1}{3}a^3-\dfrac{1}{2}a^3\right)=\dfrac{1}{6}a^3-\dfrac{1}{2}a+\dfrac{1}{3}$

よって　$S=S_1+S_2=\dfrac{1}{_\text{ア}3}a^{\text{イ}3}-\dfrac{1}{_\text{ウ}2}a+\dfrac{1}{_\text{エ}3}$

$S(a)=\dfrac{1}{3}a^3-\dfrac{1}{2}a+\dfrac{1}{3}$ とすると　$S'(a)=a^2-\dfrac{1}{2}$

$S'(a)=0$ とすると　$a=\pm\dfrac{\sqrt{2}}{2}$

$S(a)$ の 3 次の係数が正であるから，$y=S(a)$ のグラフは右のようになる。

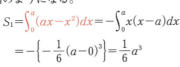

← S を a の関数と考えて最小値を求める。
a の3次関数であるから，微分して調べる。
← 3次の係数の正負に注意してグラフをかく。

ゆえに，$0<a<1$ において，$S(a)$ は $a=\dfrac{\sqrt{_\text{オ}2}}{_\text{カ}2}$ のとき最小値

$$S\left(\dfrac{\sqrt{2}}{2}\right)=\dfrac{1}{3}\left(\dfrac{\sqrt{2}}{2}\right)^3-\dfrac{1}{2}\cdot\dfrac{\sqrt{2}}{2}+\dfrac{1}{3}$$
$$=\dfrac{1}{_\text{ク}3}^\text{キ}-\dfrac{\sqrt{_\text{ケ}2}}{_\text{コ}6}$$

をとる。

演 習 問 題

41　3次曲線と接線で囲まれた図形の面積
目安 15 分

$f(x)=x^3-4x$ とする。

曲線 $C:y=f(x)$ の接線で，点 A(1，1) を通るものの方程式は

$y=\boxed{\text{ア}}x+\boxed{\text{イ}}$ である。

この接線を ℓ とすると，C と ℓ の接点の座標は $(\boxed{\text{ウエ}}，\boxed{\text{オ}})$ であり，C と ℓ の
接点以外の共有点の x 座標は $\boxed{\text{カ}}$ である。

よって，C と ℓ で囲まれた図形の面積は $\dfrac{\boxed{\text{キク}}}{\boxed{\text{ケ}}}$ である。

42　面積の最大・最小
目安 15 分

放物線 $C:y=4x^2+1$ 上の点 A$(a，4a^2+1)$ $(a>0)$ における C の接線に垂直で，

A を通る直線 ℓ の方程式は $y=\dfrac{\boxed{\text{アイ}}}{\boxed{\text{ウエ}}}x+\boxed{\text{オ}}a^2+\dfrac{\boxed{\text{カ}}}{\boxed{\text{キ}}}$ である。

ℓ と C で囲まれた部分の面積 S は $S=\dfrac{\boxed{\text{ク}}}{\boxed{\text{ケ}}}\left(\boxed{\text{コサ}}+\dfrac{1}{\boxed{\text{シスセ}}}\right)^3$ と表されるか

ら，S は $a=\dfrac{\boxed{\text{ソ}}}{\boxed{\text{タ}}}$ のとき最小値 $\dfrac{\boxed{\text{チ}}}{\boxed{\text{ツテ}}}$ をとる。

88　第5章　微分法・積分法

第6章 ベクトル(数B)

22日目 ベクトル (1)

例題 43 ベクトルの成分と内積　　　　　　　　　　目安15分

(1) 単位ベクトル $\vec{e}$ が $\vec{a}=(3, s)$ に垂直で $\vec{b}=(4, 3)$ と平行になるとき
$s=\boxed{アイ}$, $\vec{e}=\left(\boxed{\dfrac{ウ}{エ}},\ \boxed{\dfrac{オ}{カ}}\right)$, $\left(\boxed{\dfrac{キク}{ケ}},\ \boxed{\dfrac{コサ}{シ}}\right)$ である。

(2) $\vec{a}=(4, -3)$, $\vec{b}=(2, 1)$ に対して $\vec{p}=\vec{a}+t\vec{b}$ (t は実数) とすると, $\vec{a}$ と $\vec{p}$ が垂直であるとき $t=\boxed{スセ}$ であり, $|\vec{p}|$ が最小となるとき $t=\boxed{ソタ}$ である。

例題 44 三角形の重心，内心　　　　　　　　　　目安15分

(1) △OAB の辺 AB の中点を M, 辺 OA の中点を N として, △OMN の重心を G とすると $\overrightarrow{OG}=\boxed{\dfrac{ア}{イ}}\overrightarrow{OA}+\boxed{\dfrac{ウ}{エ}}\overrightarrow{OB}$ である。

(2) AB=6, BC=3, CA=4 の △ABC について, ∠C の二等分線と辺 AB の交点を D, △ABC の内心を I とする。
点 A, B, C, D, I の位置ベクトルをそれぞれ $\vec{a}, \vec{b}, \vec{c}, \vec{d}, \vec{i}$ とすると
$\vec{d}=\boxed{\dfrac{オ}{カ}}\vec{a}+\boxed{\dfrac{キ}{ク}}\vec{b}$, $\vec{i}=\boxed{\dfrac{ケ}{コサ}}\vec{a}+\boxed{\dfrac{シ}{スセ}}\vec{b}+\boxed{\dfrac{ソ}{タチ}}\vec{c}$ である。

CHART 22

▶ベクトルの垂直・平行
$\vec{a}\neq\vec{0}$, $\vec{b}\neq\vec{0}$, $\vec{a}=(a_1, a_2)$, $\vec{b}=(b_1, b_2)$ とする。
$\vec{a}\perp\vec{b} \iff \vec{a}\cdot\vec{b}=0 \iff a_1b_1+a_2b_2=0$
$\vec{a}/\!/\vec{b} \iff \vec{b}=k\vec{a}$ となる実数 k がある $\iff a_1b_2-a_2b_1=0$

▶内分・外分
2点 A$(\vec{a})$, B$(\vec{b})$ を結ぶ線分 AB の分点の位置ベクトルは

$m:n$ に内分　$\dfrac{n\vec{a}+m\vec{b}}{m+n}$　　$m:n$ に外分　$\dfrac{-n\vec{a}+m\vec{b}}{m-n}$

△ABC の重心を G とすると　　$\overrightarrow{OG}=\dfrac{1}{3}(\overrightarrow{OA}+\overrightarrow{OB}+\overrightarrow{OC})$

例題 43 解答・解説

解答

(アイ) -4　$\dfrac{(ウ)}{(エ)}\dfrac{4}{5}$　$\dfrac{(オ)}{(カ)}\dfrac{3}{5}$　$\dfrac{(キク)}{(ケ)}\dfrac{-4}{5}$　$\dfrac{(コサ)}{(シ)}\dfrac{-3}{5}$

(スセ) -5　(ソタ) -1

解説

(1) $\vec{e}=(x,\ y)$ とする。

$\vec{e}$ は単位ベクトルであるから　$x^2+y^2=1$ ……… ①

$\vec{e}$ と $\vec{a}$ が垂直であるから　$\vec{e}\cdot\vec{a}=0$

← 垂直 ⟶ (内積)$=0$

よって　$3x+sy=0$ ……… ②

$\vec{e}$ と $\vec{b}$ が平行であるから，$\vec{e}=k\vec{b}$ (k は 0 でない実数) と表される。

← $\vec{a}\,/\!/\,\vec{b}\iff\vec{b}=k\vec{a}$ となる実数 k がある。

ゆえに　$x=4k$ ……… ③，　$y=3k$ ……… ④

③，④ を ② に代入すると　$3\cdot4k+s\cdot3k=0$

よって　$3k(s+4)=0$

$k\neq0$ であるから　$s+4=0$　ゆえに　$s={}^{アイ}-4$

また，③，④ を ① に代入すると　$(4k)^2+(3k)^2=1$

よって，$25k^2=1$ から　$k^2=\dfrac{1}{25}$　ゆえに　$k=\pm\dfrac{1}{5}$

このとき，③，④ から

$x=\dfrac{4}{5},\ y=\dfrac{3}{5}$　または　$x=-\dfrac{4}{5},\ y=-\dfrac{3}{5}$

したがって　$\vec{e}=\left({}^{ウ}_{エ}\dfrac{4}{5},\ {}^{オ}_{カ}\dfrac{3}{5}\right),\ \left({}^{キク}_{ケ}\dfrac{-4}{5},\ {}^{コサ}_{シ}\dfrac{-3}{5}\right)$

(2) $\vec{p}=(4,\ -3)+t(2,\ 1)=(2t+4,\ t-3)$

$\vec{a}\perp\vec{p}$ のとき，$\vec{a}\cdot\vec{p}=0$ であるから

← 垂直 ⟶ (内積)$=0$

$4(2t+4)+(-3)\cdot(t-3)=0$

ゆえに　$5t+25=0$　よって　$t={}^{スセ}-5$

また　$|\vec{p}|^2=(2t+4)^2+(t-3)^2$

← $|\vec{a}|=\sqrt{a_1{}^2+a_2{}^2}$

$\quad=4t^2+16t+16+t^2-6t+9$

$\quad=5t^2+10t+25$

$\quad=5(t^2+2t)+25$

$\quad=5(t^2+2t+1-1)+25$

$\quad=5(t+1)^2+20$

← **CHART** まず平方完成

$|\vec{p}|\geqq0$ であるから，$|\vec{p}|^2$ が最小のとき $|\vec{p}|$ も最小になる。

ゆえに，$|\vec{p}|$ が最小となるとき $t={}^{ソタ}-1$ である。

← 最小値は $\sqrt{20}=2\sqrt{5}$

90 第6章 ベクトル

例題 44 解答・解説

解答
(ア)/(イ) $\dfrac{1}{3}$　(ウ)/(エ) $\dfrac{1}{6}$　(オ)/(カ) $\dfrac{3}{7}$　(キ)/(ク) $\dfrac{4}{7}$　(ケ)/(コサ) $\dfrac{3}{13}$
(シ)/(スセ) $\dfrac{4}{13}$　(ソ)/(タチ) $\dfrac{6}{13}$

解説

(1) $\vec{OM} = \dfrac{1}{2}(\vec{OA} + \vec{OB})$,

$\vec{ON} = \dfrac{1}{2}\vec{OA}$

よって　$\vec{OG} = \dfrac{1}{3}(\vec{OO} + \vec{OM} + \vec{ON})$

$= \dfrac{1}{3} \cdot \dfrac{1}{2}(\vec{OA} + \vec{OB}) + \dfrac{1}{3} \cdot \dfrac{1}{2}\vec{OA}$

$= \dfrac{^{\text{ア}}1}{_{\text{イ}}3}\vec{OA} + \dfrac{^{\text{ウ}}1}{_{\text{エ}}6}\vec{OB}$

← 中点。

← 中点。

← 重心。

← **CHART** 2つのベクトル ($\vec{OA}$, $\vec{OB}$) で表す

(2) 条件から
$AD:DB = CA:CB = 4:3$

よって
$\vec{d} = \dfrac{3\vec{a} + 4\vec{b}}{4+3} = \dfrac{^{\text{オ}}3}{_{\text{カ}}7}\vec{a} + \dfrac{^{\text{キ}}4}{_{\text{ク}}7}\vec{b}$

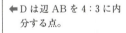

← D は辺 AB を 4:3 に内分する点。

△ABC の内心 I は線分 CD 上にあり，
AI は∠A を 2 等分するから
$DI:IC = AD:AC$

$AD = \dfrac{4}{7}AB = \dfrac{24}{7}$ であるから

$DI:IC = \dfrac{24}{7} : 4 = 6 : 7$

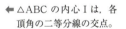

← △ABC の内心 I は，各頂角の二等分線の交点。

← AB=6

ゆえに
$\vec{i} = \dfrac{7\vec{d} + 6\vec{c}}{6+7} = \dfrac{7}{13}\left(\dfrac{3}{7}\vec{a} + \dfrac{4}{7}\vec{b}\right) + \dfrac{6}{13}\vec{c}$

$= \dfrac{^{\text{ケ}}3}{_{\text{コサ}}13}\vec{a} + \dfrac{^{\text{シ}}4}{_{\text{スセ}}13}\vec{b} + \dfrac{^{\text{ソ}}6}{_{\text{タチ}}13}\vec{c}$

← $\vec{i} = \dfrac{BC\vec{a} + CA\vec{b} + AB\vec{c}}{BC + CA + AB}$
が成り立つ。

22 日目　ベクトル (1)　91

演 習 問 題

43 ベクトルの成分と内積　　　　　目安15分

(1) t は正の実数とする。

　2つのベクトル $\vec{a}=(3,\ 1+4t,\ -2+4t)$ と $\vec{e_1}=(1,\ 0,\ 0)$ とのなす角が $\dfrac{\pi}{4}$ で

あるとき，$t=\dfrac{\boxed{\text{ア}}}{\boxed{\text{イ}}}$ である。

　このとき，$\vec{a}$ と $\vec{e_2}=(0,\ 0,\ 1)$ の両方に垂直な大きさ2のベクトルは

$(\sqrt{\boxed{\text{ウ}}},\ -\sqrt{\boxed{\text{エ}}},\ \boxed{\text{オ}})$ または $(-\sqrt{\boxed{\text{ウ}}},\ \sqrt{\boxed{\text{エ}}},\ \boxed{\text{オ}})$ である。

(2) 大きさが1で互いに直交する2つのベクトル $\vec{p},\ \vec{q}$ がある。

　ベクトル $a\vec{p}+b\vec{q}\ (a>0)$ は大きさが1で，ベクトル $\vec{p}+\vec{q}$ とのなす角が $60°$ で

あるとする。

　このとき，$a=\dfrac{\sqrt{\boxed{\text{カ}}}+\sqrt{\boxed{\text{キ}}}}{\boxed{\text{ク}}}$，$b=\dfrac{\sqrt{\boxed{\text{ケ}}}-\sqrt{\boxed{\text{コ}}}}{\boxed{\text{サ}}}$ である。

　ただし，$\sqrt{\boxed{\text{カ}}}$ と $\sqrt{\boxed{\text{キ}}}$ については解答の順序を問わない。

44 三角形の内心，重心　　　　　目安15分

$\triangle ABC$ において，$AB=5$，$BC=6$，$CA=7$ とする。

$\angle A$ の二等分線と辺 BC との交点を D とすると，$\overrightarrow{AD}=\dfrac{\boxed{\text{ア}}}{\boxed{\text{イウ}}}\overrightarrow{AB}+\dfrac{\boxed{\text{エ}}}{\boxed{\text{オカ}}}\overrightarrow{AC}$

である。

また，$\angle B$ の二等分線と線分 AD との交点を I とすると，$AI:ID=\boxed{\text{キ}}:1$ で

あり，$\overrightarrow{AI}=\dfrac{\boxed{\text{ク}}}{\boxed{\text{ケコ}}}\overrightarrow{AB}+\dfrac{\boxed{\text{サ}}}{\boxed{\text{シス}}}\overrightarrow{AC}$ である。

$\triangle ABC$ の重心を G とすると，$\overrightarrow{AG}=\dfrac{\boxed{\text{セ}}}{\boxed{\text{ソ}}}\overrightarrow{AB}+\dfrac{\boxed{\text{タ}}}{\boxed{\text{チ}}}\overrightarrow{AC}$ である。このとき，

$\overrightarrow{GI}$ と $\overrightarrow{BC}$ は平行であり，$|\overrightarrow{GI}|=\dfrac{\boxed{\text{ツ}}}{\boxed{\text{テ}}}$ である。

92　第6章　ベクトル

第6章 ベクトル(数B)

23日目 ベクトル(2)

例題 45　ベクトルの等式と三角形の面積比

平面上の △ABC と点 P が $2\overrightarrow{PA}+3\overrightarrow{PB}+4\overrightarrow{PC}=\vec{0}$ を満たしているとする。このとき，$\overrightarrow{AP}=\dfrac{\boxed{ア}\overrightarrow{AB}+\boxed{イ}\overrightarrow{AC}}{\boxed{ウ}}$ であるから，直線 AP と辺 BC の交点を D とすると BD：DC＝$\boxed{エ}$：3 であり，$\overrightarrow{AP}=\dfrac{\boxed{オ}}{\boxed{カ}}\overrightarrow{AD}$ となる。

このとき，面積比 △ABP：△BCP：△CAP＝$\boxed{キ}$：2：$\boxed{ク}$ である。

例題 46　交点の位置ベクトル

△ABC の辺 AB を 2：3 に内分する点を D，辺 CA の中点を E とする。直線 BE と CD の交点を P とすると，$\overrightarrow{AP}=\dfrac{\boxed{ア}}{\boxed{イ}}\overrightarrow{AB}+\dfrac{\boxed{ウ}}{\boxed{エ}}\overrightarrow{AC}$ であり，直線 AP が辺 BC と交わる点を Q とすると BQ：QC＝$\boxed{オ}$：2 である。

CHART 23

▶ $a\overrightarrow{PA}+b\overrightarrow{PB}+c\overrightarrow{PC}=\vec{0}$ の問題

　　始点を A にそろえる

▶ 三角形の面積比

　　① 等高なら底辺の比　　② 等底なら高さの比

▶ 交点の位置ベクトル

　　交点 P を 2 通りに表して，係数比較

　$\vec{a}\neq\vec{0},\ \vec{b}\neq\vec{0},\ \vec{a}\not\parallel\vec{b}$ のとき

　　　$p\vec{a}+q\vec{b}=p'\vec{a}+q'\vec{b} \iff p=p',\ q=q'$

　△ABC において，点 P（$\overrightarrow{AP}=s\overrightarrow{AB}+t\overrightarrow{AC}$）が

　　　直線 BC 上にある $\iff s+t=1$

例題 45 解答・解説

解答 (ア) 3　(イ) 4　(ウ) 9　(エ) 4　$\dfrac{(オ)}{(カ)}$　$\dfrac{7}{9}$　(キ) 4　(ク) 3

解説

等式を変形すると
$$2(-\overrightarrow{AP})+3(\overrightarrow{AB}-\overrightarrow{AP})+4(\overrightarrow{AC}-\overrightarrow{AP})=\vec{0}$$

よって　$9\overrightarrow{AP}=3\overrightarrow{AB}+4\overrightarrow{AC}$

ゆえに　$\overrightarrow{AP}=\dfrac{{}^{ア}3\overrightarrow{AB}+{}^{イ}4\overrightarrow{AC}}{{}^{ウ}9}$

← **CHART** 始点を（Aに）そろえる

3点 A, P, D は一直線上にあるから, $\overrightarrow{AD}=k\overrightarrow{AP}$（$k$ は実数）とすると
$$\overrightarrow{AD}=\dfrac{3k\overrightarrow{AB}+4k\overrightarrow{AC}}{9}=\dfrac{3k}{9}\overrightarrow{AB}+\dfrac{4k}{9}\overrightarrow{AC}$$

D は辺 BC 上にあるから
$$\dfrac{3k}{9}+\dfrac{4k}{9}=1 \quad \text{よって} \quad k=\dfrac{9}{7}$$

← 辺 BC 上にある
　→ 係数の和が 1
$\dfrac{n\overrightarrow{AB}+m\overrightarrow{AC}}{m+n}$
$\Longleftrightarrow$ BD : DC $= m : n$

このとき, $\overrightarrow{AD}=\dfrac{9}{7}\cdot\dfrac{3\overrightarrow{AB}+4\overrightarrow{AC}}{9}=\dfrac{3\overrightarrow{AB}+4\overrightarrow{AC}}{7}$ であるから

BD : DC $={}^{エ}4:3$　　また　$\overrightarrow{AP}=\dfrac{1}{k}\overrightarrow{AD}=\dfrac{{}^{オ}7}{{}^{カ}9}\overrightarrow{AD}$

ゆえに　AP : PD $= 7 : 2$

よって　$\triangle BCP=\dfrac{2}{9}\triangle ABC$

また　$\triangle ABP=\dfrac{7}{9}\triangle ABD=\dfrac{7}{9}\cdot\dfrac{4}{7}\triangle ABC$

　　　$\triangle CAP=\dfrac{7}{9}\triangle ACD=\dfrac{7}{9}\cdot\dfrac{3}{7}\triangle ABC$

← **CHART** 等底なら高さの比
← **CHART** 等高なら底辺の比
△ABD を間にはさんで
△ABC との比を求める。

ゆえに　$\triangle ABP:\triangle BCP:\triangle CAP$
$$=\dfrac{4}{9}\triangle ABC:\dfrac{2}{9}\triangle ABC:\dfrac{3}{9}\triangle ABC$$
$$={}^{キ}4:2:{}^{ク}3$$

NOTE $\overrightarrow{AP}=\dfrac{3\overrightarrow{AB}+4\overrightarrow{AC}}{9}=\dfrac{7}{9}\cdot\dfrac{3\overrightarrow{AB}+4\overrightarrow{AC}}{4+3}=\dfrac{{}^{オ}7}{{}^{カ}9}\overrightarrow{AD}$ とすると, BD : DC $={}^{エ}4:3$,
AP : PD $=7:2$ がすぐにわかる。

第6章　ベクトル

例題 46 解答・解説

解　答　(ア)/(イ) $\dfrac{1}{4}$　(ウ)/(エ) $\dfrac{3}{8}$　(オ) 3

解説

CP : PD $= s : (1-s)$,
BP : PE $= t : (1-t)$ とすると
$\vec{AP} = s\vec{AD} + (1-s)\vec{AC}$
　　　$= \dfrac{2}{5}s\vec{AB} + (1-s)\vec{AC}$　……①
$\vec{AP} = (1-t)\vec{AB} + t\vec{AE}$
　　　$= (1-t)\vec{AB} + \dfrac{1}{2}t\vec{AC}$　……②

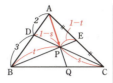

← $\dfrac{n\vec{AD}+m\vec{AC}}{m+n}$

← $\vec{AP}$ を2通りに表す。

CHART 2つのベクトル $(\vec{AB}, \vec{AC})$ で表す

$\vec{AB} \neq \vec{0}$, $\vec{AC} \neq \vec{0}$, $\vec{AB} \nparallel \vec{AC}$ であるから，①，② より
$\dfrac{2}{5}s = 1-t$,　$1-s = \dfrac{1}{2}t$

← 係数が等しい。

よって　$s = \dfrac{5}{8}$,　$t = \dfrac{3}{4}$

① に代入して
$\vec{AP} = \dfrac{2}{5}\cdot\dfrac{5}{8}\vec{AB} + \left(1-\dfrac{5}{8}\right)\vec{AC}$
　　　$= {}^{\text{ア}}\dfrac{1}{4}{}_{\text{イ}}\vec{AB} + {}^{\text{ウ}}\dfrac{3}{8}{}_{\text{エ}}\vec{AC}$

また，$\vec{AQ} = k\vec{AP}$ とすると　$\vec{AQ} = k\left(\dfrac{1}{4}\vec{AB} + \dfrac{3}{8}\vec{AC}\right)$
Q は辺 BC 上にあるから
$\dfrac{1}{4}k + \dfrac{3}{8}k = 1$　　ゆえに　　$k = \dfrac{8}{5}$

← A, P, Q は一直線上 $\iff \vec{AQ} = k\vec{AP}$

← 辺 BC 上にある $\longrightarrow$ 係数の和が 1

よって　$\vec{AQ} = \dfrac{8}{5}\cdot\dfrac{1}{4}\vec{AB} + \dfrac{8}{5}\cdot\dfrac{3}{8}\vec{AC}$
　　　　　　$= \dfrac{2\vec{AB}+3\vec{AC}}{5}$

したがって　BQ : QC $= {}^{\text{オ}}3 : 2$

← $\dfrac{n\vec{AB}+m\vec{AC}}{m+n}$ $\iff$ BQ : QC $= m : n$

演 習 問 題

45　ベクトルの等式と線分の比
[目安 20 分]

a は正の実数とする。

三角形 ABC の内部の点 P が $5\overrightarrow{PA}+a\overrightarrow{PB}+\overrightarrow{PC}=\vec{0}$ を満たしているとする。

このとき，$\overrightarrow{AP}=\dfrac{\boxed{\text{ア}}}{a+\boxed{\text{イ}}}\overrightarrow{AB}+\dfrac{\boxed{\text{ウ}}}{a+\boxed{\text{エ}}}\overrightarrow{AC}$ が成り立つ。

直線 AP と辺 BC との交点 D が辺 BC を $1:8$ に内分するならば，$a=\boxed{\text{オ}}$ となり，$\overrightarrow{AP}=\dfrac{\boxed{\text{カ}}}{\boxed{\text{キク}}}\overrightarrow{AD}$ となる。

このとき，点 P は線分 AD を $\boxed{\text{ケ}}:\boxed{\text{コ}}$ に内分する。

46　交点の位置ベクトル
[目安 20 分]

△OAB において，辺 OA の中点を M，辺 OB を $1:2$ に内分する点を N とし，線分 AN と線分 BM の交点を P とする。

このとき，$\overrightarrow{OP}=\dfrac{\boxed{\text{ア}}}{\boxed{\text{イ}}}\overrightarrow{OA}+\dfrac{\boxed{\text{ウ}}}{\boxed{\text{エ}}}\overrightarrow{OB}$ であり，直線 OP が辺 AB と交わる点 Q は，辺 AB を $1:\boxed{\text{オ}}$ に内分する。

96　第6章　ベクトル

第6章 ベクトル(数B)

24日目 ベクトル (3)

例題 47　座標空間のベクトル　　　目安15分

O を原点とする座標空間内に 3 点 A(2, 0, a), B(0, 2, b), C(2, 2, 4) がある。4 点 O, A, B, C が同一平面上にあるとき, 四角形 OACB の面積の最小値を求めよう。4 点 O, A, B, C が同一平面上にあるとき, 実数 m, n を用いて $\overrightarrow{OC}=m\overrightarrow{OA}+n\overrightarrow{OB}$ と表される。よって, $m=$ ア, $n=$ イ となり, b は a を用いて $b=$ ウ $a+$ エ と表される。したがって, 四角形 OACB は オ である。オ に当てはまるものを, 次の ⓪ ～ ③ のうちから 1 つ選べ。

⓪　台形　　①　長方形　　②　平行四辺形　　③　ひし形

また, 四角形 OACB の面積 S は $S=\sqrt{\text{カ}\,a^2-\text{キク}\,a+\text{ケコ}}$ と表される。よって, S は $a=$ サ, $b=$ シ のとき最小値 ス$\sqrt{\text{セ}}$ をとる。

例題 48　内積と空間図形　　　目安20分

1 辺の長さが 2 である正四面体 OABC の辺 BC を 1 : 2 に内分する点を D とし, 辺 OA 上の点を P とする。また, $\overrightarrow{OA}=\vec{a}$, $\overrightarrow{OB}=\vec{b}$, $\overrightarrow{OC}=\vec{c}$, $\overrightarrow{OP}=k\vec{a}$ (k は実数) と表す。このとき, $\overrightarrow{OD}=\dfrac{\text{ア}}{\text{イ}}\vec{b}+\dfrac{\text{ウ}}{\text{エ}}\vec{c}$, $\vec{a}\cdot\vec{b}=\vec{b}\cdot\vec{c}=\vec{c}\cdot\vec{a}=$ オ である。

また, $|\overrightarrow{DP}|^2=$ カ k^2- キ $k+\dfrac{\text{クケ}}{\text{コ}}$ であるから, 線分 DP の長さは

OP : PA = $\sqrt{\text{サ}}$: 1 のとき最小値 $\dfrac{\sqrt{\text{シス}}}{\text{セ}}$ をとる。

CHART 24　空間ベクトル

始点をそろえて, 3 つのベクトルで表す

▶ ベクトルの相等　**対応する成分がそれぞれ等しい**

▶ △OAB の面積

$\overrightarrow{OA}=\vec{a}$, $\overrightarrow{OB}=\vec{b}$ とすると　△OAB $=\dfrac{1}{2}\sqrt{|\vec{a}|^2|\vec{b}|^2-(\vec{a}\cdot\vec{b})^2}$

▶ 最大・最小　$|\vec{p}|$ は $|\vec{p}|^2$ として扱う

　2 次式 ⟶ **まず平方完成**

例題 47 解答・解説

解答 (ア) 1 (イ) 1 (ウ) − (エ) 4 (オ) ② (カ) 8 (キク) 32 (ケコ) 80 (サ) 2 (シ) 2 (ス)√(セ) $4\sqrt{3}$

解説

$\vec{OC} = m\vec{OA} + n\vec{OB}$ から
 $(2, 2, 4) = m(2, 0, a) + n(0, 2, b)$
 $= (2m, 2n, am+bn)$
よって $2 = 2m$ ……①,
 $2 = 2n$ ……②,
 $4 = am + bn$ ……③

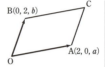

←ベクトルの相等。

①, ② から $m = {}^ア1,\ n = {}^イ1$
これと③から $4 = a + b$
ゆえに $b = {}^ウ{-}a + {}^エ4$
$m=1,\ n=1$ から $\vec{OC} = \vec{OA} + \vec{OB}$
よって $\vec{OA} = \vec{OC} - \vec{OB}$ すなわち $\vec{OA} = \vec{BC}$
したがって,四角形 OACB は平行四辺形 (^{オ}②) となる。
$\vec{OA} = (2, 0, a),\ \vec{OB} = (0, 2, b) = (0, 2, 4-a)$ から
 $|\vec{OA}|^2 = 2^2 + a^2 = a^2 + 4$,
 $|\vec{OB}|^2 = 2^2 + (4-a)^2 = a^2 - 8a + 20$,
 $\vec{OA} \cdot \vec{OB} = 2 \cdot 0 + 0 \cdot 2 + a(4-a) = 4a - a^2$
よって $S = \sqrt{|\vec{OA}|^2 |\vec{OB}|^2 - (\vec{OA} \cdot \vec{OB})^2}$
 $= \sqrt{(a^2+4)(a^2-8a+20) - (4a-a^2)^2}$
 $= \sqrt{{}^カ8a^2 - {}^{キク}32a + {}^{ケコ}80}$
 $= \sqrt{8(a-2)^2 + 48}$
$a = 2$ のとき $b = -2 + 4 = 2$
ゆえに,S は
 $a = {}^サ2,\ b = {}^シ2$ のとき最小値 ${}^ス\!\sqrt{{}^セ}\,4\sqrt{3}$
をとる。

←四角形 ABCD が平行四辺形 $\iff \vec{AB} = \vec{DC}$

←$b = -a + 4$

←△OAB において, $\vec{OA} = \vec{a},\ \vec{OB} = \vec{b}$ とする。 △OAB の面積は $\dfrac{1}{2}\sqrt{|\vec{a}|^2 |\vec{b}|^2 - (\vec{a} \cdot \vec{b})^2}$

←最小値 $\sqrt{48} = 4\sqrt{3}$

例題 48 解答・解説

解答
(ア)/(イ) $\dfrac{2}{3}$ (ウ)/(エ) $\dfrac{1}{3}$ (オ) 2 (カ) 4 (キ) 4 (クケ)/(コ) $\dfrac{28}{9}$
(サ) 1 $\dfrac{\sqrt{(シス)}}{(セ)}$ $\dfrac{\sqrt{19}}{3}$

解説

$\overrightarrow{OD} = \dfrac{2\overrightarrow{OB}+1\cdot\overrightarrow{OC}}{1+2} = {}^{ア}\dfrac{2}{_{イ}3}\vec{b} + {}^{ウ}\dfrac{1}{_{エ}3}\vec{c}$

← $\dfrac{n\overrightarrow{OB}+m\overrightarrow{OC}}{m+n}$

また $\vec{a}\cdot\vec{b} = \vec{b}\cdot\vec{c} = \vec{c}\cdot\vec{a}$
$\phantom{\vec{a}\cdot\vec{b}} = |\vec{a}||\vec{b}|\cos 60°$
$\phantom{\vec{a}\cdot\vec{b}} = 2\cdot 2\cdot\dfrac{1}{2} = {}^{オ}2$

← 正四面体とは，4つの面が合同な正三角形でできている四面体。

$\overrightarrow{DP} = \overrightarrow{OP} - \overrightarrow{OD} = k\vec{a} - \left(\dfrac{2}{3}\vec{b} + \dfrac{1}{3}\vec{c}\right)$
$\phantom{\overrightarrow{DP}} = k\vec{a} - \dfrac{2}{3}\vec{b} - \dfrac{1}{3}\vec{c}$

← **CHART** 始点を(Oに)そろえて，3つのベクトル($\vec{a}$, $\vec{b}$, $\vec{c}$)で表す

よって $|\overrightarrow{DP}|^2 = \left|k\vec{a} - \dfrac{2}{3}\vec{b} - \dfrac{1}{3}\vec{c}\right|^2$
$\phantom{|\overrightarrow{DP}|^2} = k^2|\vec{a}|^2 + \dfrac{4}{9}|\vec{b}|^2 + \dfrac{1}{9}|\vec{c}|^2$
$\phantom{|\overrightarrow{DP}|^2} \quad - 2k\cdot\dfrac{2}{3}\vec{a}\cdot\vec{b} + 2\cdot\dfrac{2}{3}\cdot\dfrac{1}{3}\vec{b}\cdot\vec{c} - 2\cdot\dfrac{1}{3}k\vec{c}\cdot\vec{a}$
$\phantom{|\overrightarrow{DP}|^2} = k^2\cdot 2^2 + \dfrac{4}{9}\cdot 2^2 + \dfrac{1}{9}\cdot 2^2 - \dfrac{4}{3}k\cdot 2 + \dfrac{4}{9}\cdot 2 - \dfrac{2}{3}k\cdot 2$
$\phantom{|\overrightarrow{DP}|^2} = {}^{カ}4k^2 - {}^{キ}4k + {}^{クケ}\dfrac{28}{_{コ}9}$
$\phantom{|\overrightarrow{DP}|^2} = 4\left(k-\dfrac{1}{2}\right)^2 + \dfrac{19}{9}$

← $\left(k\vec{a} - \dfrac{2}{3}\vec{b} - \dfrac{1}{3}\vec{c}\right)^2$ と同じように計算する。

$|\overrightarrow{DP}|$ が最小 $\iff \overrightarrow{DP}\perp\vec{a}$
$\overrightarrow{DP}\cdot\vec{a}$
$= k|\vec{a}|^2 - \dfrac{2}{3}\vec{a}\cdot\vec{b} - \dfrac{1}{3}\vec{c}\cdot\vec{a}$
$= 4k-2 = 0$ より $k = \dfrac{1}{2}$

← **CHART** まず平方完成

$0 \leqq k \leqq 1$ であるから，$|\overrightarrow{DP}|^2$ は $k=\dfrac{1}{2}$ のとき最小値 $\dfrac{19}{9}$ をとる。
$|\overrightarrow{DP}| \geqq 0$ であるから，$|\overrightarrow{DP}|^2$ が最小となるとき $|\overrightarrow{DP}|$ も最小となる。

← Pは辺OA上にあるから $0 \leqq k \leqq 1$

ゆえに $\overrightarrow{OP} = \dfrac{1}{2}\vec{a}$ よって OP:PA $= {}^{サ}1:1$

← $\overrightarrow{OP} = k\vec{a}$

したがって，このとき最小値 $\sqrt{\dfrac{19}{9}} = \dfrac{\sqrt{シス19}}{_{セ}3}$ をとる。

演 習 問 題

47 座標空間のベクトル
目安15分

O を原点とする座標空間内に 3 点 A$(4, 0, 2a)$, B$(0, 1, b+2)$, C$(2, 1, -2)$ があり, 4 点 O, A, B, C は同一平面上にあるとする。

このとき, 実数 m, n を用いて $\overrightarrow{OC}=m\overrightarrow{OA}+n\overrightarrow{OB}$ と表される。よって,

$m=\dfrac{\boxed{}}{\boxed{}}$, $n=\boxed{}$ となり, b は a を用いて $b=-a-\boxed{}$ と表される。

(1) $\overrightarrow{AB}$ と $\overrightarrow{OC}$ が垂直であるとき $a=\dfrac{\boxed{}}{\boxed{}}$ である。

(2) 三角形 OAB の面積 S は $S=\sqrt{\boxed{}a^2+\boxed{}a+\boxed{}}$ と表される。

よって, S は $a=\dfrac{\boxed{}}{\boxed{}}$, $b=\dfrac{\boxed{}}{\boxed{}}$ のとき最小値 $\dfrac{\boxed{}\sqrt{\boxed{}}}{\boxed{}}$ をとる。

48 内積と空間図形
目安15分

OP$=$OQ$=\sqrt{2}$, OR$=1$, $\angle$POR$=90°$ である四面体 OPQR において, $\overrightarrow{OP}=\vec{p}$, $\overrightarrow{OQ}=\vec{q}$, $\overrightarrow{OR}=\vec{r}$ とおく。

点 O と三角形 PQR の重心 G を通る直線 OG が三角形 PQR に垂直であるとき, $\angle$POQ の大きさと線分 OG の長さを求めよう。

直線 OG が三角形 PQR に垂直であるための条件は, $\overrightarrow{OG} \cdot \overrightarrow{PQ}=0$, $\overrightarrow{OG} \cdot \overrightarrow{QR}=0$ であるから $\vec{q} \cdot \vec{r}=\boxed{}$, $\vec{p} \cdot \vec{q}=\boxed{}$ である。

よって, $\angle$POQ$=\boxed{}°$, OG$=\dfrac{\sqrt{\boxed{}}}{\boxed{}}$ である。

100 第6章 ベクトル

第7章　数列(数B)

1回目	2回目
／	／

25 日目 数　列 (1)

例題 49　等差数列・等比数列　　　　　　　　　　　目安15分

数列 $\{a_n\}$ は初項 a, 公差 d の等差数列であり, 第5項は52, 第12項は31である。
また, 数列 $\{b_n\}$ は初項 a, 公比 r の等比数列であり, 第4項は8である。
ただし, r は実数とする。

(1) $a=\boxed{アイ}$, $d=\boxed{ウエ}$, $r=\dfrac{\boxed{オ}}{\boxed{カ}}$ である。

(2) $a_n>0$ を満たす最大の自然数 n の値は $n=\boxed{キク}$ であるから, 数列 $\{a_n\}$ の初
項から第 n 項までの和 S_n は $n=\boxed{ケコ}$ のとき最大値 $\boxed{サシス}$ をとる。
また, $a_n<b_n$ を満たす最小の自然数 n の値は $n=\boxed{セソ}$ である。

例題 50　等差・等比中項, $\sum$ の計算　　　　　　　　目安15分

(1) 数列 b, -1, a が等差数列, 数列 a, b, 9 が等比数列であるとき, $a=\boxed{ア}$,
$b=\boxed{イウ}$ または $a=\boxed{エ}$, $b=\boxed{オカ}$ (ただし, $\boxed{ア}<\boxed{エ}$) である。

(2) $\displaystyle\sum_{k=1}^{n}(2^k+2k^2-3k+2)=2^{n+\boxed{キ}}+\dfrac{\boxed{ク}}{\boxed{ケ}}n^3-\dfrac{\boxed{コ}}{\boxed{サ}}n^2+\dfrac{\boxed{シ}}{\boxed{ス}}n-\boxed{セ}$ である。

CHART 25

▶ **等差数列**　初項 a, 公差 d の等差数列 $\{a_n\}$ の
　一般項　$a_n=a+(n-1)d$

　和は　$\dfrac{1}{2}(項数)\cdot\{(初項)+(末項)\}=\dfrac{1}{2}n\{2a+(n-1)d\}$

　数列 x, y, z が等差数列 $\Longleftrightarrow 2y=x+z$
　このとき, y を x と z の **等差中項** という。

▶ **等比数列**　初項 a, 公比 r の等比数列 $\{a_n\}$ の
　一般項　$a_n=ar^{n-1}$

　和は　$\dfrac{a(r^n-1)}{r-1}=\dfrac{a(1-r^n)}{1-r}$ （ただし　$r\neq1$）

　数列 x, y, z が等比数列 $\Longleftrightarrow y^2=xz$
　このとき, y を x と z の **等比中項** という。

▶ **数列の和の公式**

　$\displaystyle\sum_{k=1}^{n}1=n$, $\displaystyle\sum_{k=1}^{n}k=\dfrac{1}{2}n(n+1)$, $\displaystyle\sum_{k=1}^{n}k^2=\dfrac{1}{6}n(n+1)(2n+1)$

　$\displaystyle\sum_{k=1}^{n}a^k=(初項 a, 公比 a, 項数 n の等比数列の和)$

第7章

25 日目　数列 (1)　　101

例題 49 解答・解説

解答 （アイ）64 （ウエ）-3 $\dfrac{（オ）}{（カ）}$ $\dfrac{1}{2}$ （キク）22 （ケコ）22
（サシス）715 （セソ）23

解説

(1) $a_n=a+(n-1)d$ であり，

$a_5=52$ から $a+4d=52$ ……① $\Leftarrow a_5=a+(5-1)d$

$a_{12}=31$ から $a+11d=31$ ……② $\Leftarrow a_{12}=a+(12-1)d$

①，②を解くと $a={}^{\text{アイ}}\mathbf{64}$，$d={}^{\text{ウエ}}\mathbf{-3}$

また，$b_n=64r^{n-1}$ であり，$b_4=8$ であるから

$$64r^3=8 \quad \text{すなわち} \quad r^3=\frac{1}{8}$$ $\Leftarrow b_4=64r^{4-1}$

r は実数であるから $r={}^{\text{オ}}\dfrac{\mathbf{1}}{{}_{\text{カ}}\mathbf{2}}$

(2) $a_n>0$ から $64+(n-1)\cdot(-3)>0$

よって $-3n+67>0$

ゆえに $n<\dfrac{67}{3}=22.3\cdots\cdots$

これを満たす最大の自然数 n の値は $n={}^{\text{キク}}\mathbf{22}$

したがって，$n\leqq22$ のとき $a_n>0$，
$\qquad\qquad n\geqq23$ のとき $a_n<0$

よって，S_n は $n={}^{\text{ケコ}}\mathbf{22}$ のとき最大値をとり，最大値 $\Leftarrow$ 正の項だけの和を求めれ
ばよい。

$$\frac{1}{2}\cdot22\cdot\{2\cdot64+(22-1)\cdot(-3)\}={}^{\text{サシス}}\mathbf{715}$$

また，$b_n=64\left(\dfrac{1}{2}\right)^{n-1}$ であり，$n\geqq8$ のとき $0<b_n<1$ $\Leftarrow 2^{8-1}=128$

$a_{22}=1$，$a_{23}=-2$ であるから

$a_1=b_1$，$2\leqq n\leqq22$ のとき $a_n>b_n$， $\Leftarrow$ 初項が同じで，$\{a_n\}$ は等
$\qquad\qquad n\geqq23$ のとき $a_n<b_n$ 差数列，$\{b_n\}$ は等比数列
であることに着目する。

したがって，$a_n<b_n$ を満たす最小の自然数 n の値は
$$n={}^{\text{セソ}}\mathbf{23}$$

102 第7章 数列

例題 50 解答・解説

解答

（ア）1　（イウ）−3　（エ）4　（オカ）−6　（キ）1　$\dfrac{（ク）}{（ケ）}\ \dfrac{2}{3}$

$\dfrac{（コ）}{（サ）}\ \dfrac{1}{2}$　$\dfrac{（シ）}{（ス）}\ \dfrac{5}{6}$　（セ）2

解説

(1) 数列 b, -1, a が等差数列であるから

$$2\cdot(-1)=b+a\quad\cdots\cdots ①$$

数列 a, b, 9 が等比数列であるから

$$b^2=a\cdot 9\quad\cdots\cdots ②$$

①から　　　$a=-2-b$

これを②に代入して　　$b^2=(-2-b)\cdot 9$

すなわち　　　　$b^2+9b+18=0$

よって　　　　$(b+3)(b+6)=0$

ゆえに　　　　$b=-3,\ -6$

①から，$b={}^{イウ}-3$ のとき　　$a={}^{ア}1$,

　　　　　$b={}^{オカ}-6$ のとき　　$a={}^{エ}4$

← $2y=x+z$ （等差中項）

← $y^2=xz$ （等比中項）

← 1つの文字 a を消去して解く。

(2) $\displaystyle\sum_{k=1}^{n}(2^k+2k^2-3k+2)$

$\displaystyle =\sum_{k=1}^{n}2^k+2\sum_{k=1}^{n}k^2-3\sum_{k=1}^{n}k+2\sum_{k=1}^{n}1$

$\displaystyle =\frac{2(2^n-1)}{2-1}+2\cdot\frac{1}{6}n(n+1)(2n+1)-3\cdot\frac{1}{2}n(n+1)+2n$

$\displaystyle =2^{n+1}-2+\frac{1}{3}(2n^3+3n^2+n)-\frac{3}{2}(n^2+n)+2n$

$\displaystyle =2^{n+{}^{キ}1}+\frac{{}^{ク}2}{{}^{ケ}3}n^3-\frac{{}^{コ}1}{{}^{サ}2}n^2+\frac{{}^{シ}5}{{}^{ス}6}n-{}^{セ}2$

← $\displaystyle\sum_{k=1}^{n}(\alpha a_k+\beta b_k)$

　　$\displaystyle=\alpha\sum_{k=1}^{n}a_k+\beta\sum_{k=1}^{n}b_k$

← $\displaystyle\sum_{k=1}^{n}a^k$ は等比数列の和。

　$\displaystyle\sum_{k=1}^{n}k^2=\frac{1}{6}n(n+1)(2n+1)$

　$\displaystyle\sum_{k=1}^{n}k=\frac{1}{2}n(n+1)$

　$\displaystyle\sum_{k=1}^{n}1=n$

NOTE $\displaystyle\sum_{k=1}^{n}a_k$ は $a_1+a_2+\cdots\cdots+a_n$（k に 1 から n までを順に代入したすべての項の和）である。このことをしっかり理解しておけば，$\displaystyle\sum_{k=0}^{n-1}a_k$ などと数値が変わったときにも対応できる。また，$\displaystyle\sum_{k=1}^{n}a^k=a^1+a^2+a^3+\cdots\cdots+a^n$ であるから，初項 a^1，公比 a，項数 n の等比数列の和であることも理解しやすい。

第7章

25 日目　数列 (1)　　103

演 習 問 題

49 等差数列・等比数列　[目安 15 分]

数列 $\{a_n\}$ は初項 a, 公差 d の等差数列であり, 第 2 項は 241, 第 100 項は 45 である。また, 数列 $\{b_n\}$ は初項 a, 公比 r の等比数列であり, 第 4 項は 9 である。ただし, r は実数とする。

(1) $a=\boxed{\text{アイウ}}$, $d=\boxed{\text{エオ}}$, $r=\dfrac{\boxed{\text{カ}}}{\boxed{\text{キ}}}$ である。

(2) $a_n>0$ を満たす最大の自然数 n の値は $n=\boxed{\text{クケコ}}$ であるから, 数列 $\{a_n\}$ の初項から第 n 項までの和 S_n は $n=\boxed{\text{サシス}}$ のとき最大値 $\boxed{\text{セソタチツ}}$ をとる。また, $a_n<b_n$ を満たす最小の自然数 n の値は $n=\boxed{\text{テトナ}}$ である。

50 等差・等比中項, Σ の計算　[目安 15 分]

(1) 数列 3, a, b が等比数列, 数列 b, a, $\dfrac{8}{3}$ が等差数列であるとき, $a=\boxed{\text{ア}}$, $b=\dfrac{\boxed{\text{イ}}}{\boxed{\text{ウ}}}$ または $a=\boxed{\text{エ}}$, $b=\dfrac{\boxed{\text{オカ}}}{\boxed{\text{キ}}}$ である。

(2) $\displaystyle\sum_{k=1}^{n}(3^{k+1}+3k^2+2k-1)=\dfrac{1}{2}\cdot 3^{n+\boxed{\text{ク}}}+n^3+\dfrac{\boxed{\text{ケ}}}{\boxed{\text{コ}}}n^2+\dfrac{\boxed{\text{サ}}}{\boxed{\text{シ}}}n-\dfrac{\boxed{\text{ス}}}{\boxed{\text{セ}}}$ である。

104　第 7 章　数列

第7章 数列(数B)

26日目 数列 (2)

例題 51 階差数列　　　　　　　　　　　　　　　　目安15分

1, a, b は相異なる実数とする。数列 $\{x_n\}$ が等差数列で，最初の3項が順に 1, a, b であるとき $b = \boxed{ア}a - \boxed{イ}$ である。さらに，数列 $\{y_n\}$ の最初の3項が順に a, b, 1 であり，その階差数列 $\{z_n\}$ が等比数列であるとする。このとき，$\{z_n\}$ の公比は $\boxed{ウエ}$ であり，$\{z_n\}$ の一般項は $z_n = (a - \boxed{オ})(\boxed{カキ})^{n-\boxed{ク}}$ である。

したがって，数列 $\{y_n\}$ の一般項は $y_n = \dfrac{\boxed{ケ}a - \boxed{コ} - (a - \boxed{サ})(\boxed{シス})^{n-\boxed{セ}}}{\boxed{ソ}}$ である。

例題 52 和が与えられた数列　　　　　　　　　　　目安15分

(1) 数列 $\{a_n\}$ の初項から第 n 項までの和 S_n に対して，$S_n = n(n-2)$ が成り立つとき，$a_1 = \boxed{アイ}$，$a_n = \boxed{ウ}n - \boxed{エ}$ である。

(2) 数列 $\{b_n\}$ の初項から第 n 項までの和 T_n に対して，$T_n = 3^n - 1$ が成り立つとき，$b_n = \boxed{オ} \cdot \boxed{カ}^{n-1}$，$\displaystyle\sum_{k=1}^{n} \dfrac{1}{b_k} = \dfrac{\boxed{キ}}{\boxed{ク}}\left(1 - \dfrac{1}{\boxed{ケ}^n}\right)$ である。

CHART 26

初項は特別扱い

▶ 階差数列

数列 $\{a_n\}$ の階差数列 $\{b_n\}$ について
$$b_n = a_{n+1} - a_n$$
$n \geq 2$ のとき
$$a_n = a_1 + b_1 + b_2 + \cdots\cdots + b_{n-1}$$
$$= a_1 + \sum_{k=1}^{n-1} b_k$$

▶ 数列の和と一般項

数列 $\{a_n\}$ の初項から第 n 項までの和を S_n とすると

$n \geq 2$ のとき　　$a_n = S_n - S_{n-1}$
$n = 1$ のとき　　　$a_1 = S_1$

$$S_n = a_1 + a_2 + \cdots + a_{n-1} + a_n$$
$$-)\ S_{n-1} = a_1 + a_2 + \cdots + a_{n-1}$$
$$\overline{S_n - S_{n-1} = \qquad\qquad\qquad a_n}$$

例題 ⑤ 解答・解説

解答 （ア）2 （イ）1 （ウエ）-2 （オ）1 （カキ）-2 （ク）1
（ケ）4 （コ）1 （サ）1 （シス）-2 （セ）1 （ソ）3

解説

1, a, b がこの順で等差数列をなすことから
$$2a = 1 + b$$
よって　$b = {}^{\mathcal{P}}2a - {}^{\mathcal{A}}1$ ……①

さらに，①と条件から，階差数列 $\{z_n\}$ の

初項は　$z_1 = b - a = 2a - 1 - a$
$$= a - 1$$

$a \neq 1$ であるから

公比は　$\dfrac{z_2}{z_1} = \dfrac{1-b}{b-a} = \dfrac{1-(2a-1)}{a-1}$
$$= {}^{\mathcal{D}\mathcal{L}}-2$$

したがって，数列 $\{z_n\}$ は，初項 $a-1$，公比 -2 の等比数列であるから
$$z_n = (a - {}^{\mathcal{A}}1)({}^{\mathcal{D}\mathcal{F}}-2)^{n-{}^{\mathcal{D}}1}$$

ゆえに，$\{y_n\}$ の一般項 y_n は，$n \geq 2$ のとき

$$y_n = a + \sum_{k=1}^{n-1} z_k$$

$$= a + (a-1)\sum_{k=1}^{n-1}(-2)^{k-1}$$

$$= a + \frac{(a-1)\{1-(-2)^{n-1}\}}{1-(-2)}$$

$$= \frac{4a-1-(a-1)(-2)^{n-1}}{3}$$

この式に $n = 1$ を代入すると

$$y_1 = \frac{4a-1-(a-1)(-2)^0}{3} = \frac{3a}{3} = a$$

よって，$n = 1$ のときも成り立つ。

したがって　$y_n = \dfrac{{}^{\mathcal{F}}4a - {}^{\mathcal{I}}1 - (a - {}^{\mathcal{H}}1)({}^{\mathcal{シス}}-2)^{n-{}^{\mathcal{t}}1}}{{}^{\mathcal{y}}3}$

⬅ 等差中項。

⬅ $a \underbrace{\quad}_{b-a} b \underbrace{\quad}_{1-b} 1$

⬅ $n \geq 2$ に注意。

⬅ **CHART**
初項は特別扱い

106　第7章　数列

例題 52　解答・解説

解　答　（アイ）-1　（ウ）2　（エ）3　（オ）2　（カ）3　$\dfrac{（キ）}{（ク）}$　$\dfrac{3}{4}$　（ケ）3

解説

(1)　$a_1 = S_1 = 1 \cdot (1-2) = {}^{\text{アイ}}-1$

　　$n \geq 2$ のとき　$a_n = S_n - S_{n-1}$

　　　　　　　　　　$= n(n-2) - (n-1)(n-3)$

　　　　　　　　　　$= 2n - 3$

　　この式は $n=1$ のときも成り立つ。

　　したがって　　$a_n = {}^{\text{ウ}}2n - {}^{\text{エ}}3$

(2)　$b_1 = T_1 = 3 - 1 = 2$

　　$n \geq 2$ のとき　$b_n = T_n - T_{n-1}$

　　　　　　　　　　$= (3^n - 1) - (3^{n-1} - 1)$

　　　　　　　　　　$= 3 \cdot 3^{n-1} - 3^{n-1} - 1 + 1$

　　　　　　　　　　$= 3^{n-1}(3-1)$

　　　　　　　　　　$= 2 \cdot 3^{n-1}$

　　この式は $n=1$ のときも成り立つ。

　　したがって　　$b_n = {}^{\text{オ}}2 \cdot {}^{\text{カ}}3^{n-1}$

　　また，$\dfrac{1}{b_n} = \dfrac{1}{2 \cdot 3^{n-1}} = \dfrac{1}{2}\left(\dfrac{1}{3}\right)^{n-1}$ であるから

$$\sum_{k=1}^{n} \frac{1}{b_k} = \sum_{k=1}^{n} \frac{1}{2}\left(\frac{1}{3}\right)^{k-1} = \frac{\dfrac{1}{2}\left\{1 - \left(\dfrac{1}{3}\right)^n\right\}}{1 - \dfrac{1}{3}} = \frac{1 - \left(\dfrac{1}{3}\right)^n}{2 \cdot \dfrac{2}{3}}$$

$$= {}^{\frac{\text{キ}}{\text{ク}}}\frac{3}{4}\left(1 - \frac{1}{{}^{\text{ケ}}3^n}\right)$$

← $a_1 = S_1$

← $n \geq 2$ のとき
　　$a_n = S_n - S_{n-1}$
　S_{n-1} は S_n において n を $n-1$ におき換えたもの。

← $b_1 = T_1$

← $n \geq 2$ のとき
　　$b_n = T_n - T_{n-1}$

← $3^n = 3 \cdot 3^{n-1}$ とし，3^{n-1} でくくると計算できる。
　$3^{n-1} = A$ とすると
　$3^n - 3^{n-1} = 3 \cdot 3^{n-1} - 3^{n-1}$
　　　　　　　　$= 3A - A = 2A$
　　　　　　　　$= 2 \cdot 3^{n-1}$

← 等比数列の逆数も等比数列。

← 初項 $\dfrac{1}{2}$，公比 $\dfrac{1}{3}$，項数 n の等比数列の和。

NOTE　階差数列のときと違い，a_1 と a_n ($n \geq 2$) が同じ式で表されないこともある。
（$S_n = n^2 + 1$ のとき，$a_1 = S_1 = 2$，$n \geq 2$ のとき $a_n = S_n - S_{n-1} = 2n - 1$ であるが，この式に $n=1$ を代入しても 2 にならない）
しかし，共通テストの問題文でこのような場合分けがなされていなければ，「同じ式で表される」ということであるから，やはり場合分けをして求めなくてもよいことになる。もちろん**解答過程を記述する問題では厳禁**である。

演 習 問 題

51　階差数列

目安 15 分

a, b, c は相異なる実数とする。

数列 $\{x_n\}$ は等差数列で，最初の 3 項が順に c, a, b であるとし，数列 $\{y_n\}$ は等比数列で，最初の 3 項が順に b, c, a であるとする。

このとき，$b=\boxed{\text{ア}}\,a$ であり，$c=\boxed{\text{イウ}}\,a$ であり，等差数列 $\{x_n\}$ の公差は $\boxed{\text{エ}}\,a$ である。また，等比数列 $\{y_n\}$ の公比は $\dfrac{\boxed{\text{オカ}}}{\boxed{\text{キ}}}$ であるから，$\{y_n\}$ の初項から第 5 項までの和は $\dfrac{\boxed{\text{クケ}}}{\boxed{\text{コ}}}\,a$ である。

さらに，数列 $\{z_n\}$ の最初の 3 項が順に a, b, c であり，その階差数列 $\{w_n\}$ が等差数列であるとする。このとき，$\{w_n\}$ の公差は $\boxed{\text{サシ}}\,a$ であり，$\{w_n\}$ の一般項は $(\boxed{\text{スセ}}\,n+\boxed{\text{ソタ}})a$ である。

したがって，数列 $\{z_n\}$ の一般項は $\dfrac{a}{\boxed{\text{チ}}}(\boxed{\text{ツテ}}\,n^2+\boxed{\text{トナ}}\,n-\boxed{\text{ニヌ}})$ である。

52　和が与えられた数列

目安 15 分

(1)　数列 $\{a_n\}$ の初項から第 n 項までの和 S_n に対して，$S_n=n(n+2)$ が成り立つとき，$a_1=\boxed{\text{ア}}$，$a_n=\boxed{\text{イ}}\,n+\boxed{\text{ウ}}$ である。

(2)　数列 $\{b_n\}$ の初項から第 n 項までの和 T_n に対して，$T_n=1-(-2)^n$ が成り立つとき，$b_n=\boxed{\text{エ}}(\boxed{\text{オカ}})^{n-1}$，$\displaystyle\sum_{k=1}^{n}\dfrac{1}{b_k}=\dfrac{\boxed{\text{キ}}}{\boxed{\text{ク}}}\left\{1-\dfrac{1}{(\boxed{\text{ケコ}})^n}\right\}$ である。

108　第 7 章　数列

第7章 数列(数B)

27日目 数 列 (3)

例題 53 (等差)×(等比) 型の数列の和 　目安15分

正の整数 a を初項とし，1 より大きい整数 r を公比とする等比数列 $\{a_n\}$ が $a_4 = 54$ を満たすとき，$a = \boxed{\text{ア}}$，$r = \boxed{\text{イ}}$ である。
このとき $S_n = \sum_{k=1}^{n} k a_k$ とすると，$rS_n - S_n = (\boxed{\text{ウ}} n - \boxed{\text{エ}}) \boxed{\text{オ}}^n + \boxed{\text{カ}}$ となる。これより，$S_6 = \boxed{\text{キクケコ}}$ である。

例題 54 群数列 　目安20分

初項が -100 で公差が 5 の等差数列 $\{a_n\}$ の一般項は $a_n = \boxed{\text{ア}}(n - \boxed{\text{イウ}})$ である。この数列を，次のように 1 個，2 個，2^2 個，2^3 個，…… と区画に分ける。

$$| a_1 | a_2 \ a_3 | a_4 \ a_5 \ a_6 \ a_7 | a_8 \ ……$$

(1) m 番目の区画の最初の項を b_m とおくと，$b_8 = \boxed{\text{エオカ}}$ であり，$b_1 + b_2 + b_3 + \cdots\cdots + b_8 = \boxed{\text{キクケ}}$ である。

(2) 6 番目の区画に入る項の和は $\boxed{\text{コサシス}}$ である。

CHART 27

▶ (等差数列)×(等比数列) の和

　　　　$rS_n - S_n$ を作る

一般項 $k \cdot a_k$ について
・の左側の数の数列　1，2，3，……，n
　　⟶ 初項 1，公差 1 の **等差数列** ⟶ 第 k 項は k
・の右側の数の数列
　　⟶ 初項 a，公比 r の **等比数列** ⟶ 第 k 項は ar^{k-1}
よって，一般項 $k \cdot a_k = k \cdot ar^{k-1}$ は (等差数列)×(等比数列) 型 となる。

▶ 群数列
　　第 N 区画の項数を N で表す
　　第 N 区画の初項，末項は，もとの数列の第何項かを考える

例題 53 解答・解説

解答 (ア) 2　(イ) 3　(ウ) 2　(エ) 1　(オ) 3　(カ) 1
(キクケコ) 4010

解説

$a_n = ar^{n-1}$ において，条件より，$a_4 = 54$ であるから
$$ar^3 = 54 \quad \text{すなわち} \quad ar^3 = 2 \cdot 3^3$$
a は正の整数，r は 1 より大きい整数であるから
$$a = {}^{\mathcal{P}}2, \quad r = {}^{\mathcal{A}}3$$
よって　　　　$a_n = 2 \cdot 3^{n-1}$

また　　　$S_n = \sum_{k=1}^{n} ka_k$
$$= 1 \cdot 2 + 2 \cdot 2 \cdot 3 + 3 \cdot 2 \cdot 3^2 + \cdots\cdots + n \cdot 2 \cdot 3^{n-1}$$

ゆえに

$3S_n = \qquad 1 \cdot 2 \cdot 3 + 2 \cdot 2 \cdot 3^2 + 3 \cdot 2 \cdot 3^3 + \cdots\cdots + (n-1) \cdot 2 \cdot 3^{n-1} + n \cdot 2 \cdot 3^n$

$S_n = 1 \cdot 2 + 2 \cdot 2 \cdot 3 + 3 \cdot 2 \cdot 3^2 + 4 \cdot 2 \cdot 3^3 + \cdots\cdots + n \cdot 2 \cdot 3^{n-1}$

辺々を引くと
$$3S_n - S_n = -2(1 + 3 + 3^2 + 3^3 + \cdots\cdots + 3^{n-1}) + n \cdot 2 \cdot 3^n$$
$$= -2 \cdot \frac{1 \cdot (3^n - 1)}{3 - 1} + 2n \cdot 3^n$$
$$= ({}^{\mathcal{D}}2n - {}^{\mathcal{I}}1) {}^{\mathcal{T}}3^n + {}^{\mathcal{D}}1$$
すなわち　　$2S_n = (2n - 1)3^n + 1$

よって　　　$S_n = \dfrac{1}{2}\{(2n-1)3^n + 1\}$

したがって　$S_6 = \dfrac{1}{2}\{(2 \cdot 6 - 1)3^6 + 1\}$
$$= \dfrac{1}{2}(11 \cdot 729 + 1)$$
$$= {}^{\text{キクケコ}}4010$$

◀54 を素因数分解する。
1 より大きい r について 54 が r^3 で割り切れるのは $r = 3$ のときのみ。

◀3 の指数部分が同じ項を並べて書く（ずらして書くことになる）。

◀ **CHART** $rS_n - S_n$ を作る

◀( ) 内は初項 1，公比 3，項数 n の等比数列の和。

例題 54 解答・解説

解答 (ア) 5 (イウ) 21 (エオカ) 535 (キクケ) 435
(コサシス) 4240

解説

$$a_n = -100 + (n-1)\cdot 5 = {}^{\text{ア}}5(n - {}^{\text{イウ}}21)$$

← 等差数列。

(1) 第 n 区画には 2^{n-1} 個の項が含まれているから，$m \geq 2$ のとき，第 $(m-1)$ 区画の最後の項は，もとの数列の第 $\{1 + 2 + 2^2 + \cdots\cdots + 2^{(m-1)-1}\}$ 項である。

← 各区画の項数の和がもとの数列の項の数を表す。

$$1 + 2 + \cdots\cdots + 2^{m-2} = \frac{1\cdot(2^{m-1}-1)}{2-1} = 2^{m-1} - 1$$

← 等比数列の和。

ゆえに，第 m 区画の最初の項 b_m はもとの数列の第 $(2^{m-1} - 1 + 1)$ 項すなわち第 2^{m-1} 項である。…… ①
これは $m=1$ のときも成り立つ。

← 第 $(m-1)$ 区画の最後の項の次の項が，第 m 区画の最初の項である。

よって　　$b_m = a_{2^{m-1}} = 5(2^{m-1} - 21)$

ゆえに　　$b_8 = 5(2^{8-1} - 21) = 5(128 - 21) = {}^{\text{エオカ}}535$

また　　$b_1 + b_2 + \cdots\cdots + b_8 = \sum_{k=1}^{8} 5(2^{k-1} - 21)$

$$= \frac{5(2^8 - 1)}{2 - 1} - 8\cdot 5\cdot 21$$

$$= {}^{\text{キクケ}}435$$

(2) ① から，6 番目の区画の最初の項は，もとの数列の第 2^{6-1} 項，最後の項は第 $(2^{7-1} - 1)$ 項である。
よって，求める和は

$$a_{32} + a_{33} + \cdots\cdots + a_{63}$$

← 第 7 区画の最初の項の前の項。

また，第 6 区画の項数は　　$2^{6-1} = 32$
ゆえに，求める和は
　　初項 $a_{32} = 5(32 - 21) = 55$,
　　末項 $a_{63} = 5(63 - 21) = 210$,
　　項数 32
の等差数列の和であるから

← もとの数列は等差数列。

$$\frac{1}{2}\cdot 32(55 + 210) = {}^{\text{コサシス}}4240$$

← $\frac{1}{2}$(項数)・{(初項)+(末項)}

演習問題

53 (等差)×(等比) 型の数列の和

目安15分

10 項からなる 2 つの数列

  2, 4, 6, 8, 10, 12, 14, 16, 18, 20
  2, 4, 8, 16, 32, 64, 128, 256, 512, 1024

を横と縦に並べる。
それぞれの数列から項を 1 つずつ選び，積を表にすると，
右の図のようになる。

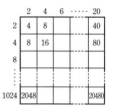

枠内に現れるすべての数の和は アイウエオカ である。
枠内の左上から右下に向かう対角線の部分に現れる数の和を
S とすると

$$S - 2S = 2\cdot 2 + 2\cdot 2^2 + 2\cdot 2^3 + \cdots\cdots + 2\cdot 2^{\text{キク}} - 20\cdot 2^{\text{ケコ}}$$

が成り立つから，$S = $ サシスセソ である。

54 群数列

目安20分

数列 1, 2, 2, 3, 3, 3, 4, 4, 4, 4, 5, 5, 5, 5, 5, 6, ……
の第 n 項を a_n とする。
この数列を

  1 | 2, 2 | 3, 3, 3 | 4, 4, 4, 4 | 5, ……

のように 1 個，2 個，3 個，4 個，…… と区画に分ける。
第 1 区画から第 20 区画までの区画に含まれる項の個数は アイウ であり，
$a_{215} = $ エオ となる。
また，第 1 区画から第 20 区画までの区画に含まれる項の総和は カキクケ であり，
$a_1 + a_2 + a_3 + \cdots\cdots + a_n \geqq 3000$ となる最小の自然数 n は コサシ である。

第7章 数列(数B)

28日目 漸化式と数列 (1)

例題 55　漸化式と数列 (1)　　目安15分

数列 $\{a_n\}$ は，$a_1=2$，$a_{n+1}=-2a_n+3$ $(n=1, 2, 3, \cdots\cdots)$ で定められている。

(1) $a_{n+1}-\boxed{ア}=-2(a_n-\boxed{ア})$ が成り立つから，数列 $\{a_n\}$ の一般項は
$a_n=(\boxed{イウ})^{n-1}+\boxed{エ}$ である。

(2) $\sum_{k=1}^{10}|a_k|=\boxed{オカキク}$ である。

(3) $b_n=a_n{}^2$ とすると，$b_n=\boxed{ケ}^{n-1}+\boxed{コ}\cdot(\boxed{イウ})^{n-1}+\boxed{サ}$ である。
よって，$\sum_{k=1}^{n}b_k=\dfrac{\boxed{シ}^n}{\boxed{ス}}-\dfrac{\boxed{セ}}{\boxed{ソ}}\cdot(\boxed{イウ})^n+n+\dfrac{\boxed{タ}}{\boxed{チ}}$ である。

例題 56　漸化式と数列 (2)　　目安15分

数列 $\{a_n\}$ は $a_1=6$ で $a_{n+1}=3a_n-4n+2$ $(n=1, 2, 3, \cdots\cdots)$ ……① を満たすとする。このとき，$a_2=\boxed{アイ}$，$a_3=\boxed{ウエ}$ である。
① は $a_{n+1}-\boxed{オ}(n+1)=\boxed{カ}(a_n-\boxed{オ}n)$ と変形できるから，
$a_n=\boxed{キ}\cdot\boxed{ク}^{\boxed{ケ}}+\boxed{コ}n$ である。また，
$\sum_{k=1}^{n}a_k=\boxed{サ}\cdot\boxed{シ}^{\boxed{ス}}+n^2+n-\boxed{セ}$ である。$\boxed{ケ}$，$\boxed{ス}$ に当てはまるものを，次の⓪〜④のうちから1つずつ選べ。同じものを繰り返し選んでもよい。

⓪ $n-2$ 　　① $n-1$ 　　② n 　　③ $n+1$ 　　④ $n+2$

CHART 28　漸化式

▶漸化式 $a_{n+1}=pa_n+q$
　　特性方程式 $x=px+q$ の利用
　　$x=px+q$ の解 α を用いて $a_{n+1}-\alpha=p(a_n-\alpha)$ と変形すると，
　　数列 $\{a_n-\alpha\}$ は公比 p の等比数列。

▶漸化式 $a_{n+1}=pa_n+f(n)$ ($f(n)$ は n の1次式)
　1 階差数列の利用
　　n を消去するために，$a_{n+2}=pa_{n+1}+f(n+1)$ と $a_{n+1}=pa_n+f(n)$ の辺々を引いて，階差数列を利用。
　2 $a_{n+1}-g(n+1)=p\{a_n-g(n)\}$ の形に変形する ($g(n)$ は n の1次式)

例題 55 解答・解説

解答

(ア) 1　(イウ) -2　(エ) 1　(オカキク) 1023　(ケ) 4
(コ) 2　(サ) 1　(シ) 4　(ス) 3　$\dfrac{(セ)}{(ソ)}$ $\dfrac{2}{3}$　$\dfrac{(タ)}{(チ)}$ $\dfrac{1}{3}$

解説

(1) $x=-2x+3$ を解くと　　$x=1$

よって，$a_{n+1}=-2a_n+3$ を変形すると
$$a_{n+1}-{}^{\mathcal{P}}1=-2(a_n-1)$$

ゆえに，数列 $\{a_n-1\}$ は初項 $a_1-1=1$，公比 -2 の等比数列である。

すなわち　　$a_n-1=(-2)^{n-1}$

したがって　　$a_n=({}^{\text{イウ}}-2)^{n-1}+{}^{\text{エ}}1$

$\Leftarrow$ 特性方程式を解く。
$$
\begin{array}{rl}
a_{n+1} & =-2a_n+3 \\
-)\quad 1 & =-2\cdot 1+3 \\
\hline
a_{n+1}-1 & =-2(a_n-1)
\end{array}
$$

(2) $\displaystyle\sum_{k=1}^{10}|a_k|=a_1-a_2+a_3-a_4+a_5-a_6+a_7-a_8+a_9-a_{10}$

$=\{(-2)^0+1\}-\{(-2)^1+1\}+\{(-2)^2+1\}-\{(-2)^3+1\}$
$\quad+\cdots\cdots+\{(-2)^8+1\}-\{(-2)^9+1\}$
$=1+2+2^2+2^3+\cdots\cdots+2^8+2^9$
$=\dfrac{2^{10}-1}{2-1}$
$={}^{\text{オカキク}}1023$

$\Leftarrow$ $a_n=(-2)^{n-1}+1$ から
$\quad n$ が奇数のとき　$a_n>0$
$\quad n$ が偶数のとき　$a_n<0$

$\Leftarrow$ 初項 1，公比 2，項数 10 の等比数列の和。

(3) $b_n=a_n{}^2=\{(-2)^{n-1}+1\}^2$
$=\{(-2)^{n-1}\}^2+2\cdot(-2)^{n-1}\cdot 1+1^2$
$={}^{\text{ケ}}4^{n-1}+{}^{\text{コ}}2\cdot(-2)^{n-1}+{}^{\text{サ}}1$

よって　$\displaystyle\sum_{k=1}^{n}b_k=\sum_{k=1}^{n}\{4^{k-1}+2\cdot(-2)^{k-1}+1\}$

$=\displaystyle\sum_{k=1}^{n}4^{k-1}+\sum_{k=1}^{n}2\cdot(-2)^{k-1}+\sum_{k=1}^{n}1$

$=\dfrac{4^n-1}{4-1}+\dfrac{2\{(-2)^n-1\}}{-2-1}+n$

$=\dfrac{{}^{\text{ス}}4^n}{{}^{\text{ス}}3}-\dfrac{{}^{\text{セ}}2}{{}^{\text{ソ}}3}\cdot(-2)^n+n+\dfrac{{}^{\text{タ}}1}{{}^{\text{チ}}3}$

NOTE 漸化式の変形を間違えると，それ以降の問題に影響する可能性がある。変形したら，その式を整理して，**もとの式と一致するか確認する**ようにしよう(本問であれば，$a_{n+1}-1=-2(a_n-1)$ を整理して $a_{n+1}=-2a_n+3$ になるか確認する)。

114 第7章 数列

例題 56 解答・解説

解 答	（アイ）16　（ウエ）42　（オ）2　（カ）3　（キ）4　（ク）3
	（ケ）①　（コ）2　（サ）2　（シ）3　（ス）②　（セ）2

解説

$a_2=3a_1-4\cdot1+2=$ （アイ）16, $a_3=3a_2-4\cdot2+2=$ （ウエ）42

① が $a_{n+1}-\{\alpha(n+1)+\beta\}=3\{a_n-(\alpha n+\beta)\}$ の形に変形できるように，実数 α, β を定める。

これを整理すると　　$a_{n+1}=3a_n-2\alpha n+\alpha-2\beta$　……②

① の右辺と比較して　　$-4=-2\alpha$, $2=\alpha-2\beta$

これを解くと　　　　　$\alpha=2$, $\beta=0$

ゆえに，① は $a_{n+1}-$ （オ）$2(n+1)=$ （カ）$3(a_n-2n)$ と変形できる。

よって，数列 $\{a_n-2n\}$ は初項 $a_1-2\cdot1=4$, 公比 3 の等比数列であるから　　$a_n-2n=4\cdot3^{n-1}$

ゆえに　　　　　　$a_n=$ （キ）$4\cdot$ （ク）$3^{n-1}+$ （コ）$2n$　（ケ①）

また　　$\displaystyle\sum_{k=1}^{n}a_k=\sum_{k=1}^{n}(4\cdot3^{k-1}+2k)=\sum_{k=1}^{n}4\cdot3^{k-1}+2\sum_{k=1}^{n}k$

$\displaystyle=\frac{4(3^n-1)}{3-1}+2\cdot\frac{1}{2}n(n+1)$

$=$ （サ）$2\cdot$ （シ）3^n+n^2+n- （セ）2　（ス②）

← ②の方法。

実際には，空欄の形から，$a_{n+1}-\alpha(n+1)$ $=3(a_n-\alpha n)$ とおける。よって，$\alpha=2$ とわかる。

← 整理して ① と一致するかどうか確認する。

← $a_n-2n=(a_1-2\cdot1)r^{n-1}$

NOTE

数列 $\{a_n\}$ の一般項を ①の方法で求めると，次のようになる。

$a_{n+1}=3a_n-4n+2$　　……①

$a_{n+2}=3a_{n+1}-4(n+1)+2$　……②

②－① から　　$a_{n+2}-a_{n+1}=3(a_{n+1}-a_n)-4$

$b_n=a_{n+1}-a_n$ とおくと　　$b_{n+1}=3b_n-4$

変形すると　　$b_{n+1}-2=3(b_n-2)$

数列 $\{b_n-2\}$ は初項 $b_1-2=a_2-a_1-2=8$, 公比 3 の等比数列であるから

$b_n-2=8\cdot3^{n-1}$　すなわち　$b_n=8\cdot3^{n-1}+2$

したがって，$n\geqq2$ のとき

$\displaystyle a_n=a_1+\sum_{k=1}^{n-1}(8\cdot3^{k-1}+2)=6+\frac{8(3^{n-1}-1)}{3-1}+2(n-1)$

$=4\cdot3^{n-1}+2n$

この式は $n=1$ のときも成り立つ。

ゆえに　　$a_n=$ （キ）$4\cdot$ （ク）$3^{n-1}+$ （コ）$2n$　（ケ①）

28 日目　漸化式と数列 (1)　　115

演 習 問 題

55 漸化式と数列 (1)

目安 15 分

数列 $\{a_n\}$ は，$a_1 = -1$，$a_{n+1} = -3a_n + 8$ $(n = 1, 2, 3, \cdots\cdots)$ で定められている。

(1) $a_{n+1} - \boxed{\text{ア}} = -3(a_n - \boxed{\text{ア}})$ が成り立つから，数列 $\{a_n\}$ の一般項は
$a_n = (\boxed{\text{イウ}})^n + \boxed{\text{エ}}$ である。

(2) $\displaystyle\sum_{k=1}^{10} |a_k| = \boxed{\text{オカキクケ}}$ である。

(3) $b_n = a_n{}^2$ とすると，$b_n = \boxed{\text{コ}}^n + \boxed{\text{サ}} \cdot (\boxed{\text{イウ}})^n + \boxed{\text{シ}}$ である。

よって，$\displaystyle\sum_{k=1}^{n} b_k = \dfrac{\boxed{\text{ス}}^{n+1}}{\boxed{\text{セ}}} - (\boxed{\text{イウ}})^{n+1} + \boxed{\text{ソ}}\,n - \dfrac{\boxed{\text{タチ}}}{\boxed{\text{ツ}}}$ である。

56 漸化式と数列 (2)

目安 15 分

数列 $\{a_n\}$ は $a_1 = -1$，$a_{n+1} + a_n = -6n - 3$ $(n = 1, 2, 3, \cdots\cdots)$ を満たすとする。
数列 $\{a_n\}$ の一般項を次の方法で求めよう。

$b_n = a_{n+1} - a_n$ とすると，$b_1 = \boxed{\text{アイ}}$ であり，$b_{n+1} = \boxed{\text{ウ}}\,b_n - \boxed{\text{エ}}$ である。
よって，数列 $\{b_n\}$ の一般項は $b_n = \boxed{\text{オカ}}\,(\boxed{\text{キク}})^{\boxed{\text{ケ}}} - \boxed{\text{コ}}$ であるから，数列
$\{a_n\}$ の一般項は $a_n = \boxed{\text{サ}}\,(\boxed{\text{シス}})^{\boxed{\text{セ}}} - \boxed{\text{ソ}}\,n$ である。

$\boxed{\text{ケ}}$，$\boxed{\text{セ}}$ に当てはまるものを，次の $\text{⓪}\sim\text{④}$ のうちから 1 つずつ選べ。同じ
ものを繰り返し選んでもよい。

⓪ $n-2$ ① $n-1$ ② n ③ $n+1$ ④ $n+2$

116　第 7 章　数列

第7章 数列(数B)

29日目 漸化式と数列 (2)

例題 57 漸化式と数列 (3)　　　　　　　　　　　　目安15分

数列 $\{a_n\}$ は $a_1=1$, $a_{n+1}=3a_n+2^n$ ($n=1, 2, 3, \cdots\cdots$) を満たすとする。
数列 $\{a_n\}$ の一般項を求めよう。

$\dfrac{a_n}{2^n}=b_n$ とおくと, $b_{n+1}=\dfrac{\boxed{ア}}{\boxed{イ}}b_n+\dfrac{\boxed{ウ}}{\boxed{エ}}$ であるから, 数列 $\{b_n\}$ の一般項は

$b_n=\left(\dfrac{\boxed{オ}}{\boxed{カ}}\right)^n-\boxed{キ}$ である。

したがって, 数列 $\{a_n\}$ の一般項は $a_n=\boxed{ク}^n-\boxed{ケ}^n$ である。

例題 58 漸化式と数列 (4)　　　　　　　　　　　　目安15分

$a_1=1$, $a_{n+1}=\dfrac{a_n}{4a_n+3}$ ($n=1, 2, 3, \cdots\cdots$) によって定められる数列 $\{a_n\}$ の一般項を求めよう。

$\dfrac{1}{a_n}=b_n$ とおくと, $b_{n+1}=\boxed{ア}b_n+\boxed{イ}$ であるから, 数列 $\{b_n\}$ の一般項は

$b_n=\boxed{ウ}^n-\boxed{エ}$ である。

したがって, 数列 $\{a_n\}$ の一般項は $a_n=\dfrac{\boxed{オ}}{\boxed{カ}^n-\boxed{キ}}$ である。

CHART 29 漸化式

▶漸化式 $a_{n+1}=pa_n+q^n$

両辺を q^{n+1} で割る

$\dfrac{a_{n+1}}{q^{n+1}}=\dfrac{p}{q}\cdot\dfrac{a_n}{q^n}+\dfrac{1}{q}$ から, $\dfrac{a_n}{q^n}=b_n$ とおくと $b_{n+1}=\alpha b_n+\beta$ の形になる。

▶漸化式 $a_{n+1}=\dfrac{a_n}{pa_n+q}$

両辺の逆数をとる

漸化式の両辺の 逆数をとると　$\dfrac{1}{a_{n+1}}=p+\dfrac{q}{a_n}$

$\dfrac{1}{a_n}=b_n$ とおくと　$b_{n+1}=qb_n+p$ ⟶ 特性方程式を利用する。

例題 57 解答・解説

解答　$\dfrac{(ア)}{(イ)}$ $\dfrac{3}{2}$　$\dfrac{(ウ)}{(エ)}$ $\dfrac{1}{2}$　$\dfrac{(オ)}{(カ)}$ $\dfrac{3}{2}$　(キ) 1　(ク) 3　(ケ) 2

解説

$a_{n+1}=3a_n+2^n$ の両辺を 2^{n+1} で割ると

$$\dfrac{a_{n+1}}{2^{n+1}}=\dfrac{3}{2}\cdot\dfrac{a_n}{2^n}+\dfrac{1}{2}$$

$\dfrac{a_n}{2^n}=b_n$ とおくと

$$b_{n+1}=\overset{ア}{\dfrac{3}{2}}b_n+\overset{ウ}{\dfrac{1}{2}}$$

これを変形すると

$$b_{n+1}-(-1)=\dfrac{3}{2}\{b_n-(-1)\}$$

すなわち　　　$b_{n+1}+1=\dfrac{3}{2}(b_n+1)$

また　　　　　$b_1+1=\dfrac{a_1}{2^1}+1=\dfrac{3}{2}$

したがって，数列 $\{b_n+1\}$ は初項 $\dfrac{3}{2}$，公比 $\dfrac{3}{2}$ の等比数列であるから

$$b_n+1=\dfrac{3}{2}\left(\dfrac{3}{2}\right)^{n-1}=\left(\dfrac{3}{2}\right)^n$$

すなわち　　　$b_n=\left(\overset{オ}{\dfrac{3}{2}}\right)^n-\overset{キ}{1}$

$\dfrac{a_n}{2^n}=b_n$ であるから

$$a_n=2^n b_n=2^n\left\{\left(\dfrac{3}{2}\right)^n-1\right\}$$
$$=\overset{ク}{3}{}^n-\overset{ケ}{2}{}^n$$

◀ CHART
両辺を q^{n+1} で割る

◀ 特性方程式 $x=\dfrac{3}{2}x+\dfrac{1}{2}$
　を解くと　$x=-1$

◀ $b_{n+1}-\alpha=r(b_n-\alpha)$

◀ $b_n+1=(b_1+1)r^{n-1}$

NOTE　$a_{n+1}=3a_n+2^n$ の両辺を 3^{n+1} で割ると　　$\dfrac{a_{n+1}}{3^{n+1}}=\dfrac{a_n}{3^n}+\dfrac{1}{3}\left(\dfrac{2}{3}\right)^n$

$\dfrac{a_n}{3^n}=b_n$ とおき，階差数列を利用して解く方法もある。

118　第7章　数列

例題 58 解答・解説

解 答 （ア）3 （イ）4 （ウ）3 （エ）2 （オ）1 （カ）3 （キ）2

解説

$a_1=1>0$ より，漸化式の形から，すべての自然数 n について $a_n>0$ となる。

漸化式の両辺の逆数をとると

$$\frac{1}{a_{n+1}}=\frac{4a_n+3}{a_n}$$

よって

$$\frac{1}{a_{n+1}}=4+\frac{3}{a_n}$$

$\dfrac{1}{a_n}=b_n$ とおくと

$$b_{n+1}={}^{\mathcal{P}}3\,b_n+{}^{\mathcal{A}}4$$

これを変形すると

$$b_{n+1}-(-2)=3\{b_n-(-2)\}$$

すなわち

$$b_{n+1}+2=3(b_n+2)$$

また

$$b_1+2=\frac{1}{a_1}+2=3$$

ゆえに，数列 $\{b_n+2\}$ は初項 3，公比 3 の等比数列であるから

$$b_n+2=3\cdot3^{n-1}=3^n$$

すなわち

$$b_n={}^{\mathcal{P}}3^n-{}^{\mathtt{エ}}2$$

したがって

$$a_n=\frac{1}{b_n}=\frac{{}^{\mathtt{オ}}1}{{}^{\mathtt{カ}}3^n-{}^{\mathtt{キ}}2}$$

◆逆数をとるための十分条件。厳密には数学的帰納法によって示すが，漸化式が簡単な式であるから，この程度の断りでよい。共通テストでは省略してもよいが，解答過程を記述する問題では注意が必要。

◆特性方程式 $x=3x+4$ を解くと　$x=-2$

◆$b_{n+1}-\alpha=r(b_n-\alpha)$

◆$b_n+2=(b_1+2)r^{n-1}$

29 日目　漸化式と数列 (2)　119

演 習 問 題

57 漸化式と数列 (3)
目安 15 分

$\{a_n\}$ を $a_2=162$ で公比が 3 の等比数列とする。

この数列の一般項は $a_n=\boxed{\text{アイ}}\cdot\boxed{\text{ウ}}^{\,n-1}$ である。

$\{b_n\}$ を $b_1=\dfrac{a_1}{2}$ と $b_{n+1}=3b_n+a_n$ $(n=1,\ 2,\ 3,\ \cdots\cdots)$ …… ① で定められる数

列とし，自然数 n に対して，$\dfrac{b_n}{3^n}=x_n$ とおく。

① から $x_{n+1}=x_n+\boxed{\text{エ}}$ となるので，x_n を求めることにより $\{b_n\}$ の一般項は，

$b_n=\boxed{\text{オ}}^{\,n+1}(\boxed{\text{カ}}\,n+\boxed{\text{キ}})$ となる。

58 漸化式と数列 (4)
目安 15 分

$a_1=\dfrac{1}{5}$，$a_{n+1}=\dfrac{a_n}{4a_n-1}$ $(n=1,\ 2,\ 3,\ \cdots\cdots)$ によって定められる数列 $\{a_n\}$ の一

般項を求めよう。

$\dfrac{1}{a_n}=b_n$ とおくと，$b_{n+1}=\boxed{\text{ア}}\,b_n+\boxed{\text{イ}}$ であるから，数列 $\{b_n\}$ の一般項は

$b_n=\boxed{\text{ウ}}\cdot(\boxed{\text{エオ}})^{\,n-1}+\boxed{\text{カ}}$ である。

したがって，数列 $\{a_n\}$ の一般項は $a_n=\dfrac{\boxed{\text{キ}}}{\boxed{\text{ク}}\cdot(\boxed{\text{ケコ}})^{\,n-1}+\boxed{\text{サ}}}$ である。

120 第 7 章 数列

第7章 数列(数B)

30日目 数列の応用

例題 59　数列と対数　　　　　　　　　　　　　　　　目安15分

初項 2，公比 r の等比数列を $\{a_n\}$ とする。ただし，$r>0$ とする。
$T=a_1a_2\cdots\cdots a_{10}$ とおくと，$\log_2 T = \boxed{アイ} + \boxed{ウエ}\log_2 r$ である。
$T=2^{20}$ のとき，$\log_2 r = \dfrac{\boxed{オ}}{\boxed{カ}}$ となる。
さらに，$a_n > 2^{100}$ となる最小の整数 n は $n=\boxed{キクケ}$ である。

例題 60　領域に含まれる格子点の個数　　　　　　　　　目安20分

連立不等式 $x \geqq 0$，$y \geqq 0$，$x+2y \leqq 2n$ の表す領域を D_n とする。
ただし，n は自然数とする。
また，領域 D_n に含まれる格子点の個数を d_n とおく。
ここで，格子点とは x 座標と y 座標がともに整数である点のことである。
このとき，$d_1 = \boxed{ア}$，$d_2 = \boxed{イ}$，$d_3 = \boxed{ウエ}$ である。
$0 \leqq k \leqq n$ である整数 k に対して，直線 $y=k$ 上の格子点で領域 D_n に含まれるものの個数は $2n - \boxed{オ}k + \boxed{カ}$ である。
したがって，$d_n = (n+\boxed{キ})^{\boxed{ク}}$ である。

CHART 30

▶数列と対数
　等比数列において，項の値が飛躍的に大きくなったり，小さくなったりして処理に困るとき，**対数**（数学Ⅱ）を用いて項や和，積を考察するとよい。
　　　　　　　　対数の利用

▶格子点の個数
　① 線分上の格子点の個数を求めて Σ の公式を利用
　　領域内にある**直線 $x=k$（または $y=k$）**上にある格子点の個数を k で表し，Σk，Σk^2，$\Sigma 1$ などの公式を利用して求める。
　② 図形の特徴（対称性など）を利用
　　本問の場合，三角形上の個数を長方形上の個数の半分とみる。このとき，対角線上の格子点の個数を考慮する。

例題 59 解答・解説

解 答 （アイ） 10 （ウエ） 45 $\dfrac{（オ）}{（カ）}$ $\dfrac{2}{9}$ （キクケ） 447

解説

等比数列 $\{a_n\}$ の一般項は $a_n = 2r^{n-1}$ ← $a_n = ar^{n-1}$

よって $T = a_1 a_2 \cdots\cdots a_{10}$

$\qquad = 2\cdot 2r\cdot 2r^2 \cdots\cdots 2r^9$

$\qquad = 2^{10}\cdot r^{1+2+\cdots\cdots+9}$

ゆえに $\log_2 T = \log_2 2^{10}\cdot r^{1+2+\cdots\cdots+9}$ ← $\log_a MN = \log_a M + \log_a N$

$\qquad\qquad = \log_2 2^{10} + \log_2 r^{1+2+\cdots\cdots+9}$

$\qquad\qquad = 10 + (1+2+\cdots\cdots+9)\log_2 r$

$\qquad\qquad = 10 + \dfrac{1}{2}\cdot 9(9+1)\log_2 r$ ← $\displaystyle\sum_{k=1}^{n} k = \dfrac{1}{2}n(n+1)$

$\qquad\qquad = {}^{\text{アイ}}\mathbf{10} + {}^{\text{ウエ}}\mathbf{45}\log_2 r$

$T = 2^{20}$ のとき，$\log_2 T = 20$ であるから ← 対数の定義。

$\qquad 10 + 45\log_2 r = 20$

よって $45\log_2 r = 10$

ゆえに $\log_2 r = \dfrac{{}^{\text{オ}}\mathbf{2}}{{}_{\text{カ}}\mathbf{9}}$ …… ①

$a_n > 2^{100}$ とすると $2r^{n-1} > 2^{100}$

すなわち $r^{n-1} > 2^{99}$

$r > 0$ であるから，両辺の 2 を底とする対数をとると

$\qquad\qquad \log_2 r^{n-1} > \log_2 2^{99}$

よって $(n-1)\log_2 r > 99$

① を代入すると $(n-1)\cdot\dfrac{2}{9} > 99$

ゆえに $n > \dfrac{893}{2} = 446.5$

この不等式を満たす最小の整数 n は $n = {}^{\text{キクケ}}\mathbf{447}$

122 第7章 数列

例題 60 解答・解説

解答 （ア）4　（イ）9　（ウエ）16　（オ）2　（カ）1　（キ）1　（ク）2

解説

領域 D_n は，x 軸，y 軸，直線 $y=-\dfrac{1}{2}x+n$ で囲まれた三角形の周および内部である。

⇦ $x+2y\leqq 2n$ を変形すると
$y\leqq -\dfrac{1}{2}x+n$

図から　　$d_1=1+3={}^{\text{ア}}4$

$d_2=1+3+5={}^{\text{イ}}9$
$d_3=1+3+5+7={}^{\text{ウエ}}16$

$n=1$ のとき　　　　$n=2$ のとき　　　　$n=3$ のとき

 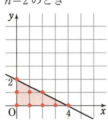 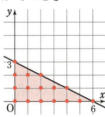

直線 $y=k$（$0\leqq k\leqq n$）と直線 $y=-\dfrac{1}{2}x+n$
の交点の座標は　　$(2n-2k,\ k)$
ゆえに，直線 $y=k$ 上の格子点で領域 D_n に含まれるものの個数は　　$2n-{}^{\text{オ}}2k+{}^{\text{カ}}1$
したがって

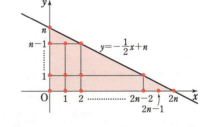

$$d_n=\sum_{k=0}^{n}(2n-2k+1)$$
$$=(2n+1)\sum_{k=0}^{n}1-2\sum_{k=0}^{n}k$$
$$=(2n+1)(n+1)-2\cdot\dfrac{1}{2}n(n+1)$$
$$=(n+1)(2n+1-n)$$
$$=(n+{}^{\text{キ}}1)^{\text{ク}}2$$

〔参考〕　②の方法を利用した解法は，解答編 p.56 を参照。

演 習 問 題

59 数列と対数

目安 15 分

$\{a_n\}$, $\{b_n\}$ を次のように定められた正の数の数列とする。

$$a_1 = 16, \quad b_1 = 4, \quad a_{n+1} = a_n^3 b_n^2, \quad b_{n+1} = a_n^2 b_n^3$$

c_n, d_n を $c_n = \log_2 a_n$, $d_n = \log_2 b_n$ $(n = 1, 2, 3, \cdots\cdots)$ と定める。このとき

$$c_n + d_n = \boxed{ア} \cdot \boxed{イ}^{n-1}, \quad c_n - d_n = \boxed{ウ}$$

である。よって，$c_n = \boxed{エ} \cdot \boxed{イ}^{n-1} + \boxed{オ}$ であるから，

$$a_1 \cdot a_2 \cdot \cdots\cdots \cdot a_n = 2^T$$

とおくと，$T = \dfrac{\boxed{カ}}{\boxed{キ}}(\boxed{ク}^n - \boxed{ケ}) + n$ である。

60 領域に含まれる格子点の個数

目安 20 分

自然数 m に対して，直線 $y = mx$ と放物線 $y = x^2$ で囲まれた領域を D_m とする。ただし，D_m は境界線を含む。

また，領域 D_m に含まれる格子点の個数を d_m とする。

ここで，格子点とは x 座標と y 座標がともに整数になる点のことである。

このとき，$d_1 = \boxed{ア}$，$d_2 = \boxed{イ}$，$d_3 = \boxed{ウ}$ である。

また，$0 \leq k \leq m$ である整数 k に対して，直線 $x = k$ 上の格子点で領域 D_m に含まれるものの個数は $mk - k^2 + \boxed{エ}$ である。

したがって，$d_m = \dfrac{(m + \boxed{オ})(m^2 - m + \boxed{カ})}{\boxed{キ}}$ である。

124 第 7 章 数列

第8章　実践演習

　この章は，共通テストの対策として，より実践的な問題を扱っています。1日分が，例題，例題の解答・解説，演習問題で構成されていることは，30日目までと同様です。

　以下では，第8章 実践演習 に取り組むにあたっての注意事項を述べておきます。

　共通テストでは，これまでの大学入試センター試験以上に「**思考力・判断力・表現力**」が問われる内容になります。「典型的な解法パターン」を使いこなせることだけでなく，**問題の本質を見通した深い理解**が求められます。そのためには，次の3つのことを，きちんと行えるようになることが必要です。

・問題の条件を，数式で適切に表現すること。

・与えられた前提条件から，論理的に議論を進めること。

・定理が適用できるための条件と，定理がもたらす結果を把握すること。

ですので，第8章 実践演習 の問題に対しては，「数学の実力を試す」という意味があるということも意識して取り組んでください。また，間違った箇所があったときは，単に訂正するのではなく，「**なぜ間違えたのか**」ということも考えるようにしましょう。

　さらに，第8章 実践演習 の例題には，**スマートフォンなどで視聴できる指針の解説動画**を用意しました。見出しの横にある2次元コードから見ることができます。

　第8章の中には，手ごわいと感じる問題も含まれているかもしれません。それでもまずは，何も見ずに考えてみましょう。考えてみたけど問題文の意図がつかめない，解法が思いつかない，など手が動かせない場合には，解説を見る前に指針の解説動画を見て，もう一度問題に挑戦してみましょう。

　問題が解けた場合でも，指針の解説動画を見て，問題を振り返ってみてください。その問題で考えたことを整理することができます。有効に活用してください。

31日目 三角関数

例題 61　三角関数のグラフと方程式　　目安20分

数学の授業で，関数 $f(\theta)=a\sin(b\theta+c)$ について，$y=f(\theta)$ のグラフをコンピュータのグラフ表示ソフトを用いて表示させる。

このソフトでは，図1の画面上の $\boxed{A}$，$\boxed{B}$，$\boxed{C}$ にそれぞれ a，b，c の値を入力すると，その値に応じたグラフが表示される。さらに，$\boxed{A}$，$\boxed{B}$，$\boxed{C}$ それぞれの下にある・を左に動かすと係数の値が減少し，右に動かすと係数の値が増加するようになっており，値の変化に応じて $y=f(\theta)$ のグラフが画面上で変化する仕組みになっている。

はじめに，$a=2$，$b=2$，$c=\dfrac{\pi}{3}$ としたところ，図1のようにグラフが表示された。

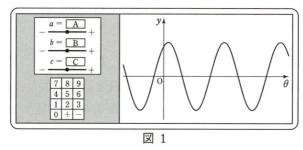

図 1

以下，$a=2$，$b=2$，$c=\dfrac{\pi}{3}$ とする。

(1) $f(0)=\sqrt{\boxed{ア}}$，$f\left(\dfrac{\pi}{3}\right)=\boxed{イ}$ である。

(2) $y=f(\theta)$ のグラフは，$y=2\sin 2\theta$ のグラフを θ 軸方向に $\boxed{ウ}$ だけ平行移動したものである。また，関数 $y=f(\theta)$ の周期のうち正で最小のものは $\boxed{エ}$ である。$\boxed{ウ}$，$\boxed{エ}$ に当てはまるものを，次の⓪～⑨のうちから1つずつ選べ。ただし，同じものを選んでもよい。

⓪ $-\dfrac{\pi}{3}$　　① $-\dfrac{\pi}{4}$　　② $-\dfrac{\pi}{6}$　　③ $\dfrac{\pi}{6}$　　④ $\dfrac{\pi}{4}$

⑤ $\dfrac{\pi}{3}$　　⑥ $\dfrac{\pi}{2}$　　⑦ π　　⑧ 2π　　⑨ 4π

(3) 次の⓪~⑤のうち，$y=f(\theta)$ のグラフに一致するグラフを表す関数は オ である。 オ に当てはまるものを，次の⓪~⑤のうちから1つ選べ。
⓪ $y=\sin 2\theta + \cos 2\theta$
① $y=\sin 2\theta + 2\cos 2\theta$
② $y=2\sin 2\theta + \cos 2\theta$
③ $y=\sqrt{2}\sin 2\theta + \sqrt{2}\cos 2\theta$
④ $y=\sin 2\theta + \sqrt{3}\cos 2\theta$
⑤ $y=\sqrt{3}\sin 2\theta + \cos 2\theta$

(4) $a=2$, $b=2$, $c=\dfrac{\pi}{3}$ から c の値は変えず，a, b の値をそれぞれ変化させると，図2の実線のグラフを得た。a, b の値をどのように変化させたかの組合せで適するのは カ である。 カ に当てはまるものを，表1の⓪~③のうちから1つ選べ。ただし，図2の点線のグラフは，図1の状態のグラフである。

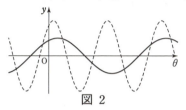

図 2

	a	b
⓪	増加	増加
①	増加	減少
②	減少	増加
③	減少	減少

表1

(5) $0 \leqq \theta < 2\pi$ の範囲において，方程式 $f(\theta)=\sqrt{2}$ を満たす θ の値は キ 個あり，そのうち最大である θ の値は $\theta = \dfrac{クケ}{コサ}\pi$ である。

CHART 31

▶三角関数のグラフ

　　$y=a\sin b(\theta-c)$ $(a>0, b>0)$ のグラフは，$y=a\sin b\theta$ のグラフを

　　　　θ 軸方向に c だけ平行移動

　　したものであり，正で最小の周期は $\dfrac{2\pi}{b}$ である。

例題 61 解答・解説

解答　$\sqrt{(ア)}$　$\sqrt{3}$　(イ) 0　(ウ) ②　(エ) ⑦　(オ) ④　(カ) ③
(キ) 4　$\dfrac{(クケ)}{(コサ)}$　$\dfrac{47}{24}$

解説

$a=2$, $b=2$, $c=\dfrac{\pi}{3}$ であるから　　$f(\theta)=2\sin\left(2\theta+\dfrac{\pi}{3}\right)$

← 初期条件を慎重に確認。

(1)　$f(0)=2\sin\dfrac{\pi}{3}=2\cdot\dfrac{\sqrt{3}}{2}=\sqrt{^\mathcal{ア}3}$

$f\left(\dfrac{\pi}{3}\right)=2\sin\left(\dfrac{2}{3}\pi+\dfrac{\pi}{3}\right)=2\sin\pi=2\cdot0=^\mathcal{イ}0$

(2)　$f(\theta)=2\sin\left(2\theta+\dfrac{\pi}{3}\right)=2\sin2\left\{\theta-\left(-\dfrac{\pi}{6}\right)\right\}$

← θ の係数でくくってから平行移動の値を読み取る。

また，関数 $y=f(\theta)$ の正で最小の周期は　　$\dfrac{2\pi}{2}=\pi$

← $y=a\sin b\theta\,(a>0,\,b>0)$ の周期は $\dfrac{2\pi}{b}$

したがって，$y=f(\theta)$ のグラフは，$y=2\sin2\theta$ のグラフを θ
軸方向に $-\dfrac{\pi}{6}+k\pi$（k は整数）だけ平行移動したグラフで
ある。

← $y=f(\theta)$ のグラフを θ 軸方向に p だけ平行移動すると　$y=f(\theta-p)$

⓪～⑨のうち，この形で表されるのは②のみである。
よって　　$^\mathcal{ウ}$②，$^\mathcal{エ}$⑦

(3)　⓪～⑤の関数に $\theta=0$ を代入して，$y=\sqrt{3}$ となるのは④
のみである。

← $f(0)=\sqrt{3}$ であるから，$\theta=0$ のときの y の値を調べる（必要条件）。

また　　$y=\sin2\theta+\sqrt{3}\cos2\theta$

$$=\sqrt{1^2+(\sqrt{3})^2}\,\sin\left(2\theta+\dfrac{\pi}{3}\right)$$

$$=2\sin\left(2\theta+\dfrac{\pi}{3}\right)$$

よって，$y=f(\theta)$ のグラフと一致するグラフを表す関数
は $^\mathcal{オ}$④である。

(4)　図2の実線のグラフを表す関数を $g(\theta)=a'\sin\left(b'\theta+\dfrac{\pi}{3}\right)$

とする。
関数 $y=f(\theta)$ の最大値は 2 である。また，関数 $y=g(\theta)$ の最
大値は $|a'|$ であるから，図2より

$$|a'|<2　すなわち　-2<a'<2$$

← $-1\leqq\sin\left(b'\theta+\dfrac{\pi}{3}\right)\leqq1$
から　$g(\theta)\leqq|a'|$

128　第8章　実践演習

よって，$a' < a$ である。

次に，(2)から，関数 $y = f(\theta)$ の周期は π である。また，関数 $y = g(\theta)$ の周期は $\dfrac{2\pi}{|b'|}$ であるから，図2より

$$\dfrac{2\pi}{|b'|} > \pi \quad \text{すなわち} \quad -2 < b' < 2$$

よって，$b' < b$ である。

したがって，適する組合せは　ヵ**③**

← $y = a\sin b\theta \ (b > 0)$ のグラフと $y = a\sin b\theta \ (b < 0)$ のグラフは θ 軸に関して対称である。よって，関数 $y = a\sin b\theta \ (b \neq 0)$ の周期は $\dfrac{2\pi}{|b|}$ と表される。

(5) $2\sin\left(2\theta + \dfrac{\pi}{3}\right) = \sqrt{2}$ から

$$\sin\left(2\theta + \dfrac{\pi}{3}\right) = \dfrac{1}{\sqrt{2}} \quad \cdots\cdots ①$$

ここで，$0 \leqq \theta < 2\pi$ より

$\dfrac{\pi}{3} \leqq 2\theta + \dfrac{\pi}{3} < \dfrac{13}{3}\pi$ であるから

$$2\theta + \dfrac{\pi}{3} = \dfrac{3}{4}\pi, \ \dfrac{9}{4}\pi,$$
$$\dfrac{3}{4}\pi + 2\pi, \ \dfrac{9}{4}\pi + 2\pi$$

よって，①を満たす θ の値は ｷ**4** 個あり，そのうち最大である θ の値は　$2\theta + \dfrac{\pi}{3} = \dfrac{9}{4}\pi + 2\pi$

よって　$2\theta = \dfrac{47}{12}\pi$ すなわち $\theta = \dfrac{\text{クケ}\mathbf{47}}{\text{コサ}\mathbf{24}}\pi$

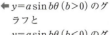

←CHART　おき換え　範囲に注意

←CHART　単位円を利用

y 座標が $\sin$

y 座標が $\dfrac{1}{\sqrt{2}}$ となる $2\theta + \dfrac{\pi}{3}$ の値。動径が1回転したところにも方程式を満たす角があることに注意。

NOTE

(5) 方程式 $2\sin\left(2\theta + \dfrac{\pi}{3}\right) = \sqrt{2}$ $(0 \leqq \theta < 2\pi)$ の解の個数は，下の図のように $y = 2\sin\left(2\theta + \dfrac{\pi}{3}\right)$ と $y = \sqrt{2}$ のグラフの共有点から求めることもできるが，グラフをかく手間がかかる。

単位円を利用して素早く求められるようにしておこう。

演習問題

61 三角関数のグラフと方程式 〔目安20分〕

[1] 関数 $f(\theta) = \sin\theta - \cos\theta$ について考える。

(1) 三角関数の合成から
$$f(\theta) = \boxed{ア}\sin(\boxed{イ})$$
と変形できる。

　$\boxed{ア}$，$\boxed{イ}$ に当てはまるものを，次の解答群のうちから1つずつ選べ。

$\boxed{ア}$ の解答群

⓪ $\dfrac{1}{\sqrt{5}}$　① $\dfrac{1}{\sqrt{3}}$　② $\dfrac{1}{\sqrt{2}}$　③ $\dfrac{1}{2}$　④ 1

⑤ $\sqrt{2}$　⑥ $\sqrt{3}$　⑦ 2　⑧ $\sqrt{5}$

$\boxed{イ}$ の解答群

⓪ $\theta+\dfrac{\pi}{6}$　① $\theta+\dfrac{\pi}{4}$　② $\theta+\dfrac{\pi}{3}$　③ $\theta+\dfrac{2}{3}\pi$　④ $\theta+\dfrac{3}{4}\pi$

⑤ $\theta-\dfrac{\pi}{6}$　⑥ $\theta-\dfrac{\pi}{4}$　⑦ $\theta-\dfrac{\pi}{3}$　⑧ $\theta-\dfrac{2}{3}\pi$　⑨ $\theta-\dfrac{3}{4}\pi$

(2) $y = f(\theta)$ のグラフとして最も適当なものを，次の⓪〜⑤のうちから1つ選べ。$\boxed{ウ}$

⓪
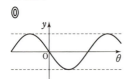

①
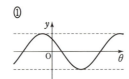

②
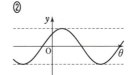

③
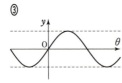

④
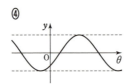

⑤
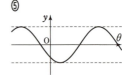

(3) $0 \leqq \theta < 2\pi$ のとき，$f(\theta) = -\dfrac{\sqrt{6}}{2}$ を満たす θ の値は $\boxed{エ}$ 個あり，そのうち最大である θ の値は $\theta = \dfrac{\boxed{オカ}}{\boxed{キク}}\pi$ である。

[2] $0 \leqq \theta < 2\pi$ とする。関数
$$y = -2\cos 2\theta - 4\cos\theta + 1 \quad \cdots\cdots ①$$
について，$\cos\theta = t$ とおくと
$$y = \boxed{ケコ}\,t^2 - \boxed{サ}\,t + \boxed{シ}$$
と変形できる。

(1) 関数 ① は

$\theta = \boxed{ス}$，$\boxed{セ}$ のとき最大値 $\boxed{ソ}$

$\theta = \boxed{タ}$ のとき最小値 $\boxed{チツ}$

をとる。

$\boxed{ス}$，$\boxed{セ}$，$\boxed{タ}$ に当てはまるものを，次の ⓪〜⑨ のうちから 1 つず
つ選べ。ただし，$\boxed{ス}$，$\boxed{セ}$ の解答の順序は問わない。

⓪ 0 ① $\dfrac{\pi}{3}$ ② $\dfrac{\pi}{2}$ ③ $\dfrac{2}{3}\pi$ ④ π

⑤ $\dfrac{7}{6}\pi$ ⑥ $\dfrac{4}{3}\pi$ ⑦ $\dfrac{3}{2}\pi$ ⑧ $\dfrac{5}{3}\pi$ ⑨ $\dfrac{11}{6}\pi$

(2) 下の $\boxed{ト}$，$\boxed{ナ}$，$\boxed{ノ}$，$\boxed{ハ}$，$\boxed{フ}$ には，次の ⓪〜③ のうちから
当てはまるものを 1 つずつ選べ。ただし，同じものを選んでもよい。

⓪ $=$ ① $\neq$ ② $<$ ③ $\leqq$

a は定数とする。t の方程式 $\boxed{ケコ}\,t^2 - \boxed{サ}\,t + \boxed{シ} - a = 0$ の実数解が
ちょうど 2 個存在するとき，a のとり得る値の範囲は

$$\boxed{テ}\ \boxed{ト}\ a\ \boxed{ナ}\ \boxed{ニ}$$

である。

また，θ の方程式 $\boxed{ケコ}\cos^2\theta - \boxed{サ}\cos\theta + \boxed{シ} - a = 0$ の実数解がちょう
ど 2 個存在するとき，a のとり得る値の範囲は

$$\boxed{ヌネ}\ \boxed{ノ}\ a\ \boxed{ハ}\ \boxed{ヒ}\quad \text{または}\quad a\ \boxed{フ}\ \boxed{ヘ}$$

である。

第8章 実践演習

1回目	2回目
／	／

32 日目 図形と方程式, 指数・対数関数

例題 62　軌跡, 指数不等式と常用対数　　目安20分

[1]　座標平面上に2点 A, P をとる。点 P が円 $x^2+y^2=4$ 上を動くとき, 線分 AP の中点 M の軌跡を考えよう。

(1)　点 A の座標が $(6, 2)$ のとき, 点 M の軌跡 C_1 の方程式として正しいものを, 次の⓪〜⑤のうちから1つ選べ。 ア

⓪ $(x+3)^2+(y+1)^2=1$　　① $(x+3)^2+(y+2)^2=1$

② $(x+4)^2+(y+1)^2=1$　　③ $(x-3)^2+(y-1)^2=1$

④ $(x-3)^2+(y-2)^2=1$　　⑤ $(x-4)^2+(y-1)^2=1$

(2)　p を 0 でない実数とする。点 A の座標が $(p, 2)$ のとき, 点 M の軌跡 C_2 は (1) の軌跡 C_1 を x 軸方向に イ だけ平行移動したものである。 イ に当てはまるものを, 次の⓪〜⑨のうちから1つ選べ。

⓪ $p+3$　　① $p-3$　　② $3-p$　　③ $p-6$　　④ $6-p$

⑤ $\dfrac{p}{2}+3$　　⑥ $\dfrac{p}{2}-3$　　⑦ $3-\dfrac{p}{2}$　　⑧ $\dfrac{p}{2}-4$　　⑨ $4-\dfrac{p}{2}$

(3)　p, q を $p^2+q^2 \neq 4$ を満たす実数とする。点 A の座標が (p, q) のとき, 点 M の軌跡と円 $x^2+y^2=4$ との共有点についての記述として正しいものを, 次の⓪〜⑤のうちから2つ選べ。ただし, 解答の順序は問わない。

ウ , エ

⓪　$q=0$ のとき, 共有点が1個となる p の値は1個だけである。

①　$q=0$ のとき, 共有点が1個となる p の値は2個ある。

②　$q=0$ のとき, 共有点が1個となる p の値は4個ある。

③　$1<p^2+q^2<3$ のとき, 共有点はつねに2個である。

④　$2<p^2+q^2<6$ のとき, 共有点はつねに2個である。

⑤　$4<p^2+q^2<36$ のとき, 共有点はつねに2個である。

[2]　太郎さんと花子さんは次の問題について話し合っている。2人の会話を読み, 次の問いに答えよ。

> 問題　ある物質 X を溶かした濃度80%の水溶液が100 g ある。1回の操作でこの水溶液10 g を捨て, 代わりに10 g の水を加える。この操作を繰り返すとき, 初めて濃度が10%以下になるのは, 操作を何回繰り返したときか。ただし, $\log_{10}2=0.3010$, $\log_{10}3=0.4771$ とする。

132　第8章　実践演習

太郎：物質 X の量の変化に注目して考えていくとそんなに難しくないね。操作前の物質 X の量は何 g かな。

花子：$100 \times \dfrac{80}{100} = 80$ から 80 g ね。

太郎：では，1 回目の操作後の物質 X の量は何 g になるかな。

花子：どのくらい減ったか考えれば，オカ g とわかるわ。

太郎：今の考え方を一般化してみようか。k 回目の操作前の物質 X が a g だったとすると，k 回目の操作後には何 g になるかな。

花子：k 回目の操作で捨てられる水溶液の中に，物質 X が $\dfrac{\text{キ}}{\text{クケ}} a$ g 含まれているから，k 回目の操作後の物質 X の量は $\dfrac{\text{コ}}{\text{クケ}} a$ g ね。

太郎：このことから，1 回の操作ごとに物質 X の量が $\dfrac{\text{コ}}{\text{クケ}}$ 倍になることが分かるよね。では，n 回の操作後に濃度が 10% 以下になるためには，物質 X の量が サシ g 以下になればよいから，どんな不等式が成り立てばよいことになるかな。

花子：スセ $\times \left(\dfrac{\text{コ}}{\text{クケ}}\right)^n \leqq$ サシ だわ。

太郎：そうだね。この両辺の常用対数をとって変形していけば n の値の範囲が求められるよね。

花子：計算が少し面倒だったけど，n の値の範囲が求まったわ。初めて濃度が 10% 以下となるのは，操作を ソタ 回繰り返したときね。

オカ〜ソタ に当てはまる数値を求めよ。

CHART 32

▶ **2 円の位置関係**　2 つの円の半径を r, r' $(r > r')$，中心間の距離を d とすると

$\quad d < r - r'$ または $r + r' < d \iff$ 共有点なし

$\quad d = r - r' \iff$ 共有点 1 個（**内接**）

$\quad r - r' < d < r + r' \iff$ 共有点 2 個

$\quad d = r + r' \iff$ 共有点 1 個（**外接**）

▶ **常用対数**　底が 10 の対数　　$0 < p < q \iff \log_{10} p < \log_{10} q$

例題 62 解答・解説

解答

(ア) ③　(イ) ⑥　(ウ), (エ) ①, ⑤ または⑤, ①

(オカ) 72　$\dfrac{(キ)}{(クケ)}$　$\dfrac{1}{10}$　(コ) 9　(サシ) 10　(スセ) 80

(ソタ) 20

解説

[1]　2点 P, M の座標をそれぞれ $(s,\ t)$, $(x,\ y)$ とすると，点
P は円 $x^2+y^2=4$ 上にあるから　$s^2+t^2=4$ ……①

(1)　A(6, 2) であるから，
点 M の座標について

$$x=\frac{6+s}{2},\quad y=\frac{2+t}{2}$$

$\qquad$ ← 中点 $\left(\dfrac{x_1+x_2}{2},\ \dfrac{y_1+y_2}{2}\right)$

よって　$s=2x-6$, $t=2y-2$

これらを①に代入して　$(2x-6)^2+(2y-2)^2=4$ $\qquad$ ← $\{2(x-3)\}^2+\{2(y-1)\}^2=4$

両辺を4で割って　$(x-3)^2+(y-1)^2=1$ $\qquad$ ← 中心 $(3,\ 1)$，半径1の円

逆に，この円上の任意の点は条件を満たす。

したがって，求める軌跡 C_1 の方程式は　^{ア}③

(2)　A(p, 2) であるから，点 M の座標について

$$x=\frac{p+s}{2},\quad y=\frac{2+t}{2}\qquad よって\quad s=2x-p,\ t=2y-2$$

$\qquad$ ← 中点 $\left(\dfrac{x_1+x_2}{2},\ \dfrac{y_1+y_2}{2}\right)$

これらを①に代入して　$(2x-p)^2+(2y-2)^2=4$ $\qquad$ ← $\left\{2\left(x-\dfrac{p}{2}\right)\right\}^2+\{2(y-1)\}^2=4$

両辺を4で割って　$\left(x-\dfrac{p}{2}\right)^2+(y-1)^2=1$

逆に，この円上の任意の点は条件を満たす。

したがって，軌跡 C_2 は中心 $\left(\dfrac{p}{2},\ 1\right)$，半径1の円であり， $\qquad$ ← 点 $(3,\ 1)$ が点 $\left(\dfrac{p}{2},\ 1\right)$

軌跡 C_1 は中心 $(3,\ 1)$，半径1の円であるから，C_2 は C_1 $\qquad$ に移動したから　$\dfrac{p}{2}-3$

を x 軸方向に $\dfrac{p}{2}-3$ $(^{イ}$⑥$)$ だけ平行移動したものである。

(3)　A(p, q) であるから，点 M の座標について

$$x=\frac{p+s}{2},\quad y=\frac{q+t}{2}\qquad よって\quad s=2x-p,\ t=2y-q$$

$\qquad$ ← 中点 $\left(\dfrac{x_1+x_2}{2},\ \dfrac{y_1+y_2}{2}\right)$

これらを①に代入して　$(2x-p)^2+(2y-q)^2=4$ $\qquad$ ← $\left\{2\left(x-\dfrac{p}{2}\right)\right\}^2+\left\{2\left(y-\dfrac{q}{2}\right)\right\}^2=4$

両辺を4で割って　$\left(x-\dfrac{p}{2}\right)^2+\left(y-\dfrac{q}{2}\right)^2=1$

逆に，この円上の任意の点は条件を満たす。

134　第8章 実践演習

したがって，点 M の軌跡は，中心 $\left(\dfrac{p}{2},\ \dfrac{q}{2}\right)$，半径 1 の円である。この円を D とする。

円 $x^2+y^2=4$ と円 D の中心間の距離を d とすると

$$d=\sqrt{\left(\frac{p}{2}\right)^2+\left(\frac{q}{2}\right)^2}=\frac{\sqrt{p^2+q^2}}{2}$$

$q=0$ のとき　$d=\dfrac{\sqrt{p^2}}{2}=\dfrac{|p|}{2}$

共有点が 1 個となるのは $d=2\pm1$ のときであるから

$$\frac{|p|}{2}=3 \quad または \quad \frac{|p|}{2}=1$$

よって　$p=\pm6,\ \pm2$

$p^2+q^2\neq4$ から $p=\pm2$ は不適であるから，p の値は $p=\pm6$ の 2 個ある。

また，共有点が 2 個となるのは $2-1<d<2+1$ のときであるから　$1<\dfrac{\sqrt{p^2+q^2}}{2}<3$　すなわち　$4<p^2+q^2<36$

以上から，正しいものは　^{ウ,エ} ⓵，⑤

◀ 円 $x^2+y^2=4$ の中心は点 $(0,\ 0)$

◀ ⓪〜② は，$q=0$ のときに共有点が 1 個となる p の値の個数に関する選択肢であるから，$q=0$ を代入する。

◀ ③〜⑤ は，共有点が 2 個となるときの p^2+q^2 の値の範囲に関する選択肢であるから，そのための d の条件について調べる。

[2]　1 回目の操作で捨てる水溶液 10 g の中の物質 X の量は

$$10\times\frac{80}{100}=8\ (\mathrm{g})$$

よって，1 回目の操作後の物質 X の量は　$80-8=^{オカ}72\ (\mathrm{g})$

k 回目の操作前の物質 X が a g であるとすると，捨てる水溶液 10 g 中に物質 X は，$10\times\dfrac{a}{100}=\dfrac{^{キ}1}{^{クケ}10}a\ (\mathrm{g})$ 含まれているから，k 回目の操作後の物質 X の量は

$$a-\frac{1}{10}a=\frac{^{コ}9}{10}a\ (\mathrm{g})$$

したがって，1 回の操作で物質 X の量は $\dfrac{9}{10}$ 倍になることがわかる。濃度が 10% 以下になるためには，物質 X の量が $^{サシ}10$ g 以下になればよいから　$^{スセ}80\times\left(\dfrac{9}{10}\right)^n\leqq10$

両辺の常用対数をとって　$\log_{10}\left\{80\times\left(\dfrac{9}{10}\right)^n\right\}\leqq\log_{10}10$

よって　$\log_{10}8+\log_{10}10+n(\log_{10}9-\log_{10}10)\leqq1$

ゆえに　$(1-2\log_{10}3)n\geqq3\log_{10}2$

$\log_{10}2=0.3010,\ \log_{10}3=0.4771$ を代入して

$$n\geqq\frac{3\times0.3010}{1-2\times0.4771}=\frac{0.9030}{0.0458}=19.7\cdots$$

よって，求める最小の整数 n は　$n=^{ソタ}20$

◀（物質の量）
＝（水溶液の量）×（濃度）

◀ 物質 X が a g 溶けた水溶液 100 g の濃度は a %

◀ 濃度 10% の水溶液 100 g に溶けている物質 X の量は
$$100\times\frac{10}{100}=10\ (\mathrm{g})$$

◀ $a>0,\ b>0$ のとき
$\log_{10}ab=\log_{10}a+\log_{10}b$
$\log_{10}\dfrac{a}{b}=\log_{10}a-\log_{10}b$
$\log_{10}a^p=p\log_{10}a$

32 日目　図形と方程式，指数・対数関数　135

演習問題

62 軌跡，指数不等式と常用対数

目安 20 分

[1] 座標平面上に 2 つの定点 A(4, 1)，B(−1, 6) がある。点 P が放物線 $y=x^2-1$ 上を動くとき，三角形 ABP の重心 G の軌跡を求めよう。

点 P の x 座標を t，重心 G の座標を (x, y) とすると，t を用いて $x=$ ア ，$y=$ イ と表される。これらから t を消去すると，求める重心 G の軌跡は，放物線 $y=$ ウ である。ただし，2 点 エ ，オ を除く。

(1) ア ，イ に当てはまるものを，次の ⓪ 〜 ⑨ のうちから 1 つずつ選べ。ただし，同じものを選んでもよい。

⓪ $\dfrac{t+3}{2}$　　① $\dfrac{t-3}{2}$　　② $\dfrac{t+3}{3}$　　③ $\dfrac{t-3}{3}$　　④ $\dfrac{t+6}{3}$

⑤ $\dfrac{t^2+3}{2}$　　⑥ $\dfrac{t^2-3}{2}$　　⑦ $\dfrac{t^2+3}{3}$　　⑧ $\dfrac{t^2-3}{3}$　　⑨ $\dfrac{t^2+6}{3}$

(2) ウ に当てはまるものを，次の ⓪ 〜 ⑦ のうちから 1 つ選べ。

⓪ x^2-2x+1　　① x^2-6x+5　　② $2x^2-4x+1$　　③ $2x^2-4x+5$

④ $3x^2-6x+1$　　⑤ $3x^2-6x+5$　　⑥ $4x^2-8x+1$　　⑦ $4x^2-8x+5$

(3) エ ，オ に当てはまるものを，次の ⓪ 〜 ⑨ のうちから 2 つ選べ。ただし，解答の順序は問わない。

⓪ $(-3, 8)$　　① $(-1, 6)$　　② $\left(-\dfrac{1}{3}, \dfrac{22}{3}\right)$　　③ $(0, 1)$　　④ $(0, 5)$

⑤ $\left(\dfrac{2}{3}, \dfrac{10}{3}\right)$　　⑥ $\left(\dfrac{5}{3}, \dfrac{10}{3}\right)$　　⑦ $(2, 3)$　　⑧ $(4, 1)$　　⑨ $(5, 0)$

(4) 2 点 エ ，オ のように，求めた図形上で条件を満たさない点を除外点という。

点 A の座標は変えずに，点 B の座標を カ に変えると，2 点 エ ，オ のような除外点は存在しない。カ に当てはまるものを，次の ⓪ 〜 ⑤ のうちから 1 つ選べ。

⓪ $(0, 0)$　　① $(1, 0)$　　② $(2, 0)$　　③ $(3, 0)$　　④ $(4, 0)$　　⑤ $(5, 0)$

136　第 8 章　実践演習

[2] 太郎さんと花子さんは次の問題について話し合っている。

> **問題** n を正の整数とする。$\left(\dfrac{9}{5}\right)^n$ の整数部分が 12 桁となる n の値のうち最小のものを求めよ。ただし，$\log_{10} 2 = 0.3010$，$\log_{10} 3 = 0.4771$ とする。

太郎：$\dfrac{9}{5} = 1.8$ だけど，直接計算して求めることは大変そうだね。

花子：$\left(\dfrac{9}{5}\right)^n$ の整数部分が 12 桁となるためには，不等式

$$10^{\boxed{キク}} \leqq \left(\frac{9}{5}\right)^n < 10^{\boxed{キク}+1} \text{ が成り立てばいいわね。}$$

太郎：そうか。この不等式から求められそうだね。でも，どうやって解けばいいんだろう。

花子：このような不等式は，常用対数を利用すると解決できると授業で習ったわ。

太郎：なるほどね。でも，途中で出てくる $\log_{10} \dfrac{9}{5}$ の値はどうすれば求められるのかな。

花子：次のように変形して求められるわ。

$$\log_{10} \frac{9}{5} = \log_{10} 2 + \boxed{ケ}\, \log_{10} 3 - \boxed{コ}$$
$$= 0.\boxed{サシスセ}$$

太郎：なるほど。この値を利用すると，求める n は

$$\frac{\boxed{キク}}{0.\boxed{サシスセ}} \leqq n < \frac{\boxed{キク}+1}{0.\boxed{サシスセ}}$$

を満たせばよいことになるね。

花子：そうね。この不等式を解くと求める n の値はどうなるかしら。

太郎：この不等式を満たす正の整数 n の値は $\boxed{ソ}$ 個あって，その中で最小の値は $\boxed{タチ}$ であると求められたよ。

$\boxed{キク}$ ～ $\boxed{タチ}$ に当てはまる数を答えよ。

第8章 実践演習

33日目 微分法・積分法

例題 63　3次関数と面積　　目安20分

[1] a, b, c は定数とする。3次関数 $f(x)=\dfrac{1}{2}x^3+ax^2+bx+c$ は, $x=-2$ で極値6をとり, $f(2)=6$ である。

(1) 定数 a, b, c の値を求めると, $a=\boxed{ア}$, $b=\boxed{イウ}$, $c=\boxed{エ}$ である。
また, 関数 $f(x)$ は, $x=\boxed{オ}$ のとき極小値 $\boxed{カ}$ をとる。
$\boxed{オ}$, $\boxed{カ}$ に当てはまるものを, 次の各解答群のうちから1つずつ選べ。

$\boxed{オ}$ の解答群

⓪ -2　　① $-\dfrac{3}{2}$　　② $-\dfrac{2}{3}$　　③ $-\dfrac{1}{2}$　　④ $-\dfrac{1}{3}$

⑤ $\dfrac{1}{3}$　　⑥ $\dfrac{1}{2}$　　⑦ $\dfrac{2}{3}$　　⑧ $\dfrac{3}{2}$　　⑨ 2

$\boxed{カ}$ の解答群

⓪ $\dfrac{34}{27}$　　① $\dfrac{21}{16}$　　② $\dfrac{79}{54}$　　③ $\dfrac{51}{16}$

④ $\dfrac{149}{54}$　　⑤ $\dfrac{57}{16}$　　⑥ $\dfrac{89}{27}$　　⑦ 6

(2) k は定数とする。3次方程式 $f(x)-k=0$ が異なる2つの負の解と, 1つの正の解をもつとき, k のとり得る値の範囲は $\boxed{キ}$ である。
$\boxed{キ}$ に当てはまるものを, 次の⓪〜⑧のうちから1つ選べ。

⓪ $k<\boxed{カ}$, $6<k$　　① $\boxed{カ}<k<6$　　② $\boxed{カ}\leqq k\leqq 6$

③ $k<2$, $6<k$　　④ $2<k<6$　　⑤ $2\leqq k\leqq 6$

⑥ $k<\boxed{カ}$, $2<k$　　⑦ $\boxed{カ}<k<2$　　⑧ $\boxed{カ}\leqq k\leqq 2$

[2] $a>1$ とする。2つの関数 $f(x)=-x^3+2x^2$, $g(x)=(a-1)x^3$ について考える。曲線 $y=f(x)$ と x 軸とで囲まれた図形の面積を S とし, 曲線 $y=g(x)$, x 軸および直線 $x=2$ で囲まれた図形の面積を T とする。さらに, 曲線 $y=f(x)$ と曲線 $y=g(x)$ で囲まれた図形の面積を S_1, 曲線 $y=f(x)$, 曲線 $y=g(x)$ および直線 $x=2$ で囲まれた図形の面積を S_2 とする。

(1) $y=f(x)$ のグラフとして最も適当なものを, 次の⓪〜⑤のうちから1つ選べ。$\boxed{ク}$

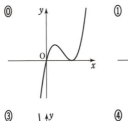
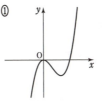
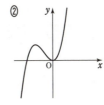

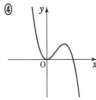
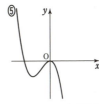

(2) 曲線 $y=f(x)$ と曲線 $y=g(x)$ の共有点の x 座標は $\boxed{ケ}$, $\dfrac{\boxed{コ}}{\boxed{サ}}$ である。

(3) $S = \dfrac{\boxed{シ}}{\boxed{ス}}$, $T = \boxed{セ}(a-1)$ である。

(4) S_2 を S, T, S_1 で表すと $S_2 = \boxed{ソ}$ である。

$\boxed{ソ}$ に当てはまるものを，次の ⓪ 〜 ⑥ のうちから 1 つ選べ。

⓪ $S+T+S_1$ ① $-S+T+S_1$ ② $S-T+S_1$ ③ $S+T-S_1$
④ $-S-T+S_1$ ⑤ $-S+T-S_1$ ⑥ $S-T-S_1$

したがって，$S_1=S_2$ となるときの a の値は $a = \dfrac{\boxed{タ}}{\boxed{チ}}$ である。

CHART 33

▶極値

$f(\alpha)$ が極値
$\Longrightarrow f'(\alpha)=0$ （必要条件）

3 次関数 $y=ax^3+bx^2+cx+d$ が極値を
もつとき，グラフは右のようになる。

▶方程式 $f(x)=a$ の実数解

曲線 $y=f(x)$ と直線 $y=a$ の共有点の x 座標

グラフをかいて共有点の個数を調べる。
定数 a の入った方程式は $f(x)=a$ の形にして，動く部分（直線 $y=a$）と固定部分（曲線 $y=f(x)$）を分離すると考えやすい。

定数 a を分離する

33 日目 微分法・積分法 139

例題 63 解答・解説

解答
(ア) 1　(イウ) −2　(エ) 2　(オ) ⑦　(カ) ⓪　(キ) ④　(ク) ④
(ケ) 0　(コ)/(サ) $\dfrac{2}{a}$　(シ)/(ス) $\dfrac{4}{3}$　(セ) 4　(ソ) ①　(タ)/(チ) $\dfrac{4}{3}$

解説

[1] (1) $f'(x) = \dfrac{3}{2}x^2 + 2ax + b$

$x = -2$ で極値 6 をとるから　　$f(-2) = 6$ かつ $f'(-2) = 0$

したがって　　$-4 + 4a - 2b + c = 6$ ……①
　　　　　　　$6 - 4a + b = 0$ ……②

また，$f(2) = 6$ から　$4 + 4a + 2b + c = 6$ ……③

①，②，③ から　$a = 1,\ b = -2,\ c = 2$

よって　$f(x) = \dfrac{1}{2}x^3 + x^2 - 2x + 2$

$f'(x) = \dfrac{3}{2}x^2 + 2x - 2 = \dfrac{1}{2}(x+2)(3x-2)$

ゆえに，$f'(x) = 0$ となるのは $x = -2,\ \dfrac{2}{3}$ のときである。

x	$\cdots$	-2	$\cdots$	$\dfrac{2}{3}$	$\cdots$
$f'(x)$	$+$	0	$-$	0	$+$
$f(x)$	↗	極大	↘	極小	↗

増減表から，$x = -2$ で極値をとるから
　　$a = {}^\text{ア}1,\ b = {}^\text{イウ}-2,\ c = {}^\text{エ}2$

また，$f(x)$ は，$x = \dfrac{2}{3}$（${}^\text{オ}$⑦）のとき極小値

$f\left(\dfrac{2}{3}\right) = \dfrac{1}{2}\left(\dfrac{2}{3}\right)^3 + \left(\dfrac{2}{3}\right)^2 - 2 \cdot \dfrac{2}{3} + 2 = \dfrac{34}{27}$　（${}^\text{カ}$⓪）

をとる。

(2) 方程式を変形して　$f(x) = k$

方程式 $f(x) - k = 0$ が，異なる 2 つの負の解と，1 つの正の解をもつのは，曲線 $y = f(x)$ と直線 $y = k$ が $x < 0$ で異なる 2 つの共有点と $x > 0$ で 1 つの共有点をもつときである。

よって，k のとり得る値の範囲は　$2 < k < 6$　（${}^\text{キ}$④）

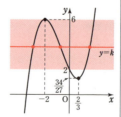

← $(x^n)' = nx^{n-1}$

← 関数 $f(x)$ が $x = a$ で極値をもつ $\Longrightarrow f'(a) = 0$

← $f'(-2) = 0$ は必要条件であるから，$a = 1$，$b = -2$，$c = 2$ も必要条件である。

← 極値 $\Longrightarrow f'(x) = 0$

← $a = 1,\ b = -2,\ c = 2$ のとき，$x = -2$ で極値をとることを確かめた（十分条件）。

← **CHART**
定数 k を分離する

← $f(0) = 2$

[2] (1) $f(x)=-x^2(x-2)$ から, $f(x)=0$ を満たす x の値は
$$x=0, \ 2$$
したがって, $y=f(x)$ のグラフは, 点 $(0, \ 0)$ で x 軸に接し, 点 $(2, \ 0)$ を通り, 更に, x^3 の係数が負であることから最も適当なグラフは ク$④$ である。

← $x=0$ は重解であるから, $y=f(x)$ のグラフは点 $(0, \ 0)$ で x 軸に接する。

(2) 曲線 $y=f(x)$ と曲線 $y=g(x)$ の共有点の x 座標は,
$-x^3+2x^2=(a-1)x^3$ の実数解である。
整理して $x^2(ax-2)=0$
よって $x=$ケ0, コ$\dfrac{2}{サ a}$

(3) $0 \leqq x \leqq 2$ において $f(x) \geqq 0$ であるから
$$S=\int_0^2(-x^3+2x^2)dx=\left[-\dfrac{1}{4}x^4+\dfrac{2}{3}x^3\right]_0^2=\dfrac{シ 4}{ス 3}$$
また, $0 \leqq x \leqq 2$ において $g(x) \geqq 0$ であるから
$$T=\int_0^2(a-1)x^3dx=(a-1)\left[\dfrac{1}{4}x^4\right]_0^2=セ4(a-1)$$

(4) 右の図の斜線部分の面積を U とおくと
$$S=S_1+U, \ T=S_2+U$$
であるから, 辺々を引いて
$$S-T=S_1-S_2$$
よって $S_2=-S+T+S_1$ （ソ$①$）
$S_1=S_2$ となるとき $S-T=0$
ゆえに $\dfrac{4}{3}-4(a-1)=0$
これを解いて $a=\dfrac{タ 4}{チ 3}$ これは, $a>1$ に適する。

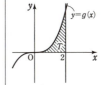

← $0<\dfrac{2}{a}<2$ から, グラフの位置関係は左の図のようになる。

[別解] $S_1=\int_0^{\frac{2}{a}}\{-x^3+2x^2-(a-1)x^3\}dx$
$=\int_0^{\frac{2}{a}}(2x^2-ax^3)dx=\left[\dfrac{2}{3}x^3-\dfrac{1}{4}ax^4\right]_0^{\frac{2}{a}}=\dfrac{4}{3a^3}$

← $0 \leqq x \leqq \dfrac{2}{a}$ において $f(x) \geqq g(x)$

$S_2=\int_{\frac{2}{a}}^2\{(a-1)x^3-(-x^3+2x^2)\}dx=\int_{\frac{2}{a}}^2(ax^3-2x^2)dx$
$=\left[\dfrac{1}{4}ax^4-\dfrac{2}{3}x^3\right]_{\frac{2}{a}}^2=4a-\dfrac{16}{3}+\dfrac{4}{3a^3}$

← $\dfrac{2}{a} \leqq x \leqq 2$ において $g(x) \geqq f(x)$

$S_1=S_2$ となるとき $4a-\dfrac{16}{3}=0$ すなわち $a=\dfrac{4}{3}$

NOTE [2] **曲線間の面積** 共有点の x 座標を求め, グラフの上下関係から定積分の式を立てるのが基本であるが, (4) のように面積の間の関係を考えることにより [別解] のような定積分の計算を回避できる場合がある。

演習問題

63 3次関数と面積　　　　　　　　　　　　　　　目安20分

[1] a, b は定数とする。関数 $f(x) = \dfrac{1}{3}x^3 - \dfrac{1}{2}ax^2 + b$ について考える。

(1) $f'(x) = 0$ を満たす x の値は $x = \boxed{ア}$, $\boxed{イ}$ である。
ただし，解答の順序は問わない。

(2) $x \geqq 0$ における関数 $f(x)$ の最小値は次のようになる。
　(i) $a \leqq \boxed{ウ}$ のとき，$x = \boxed{エ}$ で最小値 $\boxed{オ}$ をとる。
　(ii) $a > \boxed{ウ}$ のとき，$x = \boxed{カ}$ で最小値 $\boxed{キ}$ をとる。
$\boxed{ウ} \sim \boxed{キ}$ に当てはまるものを，次の⓪〜⑧のうちから1つずつ選べ。
ただし，同じものを選んでもよい。

⓪ -1　　① 0　　② 1　　③ a　　④ b

⑤ $\dfrac{1}{3} - \dfrac{1}{2}a + b$　⑥ $-\dfrac{1}{3} - \dfrac{1}{2}a + b$　⑦ $-\dfrac{1}{6}a^3 + b$　⑧ $\dfrac{1}{6}a^3 + b$

(3) $x \geqq 0$ のときにつねに $f(x) \geqq 0$ となるとする。このとき，点 (a, b) の存在範囲を図示したもののうちで最も適当なものを，次の⓪〜⑧のうちから1つ選べ。ただし，図の境界線上の点はすべて含むものとする。$\boxed{ク}$

⓪　　　　　　　　　①　　　　　　　　　②

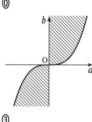 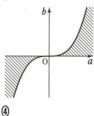 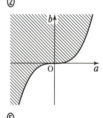

③　　　　　　　　　④　　　　　　　　　⑤

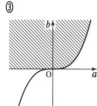 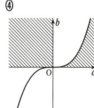 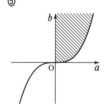

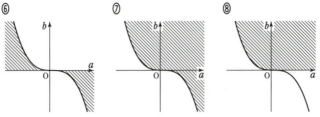

[2] k を実数の定数とする。関数 $f(x)=x^3-(k-1)x^2-4x+5k-4$ に対して，曲線 $y=f(x)$ と直線 $y=k$ で囲まれる 2 つの図形の面積が等しくなるような k の値を求めよう。ただし，$-1<k<3$ とする。

(1) 曲線 $y=f(x)$ と直線 $y=k$ の共有点の x 座標は
$$x=\boxed{ケ},\ \boxed{コ},\ \boxed{サ}$$
である。ただし，$\boxed{ケ}<\boxed{コ}<\boxed{サ}$ とする。

$\boxed{ケ}$，$\boxed{コ}$，$\boxed{サ}$ に当てはまるものを，次の ⓪～⑨ のうちから 1 つずつ選べ。

⓪ -3 ① -2 ② -1 ③ 1 ④ 2
⑤ 3 ⑥ $-k-1$ ⑦ $k-1$ ⑧ $-k+1$ ⑨ $k+1$

(2) 曲線 $y=f(x)$ と直線 $y=k$ で囲まれる 2 つの図形の面積が等しくなるとき，次の等式が成り立つ。
$$\int_{\boxed{ケ}}^{\boxed{コ}}\{f(x)-k\}dx=\int_{\boxed{コ}}^{\boxed{サ}}\{\boxed{シ}\}dx\ \cdots\cdots\ ①$$

$\boxed{シ}$ に当てはまるものを，次の ⓪～⑤ のうちから 1 つ選べ。

⓪ $f(x)$ ① $-f(x)$ ② $f(x)-k$
③ $f(x)+k$ ④ $-f(x)+k$ ⑤ $-f(x)-k$

(3) ① を満たす k の値を求めると $k=\boxed{ス}$ である。

$\boxed{ス}$ に当てはまるものを，次の ⓪～⑧ のうちから 1 つ選べ。

⓪ -2 ① $-\dfrac{3}{2}$ ② -1 ③ $-\dfrac{1}{2}$ ④ 0
⑤ $\dfrac{1}{2}$ ⑥ 1 ⑦ $\dfrac{3}{2}$ ⑧ 2

34日目 ベクトル

例題 64　空間ベクトル

右の図のような平行六面体 OADB-CEFG において，
$\vec{OA}=\vec{a}$, $\vec{OB}=\vec{b}$, $\vec{OC}=\vec{c}$ とする。このとき
$|\vec{a}|=2$, $|\vec{b}|=\sqrt{2}$, $|\vec{c}|=\sqrt{6}$,
$\vec{a}\cdot\vec{b}=2$, $\vec{b}\cdot\vec{c}=\vec{c}\cdot\vec{a}=-2$
である。

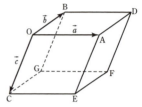

また，$\frac{3}{2}\vec{OA}=\vec{OP}$, $2\vec{OB}=\vec{OQ}$ となる2点 P, Q をとり，三角形 CPQ の重心を S, 直線 OF と平面 CPQ の交点を R とする。

(1) $\vec{FB}$, $\vec{BE}$ をそれぞれ $\vec{a}$, $\vec{b}$, $\vec{c}$ を用いて表すと
$$\vec{FB}=\boxed{\text{ア}}, \quad \vec{BE}=\boxed{\text{イ}}$$
である。$\boxed{\text{ア}}$, $\boxed{\text{イ}}$ に当てはまるものを，次の ⓪ ～ ⑨ のうちから1つずつ選べ。ただし，同じものを選んでもよい。

⓪ $-\vec{a}+\vec{b}$ 　① $-\vec{a}-\vec{b}$ 　② $-\vec{b}+\vec{c}$ 　③ $-\vec{b}-\vec{c}$
④ $\vec{a}-\vec{c}$ 　⑤ $-\vec{a}-\vec{c}$ 　⑥ $\vec{a}+\vec{b}+\vec{c}$ 　⑦ $-\vec{a}+\vec{b}+\vec{c}$
⑧ $\vec{a}-\vec{b}+\vec{c}$ 　⑨ $\vec{a}+\vec{b}-\vec{c}$

よって，$|\vec{FB}|=\sqrt{\boxed{\text{ウ}}}$, $|\vec{BE}|=\boxed{\text{エ}}\sqrt{\boxed{\text{オ}}}$ である。

(2) $\vec{OS}=\dfrac{\boxed{\text{カ}}}{\boxed{\text{キ}}}\vec{a}+\dfrac{\boxed{\text{ク}}}{\boxed{\text{ケ}}}\vec{b}+\dfrac{\boxed{\text{コ}}}{\boxed{\text{サ}}}\vec{c}$ である。

(3) 点 R は平面 CPQ 上にあるから，実数 s, t を用いて，$\vec{CR}=s\vec{CP}+t\vec{CQ}$ と表される。よって
$$\vec{OR}=\boxed{\text{シ}}\vec{a}+\boxed{\text{ス}}\vec{b}+(\boxed{\text{セ}})\vec{c} \quad \cdots\cdots ①$$
である。

$\boxed{\text{シ}}$～$\boxed{\text{セ}}$ に当てはまるものを，次の解答群のうちから1つずつ選べ。

$\boxed{\text{シ}}$ の解答群
⓪ $-s$ 　① $-\frac{1}{2}s$ 　② $\frac{1}{2}s$ 　③ s 　④ $\frac{3}{2}s$ 　⑤ $2s$

$\boxed{\text{ス}}$ の解答群
⓪ $\frac{1}{2}t$ 　① t 　② $\frac{3}{2}t$ 　③ $2t$ 　④ $\frac{5}{2}t$ 　⑤ $3t$

$\boxed{\text{セ}}$ の解答群
⓪ $1+s+t$ 　① $1-s-t$ 　② $-1+s+t$ 　③ $-1-s-t$

(4) 3点 O, R, F は一直線上にあるから，実数 k を用いて $\overrightarrow{OR}=k\overrightarrow{OF}$ と表される。よって
$$\overrightarrow{OR}=k\vec{a}+k\vec{b}+k\vec{c} \quad \cdots\cdots ②$$
である。

 ソ から，①，② より
$$\boxed{シ}=\boxed{ス}=\boxed{セ}=k$$
である。これを解くと k の値が求まるから
$$\overrightarrow{OR}=\frac{\boxed{タ}}{\boxed{チツ}}\overrightarrow{OF}$$
である。よって，$\dfrac{OR}{RF}=\dfrac{\boxed{テ}}{\boxed{ト}}$ である。

 ソ に当てはまるものとして最も適当なものを，次の ⓪〜④ のうちから1つ選べ。

⓪ $\vec{a}\neq\vec{0}$, $\vec{b}\neq\vec{0}$, $\vec{c}\neq\vec{0}$ である
① $\vec{a}\not\parallel\vec{b}$, $\vec{b}\not\parallel\vec{c}$, $\vec{c}\not\parallel\vec{a}$ である
② 4点 O, A, B, C は同じ平面上にない
③ $\vec{c}=p\vec{a}+q\vec{b}$ を満たす実数 p, q が存在する
④ $\overrightarrow{CP}\neq\vec{0}$, $\overrightarrow{CQ}\neq\vec{0}$, $\overrightarrow{CP}\not\parallel\overrightarrow{CQ}$ である

CHART 34

▶ 重心

△ABC の重心を G とすると $\quad\overrightarrow{OG}=\dfrac{1}{3}(\overrightarrow{OA}+\overrightarrow{OB}+\overrightarrow{OC})$

▶ 空間のベクトルの分解

同じ平面上にない4点 O, A, B, C について $\overrightarrow{OA}=\vec{a}$, $\overrightarrow{OB}=\vec{b}$, $\overrightarrow{OC}=\vec{c}$ とすると，空間の任意のベクトル $\vec{p}$ は実数 s, t, u を用いて
$$\vec{p}=s\vec{a}+t\vec{b}+u\vec{c}$$
の形にただ一通りに表される。とくに，$s\vec{a}+t\vec{b}+u\vec{c}=\vec{0} \iff s=t=u=0$ である。

例題 64 解答・解説

解答

(ア) ⑤　(イ) ⑧　$\sqrt{(ウ)}$ $\sqrt{6}$　(エ)$\sqrt{(オ)}$ $2\sqrt{2}$　$\dfrac{(カ)}{(キ)}$ $\dfrac{1}{2}$

$\dfrac{(ク)}{(ケ)}$ $\dfrac{2}{3}$　$\dfrac{(コ)}{(サ)}$ $\dfrac{1}{3}$　(シ) ④　(ス) ③　(セ) ①　(ソ) ②

$\dfrac{(タ)}{(チツ)}$ $\dfrac{6}{13}$　$\dfrac{(テ)}{(ト)}$ $\dfrac{6}{7}$

解説

(1) $\overrightarrow{FB}=\overrightarrow{FG}+\overrightarrow{GB}=\overrightarrow{AO}+\overrightarrow{CO}=-\vec{a}-\vec{c}$　(ア ⑤)　　← 和に分解

$\overrightarrow{BE}=\overrightarrow{BD}+\overrightarrow{DA}+\overrightarrow{AE}=\overrightarrow{OA}+\overrightarrow{BO}+\overrightarrow{OC}$　　← 和に分解

$\quad=\vec{a}-\vec{b}+\vec{c}$　(イ ⑧)

よって　$|\overrightarrow{FB}|^2=|-\vec{a}-\vec{c}|^2=|\vec{a}|^2+2\vec{a}\cdot\vec{c}+|\vec{c}|^2$

$\qquad\qquad\quad=2^2+2(-2)+(\sqrt{6})^2=6$

$\qquad |\overrightarrow{BE}|^2=|\vec{a}-\vec{b}+\vec{c}|^2$

$\qquad\qquad\quad=|\vec{a}|^2+|\vec{b}|^2+|\vec{c}|^2-2\vec{a}\cdot\vec{b}-2\vec{b}\cdot\vec{c}+2\vec{c}\cdot\vec{a}$　　← $(a+b+c)^2$

$\qquad\qquad\quad=2^2+(\sqrt{2})^2+(\sqrt{6})^2-2\cdot2-2(-2)+2(-2)$　$\quad=a^2+b^2+c^2$

$\qquad\qquad\quad=8$　$\qquad\qquad\qquad\qquad\qquad\qquad\qquad\qquad\quad +2ab+2bc+2ca$

$|\overrightarrow{FB}|>0$, $|\overrightarrow{BE}|>0$ であるから

$\qquad\qquad |\overrightarrow{FB}|=\sqrt{^{ウ}6}$, $|\overrightarrow{BE}|=^{エ}2\sqrt{^{オ}2}$

(2) 点 S は三角形 CPQ の重心であるから

$$\overrightarrow{OS}=\frac{\overrightarrow{OC}+\overrightarrow{OP}+\overrightarrow{OQ}}{3}=\frac{\vec{c}+\dfrac{3}{2}\vec{a}+2\vec{b}}{3}$$

← A$(\vec{a})$, B$(\vec{b})$, C$(\vec{c})$ につ

いて，△ABC の重心

$$=\frac{^{カ}1}{^{キ}2}\vec{a}+\frac{^{ク}2}{^{ケ}3}\vec{b}+\frac{^{コ}1}{^{サ}3}\vec{c}$$

G$(\vec{g})$ は　$\vec{g}=\dfrac{\vec{a}+\vec{b}+\vec{c}}{3}$

(3) 点 R は平面 CPQ 上にあるから，実数 s, t を用いて
$\overrightarrow{CR}=s\overrightarrow{CP}+t\overrightarrow{CQ}$ と表される。

ここで　$\overrightarrow{CP}=\overrightarrow{OP}-\overrightarrow{OC}=\dfrac{3}{2}\vec{a}-\vec{c}$　　← 差に分解

$\qquad\quad \overrightarrow{CQ}=\overrightarrow{OQ}-\overrightarrow{OC}=2\vec{b}-\vec{c}$　　← 差に分解

これらを代入して

$$\overrightarrow{OR}=\overrightarrow{OC}+\overrightarrow{CR}=\vec{c}+s\left(\frac{3}{2}\vec{a}-\vec{c}\right)+t(2\vec{b}-\vec{c})$$

$$=\frac{3}{2}s\vec{a}+2t\vec{b}+(1-s-t)\vec{c} \quad\cdots\cdots ①$$

$$(シ④, ス③, セ①)$$

146 第8章　実践演習

(4) 3点 O, R, F は一直線上にあるから，実数 k を用いて
$\overrightarrow{OR}=k\overrightarrow{OF}$ と表される。

$\overrightarrow{OF}=\vec{a}+\vec{b}+\vec{c}$ であるから $\overrightarrow{OR}=k\vec{a}+k\vec{b}+k\vec{c}$ …… ②

①，② から $\dfrac{3}{2}s\vec{a}+2t\vec{b}+(1-s-t)\vec{c}=k\vec{a}+k\vec{b}+k\vec{c}$

4点 O, A, B, C は同じ平面上にない（^ソ②）から

$$\dfrac{3}{2}s=2t=1-s-t=k$$

これを解いて $k=\dfrac{6}{13}$, $s=\dfrac{4}{13}$, $t=\dfrac{3}{13}$

ゆえに $\overrightarrow{OR}=\dfrac{^{夕}6}{^{チツ}13}\overrightarrow{OF}$

よって $\dfrac{OR}{RF}=\dfrac{^{テ}6}{^{ト}7}$

〔別解〕 k の値を求める。

② を変形して $\overrightarrow{OR}=\dfrac{2}{3}k\left(\dfrac{3}{2}\vec{a}\right)+\dfrac{1}{2}k(2\vec{b})+k\vec{c}$

$\qquad\qquad\qquad =\dfrac{2}{3}k\overrightarrow{OP}+\dfrac{1}{2}k\overrightarrow{OQ}+k\overrightarrow{OC}$

点 R が平面 CPQ 上にあるから $\dfrac{2}{3}k+\dfrac{1}{2}k+k=1$

よって $k=\dfrac{6}{13}$

← $s=\dfrac{2}{3}k$, $t=\dfrac{1}{2}k$ を
$1-s-t=k$ に代入して
$1-\dfrac{2}{3}k-\dfrac{1}{2}k=k$
よって $k=\dfrac{6}{13}$

← 一直線上にない3点
$A(\vec{a})$, $B(\vec{b})$, $C(\vec{c})$ で定
められる平面上に点
$P(\vec{p})$ がある。
$\Longleftrightarrow \vec{p}=s\vec{a}+t\vec{b}+u\vec{c}$,
$s+t+u=1$ となる実数 s,
t, u がある。

NOTE 　ソ　の選択肢について考えてみる。

⓪，①の場合，4点 O, A, B, C が同じ平面上にある場合も考えられる。

③の場合，4点 O, A, B, C が同じ平面上にある。

④の場合，3点 C, P, Q が同じ平面上にある。

よって，4点 O, A, B, C が同じ平面上にないことを表しているのは，②のみである。

34 日目 ベクトル 147

演 習 問 題

64 空間ベクトル

目安 20分

O を原点とする座標空間の 3 点 A(2, −1, 1), B(3, −5, 4), C(−1, x, y) について, $\overrightarrow{OA}=\vec{a}$, $\overrightarrow{OB}=\vec{b}$, $\overrightarrow{OC}=\vec{c}$, $\angle AOB=\theta$ $(0<\theta<\pi)$ とする。

(1) $|\vec{a}|=\sqrt{\boxed{ア}}$, $|\vec{b}|=\boxed{イ}\sqrt{\boxed{ウ}}$, $\vec{a}\cdot\vec{b}=\boxed{エオ}$ であることから,

$\theta=\boxed{カ}$ である。

$\boxed{カ}$ に当てはまるものを, 次の ⓪ 〜 ⑥ のうちから 1 つ選べ。

⓪ $\dfrac{\pi}{6}$ ① $\dfrac{\pi}{4}$ ② $\dfrac{\pi}{3}$ ③ $\dfrac{\pi}{2}$

④ $\dfrac{2}{3}\pi$ ⑤ $\dfrac{3}{4}\pi$ ⑥ $\dfrac{5}{6}\pi$

(2) 三角形 OAB の面積は $\dfrac{\boxed{キ}\sqrt{\boxed{ク}}}{\boxed{ケ}}$ である。

(3) $\vec{a}\perp\vec{c}$ かつ $\vec{b}\perp\vec{c}$ とすると, $\vec{a}\cdot\vec{c}=\vec{b}\cdot\vec{c}=\boxed{コ}$ であるから, $x=\boxed{サ}$, $y=\boxed{シ}$ である。このとき, 四面体 OABC の体積は $\dfrac{\boxed{スセ}}{\boxed{ソ}}$ である。

148　第 8 章　実践演習

(4) t を実数とする。$\vec{p}=\vec{a}+t\vec{b}$ であるとき，$|\vec{p}|$ の最小値とそのときの t の値を求めたい。

方針 1

$\vec{p}=(\boxed{\text{タ}}, \boxed{\text{チ}}, \boxed{\text{ツ}})$ であるから

$$|\vec{p}|^2=\boxed{\text{テト}}\,t^2+\boxed{\text{ナニ}}\,t+6$$

である。これから $|\vec{p}|$ が最小となる t の値が求められる。

(i) $\boxed{\text{タ}}\sim\boxed{\text{ツ}}$ に当てはまるものを，次の ⓪ ～ ⑨ のうちから 1 つずつ選べ。ただし，同じものを選んでもよい。

⓪ $-1+5t$ ① $-1-5t$ ② $1+4t$ ③ $1-4t$ ④ $2+3t$

⑤ $2-3t$ ⑥ $3+2t$ ⑦ $3-2t$ ⑧ $4+t$ ⑨ $4-t$

(ii) $\boxed{\text{テト}}$，$\boxed{\text{ナニ}}$ に当てはまる数を求めよ。

方針 2

$\vec{p}=\overrightarrow{OP}$ となる点 P をとる。$\vec{p}=\vec{a}+t\vec{b}$ であるから，点 P は，点 A を通り，直線 OB に平行な直線上にある。よって，$|\vec{p}|$ が最小となるのは $\boxed{\text{ヌ}}$ のときである。

したがって，$\boxed{\text{ネノ}}\,t+3=0$ であるから，$|\vec{p}|$ が最小となる t の値が求められる。

(iii) $\boxed{\text{ヌ}}$ に当てはまるものを，次の ⓪ ～ ⑧ のうちから 1 つ選べ。

⓪ $\vec{p}/\!/\vec{a}$ ① $\vec{p}/\!/\vec{b}$ ② $\vec{p}/\!/(\vec{b}-\vec{a})$ ③ $\vec{p}\perp\vec{a}$ ④ $\vec{p}\perp\vec{b}$

⑤ $\vec{p}\perp(\vec{b}-\vec{a})$ ⑥ $|\vec{p}|=|\vec{a}|$ ⑦ $|\vec{p}|=|\vec{b}|$ ⑧ $|\vec{p}|=|\vec{b}-\vec{a}|$

(iv) $\boxed{\text{ネノ}}$ に当てはまる数を求めよ。

(v) **方針 1** または **方針 2** から，$|\vec{p}|$ は $t=-\dfrac{3}{\boxed{\text{ネノ}}}$ のとき最小値 $\dfrac{\sqrt{\boxed{\text{ハ}}}}{\boxed{\text{ヒ}}}$ をとる。

34 日目　ベクトル　149

35日目 数列

例題 65 自然数の表と数列

目安20分

自然数 $1, 2, 3, \ldots$ を右の図のように並べていき，上から数えて m 番目，左から数えて n 番目にある数を $a_{(m, n)}$ と表す。
例えば，$a_{(1, 3)} = 4$，$a_{(3, 2)} = 9$ である。

(1) $a_{(2, 5)} = \boxed{アイ}$，$a_{(6, 1)} = \boxed{ウエ}$ である。

(2) $a_{(1, n)} = b_n$ とおくと，$b_n = \boxed{オ}$ である。$\boxed{オ}$ に当てはまるものを，次の ⓪ 〜 ⑦ のうちから1つ選べ。

$m \backslash n$	1	2	3	4	5	⋯
1	1	2	4	7	11	⋯
2	3	5	8	12	⋯	
3	6	9	13	⋯		
4	10	14	⋯			
5	15	⋯				
⋮	⋯					

⓪ $2n - 1$ ① n^2

② $\dfrac{1}{2}n(n-1)$ ③ $\dfrac{1}{2}n(n+1)$

④ $\dfrac{1}{2}n^2 - \dfrac{1}{2}n + 1$ ⑤ $\dfrac{1}{2}n^2 + \dfrac{1}{2}n + 1$

⑥ $\dfrac{1}{6}(n+1)(n+2)$ ⑦ $\dfrac{1}{6}n(n+1)(n+2)$

(3) 500が上から何番目，左から何番目にあるのかを求めよう。
$$a_{(1,\ n)} \leqq 500 < a_{(1,\ n+1)}$$
を満たす自然数 n は $n=\boxed{カキ}$ である。
$a_{(1,\ \boxed{カキ})}=\boxed{クケコ}$ であるから，500は上から $\boxed{サ}$ 番目，左から $\boxed{シス}$ 番目にある。

(4) $a_{(50,\ 51)}$ の値を求めよう。

$a_{(50,\ 51)}$ は，上から50番目，左から51番目にあるから
$$a_{(1,\ \boxed{センタ})} < a_{(50,\ 51)} < a_{(1,\ \boxed{センタ}+1)}$$
が成り立つ。

ここで，$a_{(1,\ \boxed{センタ})}=\boxed{チツテト}$ であるから
$$a_{(50,\ 51)}=\boxed{ナニヌネ}$$
である。

▶新しい記号
　見慣れない新しい記号が問題で定義されることもある。その際は，具体例を通してその定義を素早く理解しよう。この問題では，以下が新しい記号である。
　　$a_{(m,\ n)}$ …… 上から m 番目，左から n 番目に書かれている数を表す記号

▶群数列
　第 N 区画の項数を N で表す
　第 N 区画の初項，末項は，もとの数列の第何項かを考える

例題 65 解答・解説

解答

（アイ）17　（ウエ）21　（オ）④　（カキ）32　（クケコ）497
（サ）4　（シス）29　（セソタ）100　（チツテト）4951
（ナニヌネ）5000

解説

(1)　$a_{(2, 5)} = $ ^{アイ}**17**,　$a_{(6, 1)} = $ ^{ウエ}**21**

m＼n	1	2	3	4	5	6	⋯
1	1	2	4	7	11	16	
2	3	5	8	12	17		
3	6	9	13	18			
4	10	14	19				
5	15	20					
6	21						
⋮							

◆数の並べ方の規則を読み取り，具体的に書き並べてみる。

(2)　自然数の列を次のように，第 n 群が n 個の数を含むように群に分ける。

$$1 \mid 2, \ 3 \mid 4, \ 5, \ 6 \mid 7, \ 8, \ 9, \ 10 \mid \cdots\cdots$$

このとき，b_n は第 n 群の初項であるから，$n \geqq 2$ において

$$b_n = 1 + 2 + 3 + \cdots\cdots + (n-1) + 1$$

$$= \frac{1}{2}(n-1)n + 1$$

$$= \frac{1}{2}n^2 - \frac{1}{2}n + 1 \quad (^{オ}④)$$

これは $n = 1$ のときも成り立つ。

◆第 1 群から第 $(n-1)$ 群に含まれる項の数は順に，1, 2, 3, ……, $(n-1)$ であるから，第 $(n-1)$ 群の末項までの項の数は
　$1 + 2 + 3 + \cdots\cdots + (n-1)$

◆ CHART
初項は特別扱い

152　第 8 章　実践演習

(3)

$m \backslash n$	1	2	……	$n-1$	n	$n+1$
1	1	2	……	$a_{(1,\ n-1)}$	$a_{(1,\ n)}$	$a_{(1,\ n+1)}$
2	3					
⋮	⋮		500			
$n-1$	$a_{(n-1,\ 1)}$					
n	$a_{(n,\ 1)}$					

← $a_{(1,\ n)},\ a_{(2,\ n-1)},\ a_{(3,\ n-2)},$
……, $a_{(n,\ 1)}$ は (2) の群数列の第 n 群に含まれる。

$a_{(1,\ n)} \leqq 500 < a_{(1,\ n+1)}$ とすると，(2) から

$$\frac{1}{2}(n-1)n+1 \leqq 500 < \frac{1}{2}n(n+1)+1$$

$\frac{1}{2}\cdot 31\cdot 32 = 496,\ \frac{1}{2}\cdot 32\cdot 33 = 528$ であるから，上式を満たす

自然数 n は $n = {}^{カキ}32$

また $a_{(1,\ 32)} = \frac{1}{2}\cdot 31\cdot 32 + 1 = 496 + 1 = {}^{クケコ}497$

← $a_{(1,\ n)} = \frac{1}{2}n^2 - \frac{1}{2}n + 1$
を代入するより，連続 2 整数の積が入っている
$a_{(1,\ n)} = \frac{1}{2}(n-1)n + 1$
を代入する方が不等式を満たす n の値の見当をつけやすい。

$500 - 497 = 3$ より $1+3 = 4,\ 32-3 = 29$

よって，500 は上から ${}^{サ}4$ 番目，左から ${}^{シス}29$ 番目にある。

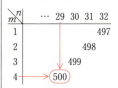

(4) $a_{(50,\ 51)}$ は，上から 50 番目，左から 51 番目にあるから

$$a_{(1,\ {}^{セソタ}100)} < a_{(50,\ 51)} < a_{(1,\ 101)}$$

が成り立つ。

ここで $a_{(1,\ 100)} = \frac{1}{2}\cdot 99\cdot 100 + 1 = 4950 + 1 = {}^{チツテト}4951$

$100 - 51 = 49$ であるから

$$a_{(50,\ 51)} = 4951 + 49 = {}^{ナニヌネ}5000$$

である。

← $a_{(50,\ 51)}$ は $a_{(1,\ 100)}$ の 49 個下で 49 個左にある。

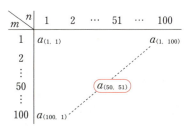

NOTE 数列の問題の解きやすいところは，
・数字を具体的に書き並べて規則性を見つけられる。
・n に具体的な数値を代入して検算できる。
ところである。この利点を生かして問題を理解し，解くように心掛けるとよい。
その際，$a_{n-1},\ a_n,\ a_{n+1}$ などの違いに十分注意を払うようにしよう。

演習問題

65 漸化式の立式と解法

(1) 平面上に十分な長さの線分 AB をとる。
右の図のように，1回目の操作で，線分 AB を3等分する2点をとる。2回目の操作では，1回目の操作で3等分して得られた線分をそれぞれ，さらに3等分する点をとる。

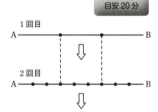

このような操作を繰り返すとき，n 回目の操作後までに線分 AB 上にとった点の個数を a_n とすると，$a_1=2$, $a_2=$ ア , $a_3=$ イウ である。

(i) 数列 $\{a_n\}$ の一般項 a_n を求めたい。次の **方針1** または **方針2** について，エ ～ ス に当てはまる数を求めよ。

方針1

$(n+1)$ 回目の操作でとる点の個数は エ $(a_n+$ オ $)$ であるから，a_{n+1} と a_n の間には次の関係が成り立つ。
$$a_{n+1}=\boxed{カ}a_n+\boxed{キ}$$
変形すると
$$a_{n+1}+\boxed{ク}=\boxed{ケ}(a_n+\boxed{ク})$$
であるから，数列 $\{a_n+\boxed{ク}\}$ は，初項 コ ，公比 ケ の等比数列となる。

方針2

n 回目の操作後までに分割された線分の本数を k_n とすると $k_1=$ サ ，$k_{n+1}=\boxed{シ}k_n$ である。
また，a_n を k_n を用いて表すと $a_n=k_n-$ ス である。

(ii) **方針1** または **方針2** を用いて，一般項 a_n を求めよ。
$$a_n=\boxed{セ}$$
セ に当てはまるものを，次の ⓪ ～ ⑧ のうちから1つ選べ。

- ⓪ $6n-4$
- ① n^2+3n-2
- ② $2n^2$
- ③ $3n^2-3n+2$
- ④ $6n^2-12n+8$
- ⑤ n^3-n+2
- ⑥ $3\cdot 2^n-4$
- ⑦ 2^n+4n-4
- ⑧ 3^n-1

(2) (1)と同じような線分 AB をとり，1回目の操作は何もせず，2回目の操作では，線分 AB を2等分する点をとる。
3回目の操作では，2回目の操作で2等分して得られた線分をそれぞれ3等分する点をとる。
4回目の操作では，3回目の操作で3等分して得られた線分をそれぞれ4等分する点をとる。

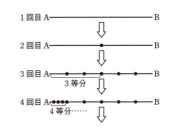

このような操作を繰り返すとき，n 回目の操作後までに線分 AB 上にとった点の個数を b_n とすると，$b_1=0$，$b_2=1$，$b_3=5$，$b_4=\boxed{ソタ}$ である。
数列 $\{b_n\}$ の一般項を求めるのに，(1)の**方針2**と同様に考える。
n 回目の操作後までに分割された線分の本数を l_n とすると $l_1=\boxed{チ}$，$l_{n+1}=(\boxed{ツ})l_n$ であるから，$l_n=\boxed{テ}$ である。
また，b_n を l_n を用いて表すと $b_n=l_n-\boxed{ト}$ である。
したがって，求める一般項 b_n は
$$b_n=\boxed{テ}-\boxed{ト}$$
である。

$\boxed{ツ}$，$\boxed{テ}$ に当てはまるものを，次の解答群のうちから1つずつ選べ。

$\boxed{ツ}$ の解答群

⓪ $n-2$ ① $n-1$ ② $n+1$ ③ $n+2$ ④ $2n-2$
⑤ $2n-1$ ⑥ $2n+1$ ⑦ $2n+2$ ⑧ $3n-1$ ⑨ $3n+1$

$\boxed{テ}$ の解答群

⓪ n ① $2n$ ② $3n$ ③ n^2 ④ $2n^2$
⑤ n^3 ⑥ 2^n ⑦ 3^n ⑧ $n!$ ⑨ $\log_2 n$

答 の 部

1 (ア) 5 (イ) 5 (ウ) 4 (エ) 5 (オカ) 30

2 (ア) 2 (イ) 5 (ウ) 3 (エ) 0 (オ) 1
(カキ) -7

3 (ア) 7 (イ) 9 (ウ) 8 $\dfrac{(エ)}{(オ)}$ $\dfrac{3}{4}$
(カキ) -1 (ク) 2 (ケコ) -2

4 (ア) 2 (イ) 5 (ウエ) -1 (オ) 2
$\dfrac{(カキク)}{(ケ)}$ $\dfrac{-23}{2}$ $\dfrac{(コサシ)}{(ス)}$ $\dfrac{-59}{2}$

5 (アイ) -2 (ウ) 2 (エ) 5 (オ) 6 (カ) 2

6 (ア) 2
$\dfrac{(イウ)\pm\sqrt{(エオ)}\,i}{(カ)}$ $\dfrac{-1\pm\sqrt{11}\,i}{2}$ (キ) 5
(クケコ) -25 (サ)$-$(シ)i $1-2i$
$\dfrac{(ス)\pm\sqrt{(セソ)}}{(タ)}$ $\dfrac{1\pm\sqrt{21}}{2}$

7 (ア) 2 (イ) 6 (ウエ) 15 (オ) 1 (カ) 3
(キ) 5 $\dfrac{(ク)}{(ケ)}$ $\dfrac{1}{2}$ $\dfrac{(コ)}{(サ)}$ $\dfrac{1}{2}$ $\dfrac{(シス)}{(セ)}$ $\dfrac{25}{2}$

8 (ア) 1 (イウ) -1 (エ) 2 $\dfrac{(オ)}{(カ)}$ $\dfrac{1}{5}$
$\dfrac{(キ)}{(ク)}$ $\dfrac{7}{5}$ (ケ) 7 (コサ) 10 $\sqrt{(シ)}$ $\sqrt{3}$
$\dfrac{(ス)}{(セ)}$ $\dfrac{3}{2}$

9 (ア) 1 (イウ) -2 $\dfrac{(エ)}{(オ)}$ $\dfrac{2}{3}$ (カ) 0
$\dfrac{(キ)}{(ク)}$ $\dfrac{4}{3}$ (ケ) 0 $\dfrac{(コ)}{(サ)}$ $\dfrac{2}{3}$ $\dfrac{(シ)}{(ス)}$ $\dfrac{4}{3}$

10 $\dfrac{(アイ)}{(ウ)}$ $\dfrac{-2}{3}$ $\dfrac{(エオ)}{(カ)}$ $\dfrac{-5}{6}$ (キ) 6
(クケ) -3 (コ)$\sqrt{(サ)}$ $3\sqrt{5}$

11 (アイ) -2 (ウ) 0 (エオ) -2
(カキ) -8 (ク) 2 (ケコ) -2 (サ) 0
(シ) 4

12 $\dfrac{(ア)+(イ)\sqrt{(ウ)}}{(エ)}$ $\dfrac{6+3\sqrt{2}}{2}$
$\dfrac{(オ)+(カ)\sqrt{(キ)}}{(ク)}$ $\dfrac{6+3\sqrt{2}}{2}$ $\dfrac{(ケコ)}{(サ)}$ $\dfrac{16}{5}$
$\dfrac{(シス)}{(セ)}$ $\dfrac{13}{5}$

13 (ア) 3 (イ) 2 (ウエ) -1 (オ) 2 (カ) 6

14 $\dfrac{(ア)}{\sqrt{(イ)}}$ $\dfrac{2}{\sqrt{5}}$ (ウ) 4
$\dfrac{(エ)}{(オ)}\sqrt{(カキ)}$ $\dfrac{2}{5}\sqrt{10}$ $\dfrac{(ク)}{\sqrt{(ケコ)}}$ $\dfrac{1}{\sqrt{10}}$
$\dfrac{(サ)}{\sqrt{(シス)}}$ $\dfrac{3}{\sqrt{10}}$ $\dfrac{(セ)}{(ソ)}$ $\dfrac{2}{5}$ $\dfrac{(タ)}{(チ)}$ $\dfrac{6}{5}$

15 $\dfrac{(ア)}{(イ)}$ $\dfrac{5}{6}$ $\dfrac{(ウ)}{(エ)}$ $\dfrac{7}{6}$ (オ) 0 $\dfrac{(カ)}{(キ)}$ $\dfrac{4}{3}$
$\dfrac{(ク)}{(ケ)}$ $\dfrac{5}{3}$ (コ) 2 (サ) 4 (シ) 2 $\dfrac{(ス)}{(セ)}$ $\dfrac{3}{4}$
$\dfrac{(ソ)}{(タ)}$ $\dfrac{3}{2}$

16 (ア) 6 (イ) 5 (ウ) 4 (エ) 2 (オ) 3
$\dfrac{(カ)}{(キ)}$ $\dfrac{3}{8}$ $\dfrac{(ク)}{(ケ)}$ $\dfrac{5}{6}$ $\dfrac{(コ)}{(サシ)}$ $\dfrac{3}{22}$

17 (ア) 4 (イ)$\sqrt{(ウ)}$ $2\sqrt{3}$ (エ)$\sqrt{(オ)}$ $2\sqrt{2}$
(カキ) 12 (ク) 8 $\dfrac{(ケ)}{(コ)}$ $\dfrac{3}{8}$ $\dfrac{(サシ)}{(スセ)}$ $\dfrac{11}{12}$

18 (ア) 3 (イ) 0 $\dfrac{(ウ)}{(エ)}$ $\dfrac{5}{6}$ $\dfrac{(オカ)}{(キ)}$ $\dfrac{11}{6}$
(ク) 2

19 $\dfrac{(ア)}{(イ)}$ $\dfrac{1}{4}$ $\dfrac{(ウ)}{(エ)}$ $\dfrac{1}{8}$ (オ) 2
(カ)$-$(キ) $a-2$ (ク) 4

20 (ア) 6 (イ) 2 (ウ) 3 (エ)$\sqrt{(オ)}$ $5\sqrt{3}$
(カキ) 12 (ク)$+$(ケ)$\sqrt{(コ)}$ $6+5\sqrt{3}$
(サ) 2 (シ)$\sqrt{(ス)}$ $2\sqrt{3}$

21 (アイ) 12 (ウ) 4 $\dfrac{(エ)}{(オ)}$ $\dfrac{1}{2}$ (カ) 7
(キク) 18 $\dfrac{(ケ)}{(コ)-(サ)}$ $\dfrac{a}{1-a}$

22 $\sqrt{(ア)}$ $\sqrt{3}$ $\sqrt{(イ)}$ $\sqrt{3}$ (ウ) ① (エ) ②
(オ) 2 (カ) ④ (キ) ③ (ク) ① (ケ) ②

23 (ア) 5 (イ) 4 (ウ) 0 $\dfrac{(エ)}{(オ)}$ $\dfrac{1}{5}$ (カ) 2
(キ) 5 (ク) 2

24 (アイ) -1 (ウ) 3

25 (ア) 0 (イウ) $2a$ (エ) 1 (オ) 0
(カ) 0 (キ) 2 (クケ) $2a$ (コ) 2

答 の 部 **157**

26 (ア) a (イ) 6 (ウ) 4 (エ) 5 (オ) 3
(カ) 1 (キ) 4

27 (アイ) 32 (ウエ) 50 (オ) 2
(カキ) 16 (ク) 0 (ケ) 1 (コ) 4

28 (アイ) 48 (ウエ) 53

29 (ア)√(イ) $2\sqrt{3}$ (ウ) 3 (エ) 2 (オ) 7
(カキ) 13 (ク) 1 (ケ) 3 $\dfrac{(コ)}{(サ)}$ $\dfrac{3}{4}$

30 (ア) 3 (イ) 2 $\dfrac{(ウ)}{(エ)}$ $\dfrac{1}{3}$ (オ) 2
(カキ) −3 (ク) 3 (ケ) 8 (コ) 8
$\dfrac{\sqrt{(サ)}}{(シ)}$ $\dfrac{\sqrt{2}}{4}$ $\dfrac{(ス)}{(セ)}$ $\dfrac{5}{4}$

31 (アイ) 11 (ウエ) 17 (オ) 1 (カ) 3
(キ) 2 (ク) 8 (ケコ) 14
$\dfrac{(サシス)}{(セ)}$ $\dfrac{343}{4}$ $\dfrac{(ソタチ)}{(ツ)}$ $\dfrac{347}{2}$

32 (ア) 3 (イ) 1 (ウ) 1 (エ) 3 (オ) 2
(カキ) −2 (クケ) −8

33 (アイ) −3 (ウエ) 22 $\dfrac{(オ)}{(カ)}$ $\dfrac{1}{3}$
$\dfrac{(キク)}{(ケコ)}$ $\dfrac{94}{27}$ (サシ) −3 (スセ) 22
(ソタ) −1 (チツ) 10

34 (ア) 6 (イ) 2 √(ウ) $\sqrt{6}$ (エオ) −2
(カ) 3 (キク) 12 √(ケ) $\sqrt{2}$ (コ) 4
(サ)√(シ) $8\sqrt{2}$ (ス) 3

35 (アイ) −3 $\dfrac{(ウエオ)}{(カキ)}$ $\dfrac{-49}{27}$
(クケ) −3 (コサ) −2

36 (アイ) −2 (ウエ) 12 (オカ) 18
(キ) 0 (クケ) −8
(コ),(サ) 0, 9 または 9, 0 (シ) ◎

37 $\dfrac{(ア)}{(イ)}$ $\dfrac{1}{2}$ (ウエ) −1 $\dfrac{(オ)}{(カ)}$ $\dfrac{2}{3}$ (キ) 1
$\dfrac{(ク)}{(ケ)}$ $\dfrac{8}{3}$ (コ) 4 $\dfrac{(サ)}{(シ)}$ $\dfrac{8}{3}$ (ス) 4 $\dfrac{(セ)}{(ソ)}$ $\dfrac{8}{3}$
$\dfrac{(タ)}{\sqrt{(チ)}}$ $\dfrac{1}{\sqrt{2}}$ $\dfrac{(ツ)}{(テ)}-\dfrac{(ト)\sqrt{(ナ)}}{(ニ)}$ $\dfrac{8}{3}-\dfrac{4\sqrt{2}}{3}$

38 $\dfrac{(アイ)}{(ウ)}$ $\dfrac{-2}{3}$ (エ) 3 (オ) 1 (カ) 2

(キク) −1 (ケ) 0 $\dfrac{(コ)}{(サ)}$ $\dfrac{4}{3}$ (シ) 2 (ス) 0

39 $\dfrac{(ア)}{(イ)}$ $\dfrac{1}{6}$ (ウ) 1 (エ) 1 (オ) 3 (カ) 3
(キ) 1

40 $\dfrac{(アイ)}{(ウ)}$ $\dfrac{-1}{a}$ $\dfrac{(エオ)}{(カ)}$ $\dfrac{-1}{a}$
$\dfrac{(キ)}{(ク)a^2}$ $\dfrac{1}{2a^2}$ (ケコ) 24 (サ) a $\dfrac{(シ)}{(ス)}$ $\dfrac{1}{a}$
(セ) 3

41 (ア)x+(イ) $-x+2$ (ウエ) −1
(オ) 3 (カ) 2 $\dfrac{(キク)}{(ケ)}$ $\dfrac{27}{4}$

42 $\dfrac{(アイ)}{(ウエ)}$ $\dfrac{-1}{8a}$ (オ) 4 $\dfrac{(カ)}{(キ)}$ $\dfrac{9}{8}$
$\dfrac{(ク)}{(ケ)}$ $\dfrac{2}{3}$ (コサ) 2a (シスセ) 32a
$\dfrac{(ソ)}{(タ)}$ $\dfrac{1}{8}$ $\dfrac{(チ)}{(ツテ)}$ $\dfrac{1}{12}$

43 $\dfrac{(ア)}{(イ)}$ $\dfrac{1}{2}$ √(ウ) $\sqrt{2}$ √(エ) $\sqrt{2}$ (オ) 0
$\dfrac{\sqrt{(カ)}+\sqrt{(キ)}}{(ク)}$ $\dfrac{\sqrt{2}+\sqrt{6}}{4}$ または $\dfrac{\sqrt{6}+\sqrt{2}}{4}$
$\dfrac{\sqrt{(ケ)}-\sqrt{(コ)}}{(サ)}$ $\dfrac{\sqrt{2}-\sqrt{6}}{4}$

44 $\dfrac{(ア)}{(イウ)}$ $\dfrac{7}{12}$ $\dfrac{(エ)}{(オカ)}$ $\dfrac{5}{12}$ (キ) 2
$\dfrac{(ク)}{(ケコ)}$ $\dfrac{7}{18}$ $\dfrac{(サ)}{(シス)}$ $\dfrac{5}{18}$ $\dfrac{(セ)}{(ソ)}$ $\dfrac{1}{3}$
$\dfrac{(タ)}{(チ)}$ $\dfrac{1}{3}$ $\dfrac{(ツ)}{(テ)}$ $\dfrac{1}{3}$

45 $\dfrac{(ア)}{a+(イ)}$ $\dfrac{a}{a+6}$ $\dfrac{(ウ)}{a+(エ)}$ $\dfrac{1}{a+6}$ (オ) 8
$\dfrac{(カ)}{(キク)}$ $\dfrac{9}{14}$ (ケ):(コ) 9:5

46 $\dfrac{(ア)}{(イ)}$ $\dfrac{2}{5}$ $\dfrac{(ウ)}{(エ)}$ $\dfrac{1}{5}$ (オ) 2

47 $\dfrac{(ア)}{(イ)}$ $\dfrac{1}{2}$ (ウ) 1 (エ) 4 $\dfrac{(オ)}{(カ)}$ $\dfrac{1}{2}$ (キ) 5
(クケ) 16 (コサ) 20 $\dfrac{(シス)}{(セ)}$ $\dfrac{-8}{5}$
$\dfrac{(ソタチ)}{(ツ)}$ $\dfrac{-12}{5}$ $\dfrac{(テ)\sqrt{(ト)}}{(ナ)}$ $\dfrac{6\sqrt{5}}{5}$

48 (ア) 0 (イウ) −1 (エオカ) 120

$\dfrac{\sqrt{(キ)}}{(ク)}$ $\dfrac{\sqrt{3}}{3}$

49 (アイウ) 243 (エオ) −2 $\dfrac{(カ)}{(キ)}$ $\dfrac{1}{3}$

(クケコ) 122 (サシス) 122

(セソタチツ) 14884 (テトナ) 123

50 (ア) 2 $\dfrac{(イ)}{(ウ)}$ $\dfrac{4}{3}$ (エ) 4 $\dfrac{(オカ)}{(キ)}$ $\dfrac{16}{3}$

(ク) 2 $\dfrac{(ケ)}{(コ)}$ $\dfrac{5}{2}$ $\dfrac{(サ)}{(シ)}$ $\dfrac{1}{2}$ $\dfrac{(ス)}{(セ)}$ $\dfrac{9}{2}$

51 (ア) 4 (イウ) −2 (エ) 3

$\dfrac{(オカ)}{(キ)}$ $\dfrac{-1}{2}$ $\dfrac{(クケ)}{(コ)}$ $\dfrac{11}{4}$ (サシ) −9

(スセ) −9 (ソタ) 12 (チ) 2

(ツテ) −9 (トナ) 33 (ニヌ) 22

52 (ア) 3 (イ)$n+$(ウ) $2n+1$ (エ) 3

(オカ) −2 $\dfrac{(キ)}{(ク)}$ $\dfrac{2}{9}$ (ケコ) −2

53 (アイウエオカ) 225060 (キク) 10

(ケコ) 11 (サシスセソ) 36868

54 (アイウ) 210 (エオ) 21

(カキクケ) 2870 (コサシ) 217

55 (ア) 2 (イウ) −3 (エ) 2

(オカキクケ) 88572 (コ) 9 (サ) 4

(シ) 4 (ス) 9 (セ) 8 (ソ) 4 $\dfrac{(タチ)}{(ツ)}$ $\dfrac{33}{8}$

56 (アイ) −7 (ウ) − (エ) 6

(オカ) −4 (キク) −1 (ケ) ① (コ) 3

(サ) 2 (シス) −1 (セ) ① (ソ) 3

57 (アイ) 54 (ウ) 3 (エ) 6 (オ) 3 (カ) 2

(キ) 1

58 (ア) − (イ) 4 (ウ) 3 (エオ) −1

(カ) 2 (キ) 1 (ク) 3 (ケコ) −1 (サ) 2

59 (ア) 6 (イ) 5 (ウ) 2 (エ) 3 (オ) 1

$\dfrac{(カ)}{(キ)}$ $\dfrac{3}{4}$ (ク) 5 (ケ) 1

60 (ア) 2 (イ) 4 (ウ) 8 (エ) 1 (オ) 1 (カ) 6

(キ) 6

61 (ア) ⑤ (イ) ⑥ (ウ) ④ (エ) 2

$\dfrac{(オカ)}{(キク)}$ $\dfrac{23}{12}$ (ケコ) −4 (サ) 4 (シ) 3

(ス), (セ) ③, ⑥ または⑥, ③ (ソ) 4

(タ) ⓪ (チツ) −5 (テ) 3 (ト) ③ (ナ) ②

(ニ) 4 (ヌネ) −5 (ノ) ② (ハ) ② (ヒ) 3

(フ) ⓪ (ヘ) 4

62 (ア) ② (イ) ⑨ (ウ) ⑤

(エ), (オ) ④, ⑥ または⑥, ④ (カ) ③

(キク) 11 (ケ) 2 (コ) 1 (サシスセ) 2552

(ソ) 4 (タチ) 44

63 (ア), (イ) 0, a またはa, 0 (ウ) ①

(エ) ① (オ) ④ (カ) ③ (キ) ⑦ (ク) ③

(ケ) ① (コ) ⑦ (サ) ④ (シ) ④ (ス) ⑥

64 $\sqrt{(ア)}$ $\sqrt{6}$ (イ)$\sqrt{(ウ)}$ $5\sqrt{2}$ (エオ) 15

(カ) ⓪ $\dfrac{(キ)\sqrt{(ク)}}{(ケ)}$ $\dfrac{5\sqrt{3}}{2}$ (コ) 0 (サ) 5

(シ) 7 $\dfrac{(スセ)}{(ソ)}$ $\dfrac{25}{2}$ (タ) ④ (チ) ①

(ツ) ② (テト) 50 (ナニ) 30 (ヌ) ④

(ネノ) 10 $\dfrac{\sqrt{(ハ)}}{(ヒ)}$ $\dfrac{\sqrt{6}}{2}$

65 (ア) 8 (イウ) 26 (エ) 2 (オ) 1 (カ) 3

(キ) 2 (ク) 1 (ケ) 3 (コ) 3 (サ) 3 (シ) 3

(ス) 1 (セ) ⑧ (ソタ) 23 (チ) 1 (ツ) ②

(テ) ⑧ (ト) 1

答 の 部 **159**

● 編著者
　　チャート研究所

初版（センター試験対策）
第1刷　2014年6月1日　発行
初版（大学入学共通テスト対策）
第1刷　2020年7月1日　発行

● 表紙・本文デザイン
　　デザイン・プラス・プロフ株式会社

編集・制作　チャート研究所
発行者　　　星野　泰也

ISBN978-4-410-10623-1

チャート式®問題集シリーズ
35日完成！ 大学入学共通テスト対策　数学ⅡB

発行所

数研出版株式会社

本書の一部または全部を許可なく複
写・複製することおよび本書の解説
書，問題集ならびにこれに類するも
のを無断で作成することを禁じます。

〒101-0052　東京都千代田区神田小川町2丁目3番地3
　　　　　　〔振替〕00140-4-118431
〒604-0861　京都市中京区烏丸通竹屋町上る大倉町205番地
〔電話〕代表　(075)231-0161
ホームページ　https://www.chart.co.jp
印刷　株式会社　加藤文明社
乱丁本・落丁本はお取り替えします。　　　　200601

「チャート式」は，登録商標です。

ま と め（数学II，B）

第5章　微分法・積分法

●微分係数（変化率）
$$f'(a)=\lim_{b\to a}\frac{f(b)-f(a)}{b-a}$$
$$=\lim_{h\to 0}\frac{f(a+h)-f(a)}{h}$$

●導関数の公式
k, l は定数, n は正の整数, u と v は x の関数とする。
$$(c)'=0,\quad (x^n)'=nx^{n-1},\quad (ku)'=ku',$$
$$(u+v)'=u'+v',\quad (ku+lv)'=ku'+lv'$$

●接線の方程式
曲線 $y=f(x)$ 上の点 $A(a, f(a))$ における接線の方程式は　$y-f(a)=f'(a)(x-a)$

●極値と最大・最小
$x=\alpha$ で極値をもつ $\Longrightarrow f'(\alpha)=0$
最大・最小の候補は　極値と区間の端。

●方程式の解の個数
方程式 $f(x)=a$ の実数解の個数
$\longrightarrow$ 曲線 $y=f(x)$ と直線 $y=a$ の共有点の個数。

●導関数と不定積分
C は積分定数とする。
$\cdot\ F'(x)=f(x)$ のとき　$\displaystyle\int f(x)dx=F(x)+C$

$\cdot\ \displaystyle\int x^n dx=\frac{1}{n+1}x^{n+1}+C$　（n は 0 以上の整数）

●不定積分の性質
k, l は定数とする。
$$\int\{kf(x)+lg(x)\}dx=k\int f(x)dx+l\int g(x)dx$$

●定積分
$F'(x)=f(x)$ のとき
$$\int_a^b f(x)dx=\Big[F(x)\Big]_a^b=F(b)-F(a)$$

●定積分の性質
k, l は定数とする。
$\cdot\ \displaystyle\int_a^b f(x)dx=\int_a^b f(t)dt$

$\cdot\ \displaystyle\int_a^b\{kf(x)+lg(x)\}dx=k\int_a^b f(x)dx+l\int_a^b g(x)dx$

$\cdot\ \displaystyle\int_a^a f(x)dx=0,\ \int_b^a f(x)dx=-\int_a^b f(x)dx$

$\cdot\ \displaystyle\int_a^b f(x)dx=\int_a^c f(x)dx+\int_c^b f(x)dx$

●面積

CHART **面積** **まずグラフをかく**
① 積分区間の決定
② 上下関係を調べる

▶放物線と面積でよく使われる定積分
$$\int_\alpha^\beta(x-\alpha)(x-\beta)dx=-\frac{1}{6}(\beta-\alpha)^3$$
（2つの放物線，放物線と直線で囲まれる面積）

第6章　ベクトル

平面上のベクトル

●ベクトルの平行，分解
▶ベクトルの平行条件　（$\vec{a}\neq\vec{0}$, $\vec{b}\neq\vec{0}$ のとき）
$\vec{a}/\!/\vec{b}\Longleftrightarrow\vec{b}=k\vec{a}$ となる実数 k がある
▶ベクトルの分解
$\vec{a}\neq\vec{0}$, $\vec{b}\neq\vec{0}$, $\vec{a}\not\!/\vec{b}$ のとき，任意のベクトル $\vec{p}$ は，実数 s, t を用いてただ1通りに $\vec{p}=s\vec{a}+t\vec{b}$ の形に表される。

●ベクトルの相等，大きさ
$\vec{a}=(a_1, a_2)$, $\vec{b}=(b_1, b_2)$ とする。
▶相等　　$\vec{a}=\vec{b}\Longleftrightarrow a_1=b_1,\ a_2=b_2$
▶大きさ　$|\vec{a}|=\sqrt{a_1^2+a_2^2}$

●点の座標とベクトルの成分
$A(a_1, a_2)$, $B(b_1, b_2)$ のとき
$$\overrightarrow{AB}=(b_1-a_1,\ b_2-a_2)$$
$$|\overrightarrow{AB}|=\sqrt{(b_1-a_1)^2+(b_2-a_2)^2}$$

●内積の定義，内積と成分
$\vec{a}\neq\vec{0}$, $\vec{b}\neq\vec{0}$ とする。
▶内積の定義
$\vec{a}$ と $\vec{b}$ のなす角を θ $(0°\leqq\theta\leqq180°)$ とすると
$$\vec{a}\cdot\vec{b}=|\vec{a}||\vec{b}|\cos\theta$$
▶内積と成分
$\vec{a}=(a_1, a_2)$, $\vec{b}=(b_1, b_2)$ のとき
$$\vec{a}\cdot\vec{b}=a_1 b_1+a_2 b_2$$
また，$\vec{a}$ と $\vec{b}$ のなす角を θ とすると
$$\cos\theta=\frac{\vec{a}\cdot\vec{b}}{|\vec{a}||\vec{b}|}=\frac{a_1 b_1+a_2 b_2}{\sqrt{a_1^2+a_2^2}\sqrt{b_1^2+b_2^2}}$$
▶垂直条件
$\vec{a}=(a_1, a_2)\neq\vec{0}$, $\vec{b}=(b_1, b_2)\neq\vec{0}$ とする。
$$\vec{a}\perp\vec{b}\Longleftrightarrow\vec{a}\cdot\vec{b}=0\Longleftrightarrow a_1 b_1+a_2 b_2=0$$

●位置ベクトル
▶分点の位置ベクトル
2点 $A(\vec{a})$, $B(\vec{b})$ に対して，線分 AB を $m:n$ に分ける点の位置ベクトル。

内分 $\cdots\cdots\ \dfrac{n\vec{a}+m\vec{b}}{m+n}$,　外分 $\cdots\cdots\ \dfrac{-n\vec{a}+m\vec{b}}{m-n}$

チャート式®
問題集シリーズ

35日完成!
大学入学共通テスト対策

数学ⅡB

＜解答編＞

１日目 式と計算 (1)

第1章

---

1 $(a+b+1)^5=\{a+(b+1)\}^5$ の展開式の一般項は
$$_5C_r a^{5-r}(b+1)^r$$

a を含まないのは $r=5$ のときで，それをまとめると
$$_5C_5(b+1)^5=(b+1)^{\text{ア}5}$$

a について 1 次になるのは $r=4$ のときで，それをまとめると
$$_5C_4 a^1(b+1)^4={}^{\text{イ}}5(b+1)^{\text{ウ}4}a$$

$a=x^2$, $b=x$ とすると，$(x^2+x+1)^5$ の展開式の一般項は
$$_5C_r(x^2)^{5-r}(x+1)^r \quad \cdots\cdots \ ①$$

x の係数については，① において，$r=5$ のとき，$(x+1)^5$ の展開を考える。

一般項は $_5C_m x^{5-m}1^m$ で，$m=4$ のときであるから，係数は
$$_5C_4={}^{\text{エ}}5$$

x^3 の係数については，① において，
$$r=5 \text{ のとき} \quad (x+1)^5 \text{ の展開,}$$
$$r=4 \text{ のとき} \quad 5(x+1)^4 x^2 \text{ の展開}$$
を考える。

$r=5$ のとき
$(x+1)^5$ の展開式の一般項は $_5C_m x^{5-m}1^m$ で，x^3 となるのは $m=2$ のときであるから，係数は
$$_5C_2=10$$

$r=4$ のとき，$5(x+1)^4 x^2$ の展開式の一般項は
$$5x^2\times{}_4C_n x^{4-n}1^n=5\cdot{}_4C_n x^{6-n}$$

x^3 となるのは $n=3$ のときであるから，係数は
$$5\cdot{}_4C_3=20$$

よって，x^3 の係数は $10+20={}^{\text{オカ}}30$

〔**別解**〕（後半）

$(x^2+x+1)^5$ の展開式の一般項は
$$\frac{5!}{p!q!r!}(x^2)^p x^q 1^r=\frac{5!}{p!q!r!}x^{2p+q} \quad (p+q+r=5)$$

x となるのは，$2p+q=1$ のときである。

p, q は 0 以上の整数であるから，$2p+q=1$ より
$$p=0, \quad q=1$$

これらを $p+q+r=5$ に代入すると
$$r=4$$

← $\{a+(b+1)\}^5$ の展開を考える。

← **CHART** (1) (ア～ウ) は
(2) (エ, オカ) のヒント

← さらに，$(x+1)^5$ の展開を考える。$r\leqq 4$ のときは，x の項は出てこない。

← $r\leqq 3$ のときは，x^3 の項は出てこない。$(x^2)^0\cdot x^3$ と $(x^2)^1\cdot x^1$ の場合がある。

← $5(b+1)^4 a$

← $(x^2)^0\cdot x^3$ と $(x^2)^1\cdot x^1$ の係数の和。

← $\dfrac{n!}{p!q!r!}a^p b^q c^r$
$(p+q+r=n)$

← $q=1-2p$ で $q\geqq 0$ から $p\leqq\dfrac{1}{2}$ よって $p=0$

第1章 式と証明，複素数と方程式　1

よって，x の係数は　　$\dfrac{5!}{0!1!4!}={}^{\text{エ}}\mathbf{5}$

x^3 となるのは，$2p+q=3$ のときである。

p，q は 0 以上の整数であるから，$2p+q=3$ より

$$p=0,\ q=3 \quad \text{または} \quad p=1,\ q=1$$

$p=0$，$q=3$ のとき，$p+q+r=5$ から　　$r=2$

$p=1$，$q=1$ のとき，$p+q+r=5$ から　　$r=3$

よって，x^3 の係数は

$$\dfrac{5!}{0!3!2!}+\dfrac{5!}{1!1!3!}=10+20={}^{\text{オカ}}\mathbf{30}$$

← $q=3-2p$ で $q\geqq0$ から
$p\leqq\dfrac{3}{2}$　よって $p=0,\ 1$

← 2 つの場合の和。

2

$$
\begin{array}{r}
x\ +m+2 \\
x^2-2x-1\ \overline{\smash{)}\ x^3+mx^2+\qquad nx+2m+n+1} \\
\underline{x^3-\ 2x^2-\qquad x} \\
(m+2)x^2+\ (n+1)x+2m+n+1 \\
\underline{(m+2)x^2-2(m+2)x-\ m\qquad-2} \\
(2m+n+5)x+3m+n+3
\end{array}
$$

上の計算から　　$Q=x+(m+{}^{\text{ア}}\mathbf{2})$

$R=(2m+n+{}^{\text{イ}}\mathbf{5})x+(3m+n+{}^{\text{ウ}}\mathbf{3})$

$x=1+\sqrt{2}$ のとき　　$x-1=\sqrt{2}$

両辺を 2 乗して　　$(x-1)^2=2$

よって　　　　　　$x^2-2x-1=0$

ゆえに，B の値は　　${}^{\text{エ}}\mathbf{0}$

$A=BQ+R$ において，$x=1+\sqrt{2}$ のとき $B=0$，$A=-1$ であるから

$-1=0\cdot\{(1+\sqrt{2})+(m+2)\}$

$\qquad\qquad +(2m+n+5)(1+\sqrt{2})+(3m+n+3)$

整理すると　　$(5m+2n+9)+(2m+n+5)\sqrt{2}=0$

m，n はともに有理数であるから，$5m+2n+9$，$2m+n+5$ も有理数。

よって　　　　$5m+2n+9=0,\ 2m+n+5=0$

これを解くと　　$m={}^{\text{オ}}\mathbf{1}$，$n={}^{\text{カキ}}\mathbf{-7}$

← $\sqrt{\ }$ の形をなくすため，$\sqrt{2}$ のみを右辺に残し，両辺を 2 乗する。

← **CHART** (1) (エ) は (2)
(オ，カキ) のヒント
$B=0$ であることを利用する。

← **CHART** $A=BQ+R$

← a，b が有理数のとき
$a+b\sqrt{2}=0$
$\qquad\Longleftrightarrow a=b=0$

2　第 1 章　式と証明，複素数と方程式

 式と計算 (2), 複素数と方程式 (1)

3 右の計算から，
商は $x^2-x-{}^{\mathcal{P}}7$
余りは ${}^{\mathcal{A}}9$
よって
$$f(x)=\frac{x^4-2x^3-5x^2+6x+2}{x^2-x+1}$$
$$=x^2-x-7+\frac{9}{x^2-x+1}$$
$$=x^2-x+1+\frac{9}{x^2-x+1}-{}^{\mathcal{\dot{7}}}8$$

ここで $x^2-x+1=\left(x-\dfrac{1}{2}\right)^2+\dfrac{3}{4}$

ゆえに，x^2-x+1 の最小値は $\dfrac{{}^{\mathcal{I}}3}{{}^{\mathcal{\dot{7}}}4}$

よって，$x^2-x+1>0$, $\dfrac{9}{x^2-x+1}>0$ であるから，相加平均と相乗平均の大小関係により

$$x^2-x+1+\frac{9}{x^2-x+1} \geqq 2\sqrt{(x^2-x+1)\cdot\frac{9}{x^2-x+1}}=6$$

ゆえに $f(x)=x^2-x+1+\dfrac{9}{x^2-x+1}-8 \geqq 6-8=-2$

等号が成り立つのは，$x^2-x+1=\dfrac{9}{x^2-x+1}$

すなわち $(x^2-x+1)^2=9$ のときである。
$x^2-x+1>0$ であるから $x^2-x+1=3$
よって $x^2-x-2=0$ すなわち $(x+1)(x-2)=0$
ゆえに $x=-1,\ 2$
したがって，$f(x)$ は $x={}^{\mathcal{hj}}-1,\ {}^{\mathcal{j}}2$ で最小値 ${}^{\mathcal{jj}}-2$ をとる。

$\quad$ 右の計算
$$\begin{array}{r}x^2-x-7\\ x^2-x+1\overline{\smash{\big)}x^4-2x^3-5x^2+6x+2}\\ \underline{x^4-x^3+x^2}\\ -x^3-6x^2+6x\\ \underline{-x^3+x^2-x}\\ -7x^2+7x+2\\ \underline{-7x^2+7x-7}\\ 9\end{array}$$

⇐ 分数式は，(分子の次数)<(分母の次数) の形にする。

⇐ **CHART** まず平方完成

⇐ 上の不等式の等号が成り立つ，つまり式の値が -2 になるような x の値が存在することを必ず確認する。

4 解と係数の関係から
$$\alpha+\beta={}^{\mathcal{P}}2a,\ \alpha\beta=a+{}^{\mathcal{A}}5$$
よって $(\alpha+\beta)+\alpha\beta=2a+a+5=3a+5$
$(\alpha+\beta)\cdot\alpha\beta=2a(a+5)=2a^2+10a$

また，x の方程式 $x^2-kx-5k+2=0$ の2つの解が $\alpha+\beta$, $\alpha\beta$ であり，解と係数の関係から
$$(\alpha+\beta)+\alpha\beta=k,\ (\alpha+\beta)\cdot\alpha\beta=-5k+2$$

第1章 式と証明，複素数と方程式

よって　　　　　$3a+5=k$　　　　　$\cdots\cdots$ ①,
　　　　　　　　$2a^2+10a=-5k+2$　$\cdots\cdots$ ②

①, ②から　　$2a^2+10a=-5(3a+5)+2$

整理すると　　$2a^2+25a+23=0$

ゆえに　　　　$(a+1)(2a+23)=0$

したがって　　$a=-1,\ -\dfrac{23}{2}$

$a=-1$ を ① に代入すると　　　$k=2$

$a=-\dfrac{23}{2}$ を ① に代入すると　　$k=-\dfrac{59}{2}$

よって　　　　$a={}^{ウエ}\mathbf{-1},\ k={}^{オ}\mathbf{2}$

　　　　または　$a=\dfrac{{}^{カキク}\mathbf{-23}}{{}^{ケ}\mathbf{2}},\ k=\dfrac{{}^{コサシ}\mathbf{-59}}{{}^{ス}\mathbf{2}}$

←$k=3a+5$ を ② に代入する。

←② に代入するよりも, ① に代入する方が簡単に求められる。

③日目 複素数と方程式 (2)

5　剰余の定理により

$\qquad f(-2)=2$　$\cdots\cdots$ ①,　　$f(-3)=2$　$\cdots\cdots$ ①

また, $x=-1$ が解であるから

$\qquad f(-1)=0$　$\cdots\cdots$ ②

$f(x)$ を $x^2+3x+2=(x+1)(x+2)$ で割った余りは $px+q$ とおけるから, 商を $Q(x)$ とおくと

$\qquad f(x)=(x+1)(x+2)Q(x)+px+q$

両辺に $x=-1,\ -2$ を代入して

$\quad f(-1)=0\cdot Q(-1)-p+q$　すなわち　$f(-1)=-p+q$

$\quad f(-2)=0\cdot Q(-2)-2p+q$　すなわち　$f(-2)=-2p+q$

①, ②から　　$-p+q=0,\ -2p+q=2$

これを解いて　　$p=-2,\ q=-2$

ゆえに, 余りは　${}^{アイ}\mathbf{-2}x{}^{ウ}\mathbf{-2}$

ここで, $f(-2)=2,\ f(-3)=2$ から

$\qquad (-2)^3+a\cdot(-2)^2+b\cdot(-2)+c=2,$

$\qquad (-3)^3+a\cdot(-3)^2+b\cdot(-3)+c=2$

すなわち　$4a-2b+c=10$　$\cdots\cdots$ ③,

$\qquad\qquad 9a-3b+c=29$　$\cdots\cdots$ ④

また, ②から　　$(-1)^3+a\cdot(-1)^2+b\cdot(-1)+c=0$

すなわち　　$a-b+c=1$　$\cdots\cdots$ ⑤

←$x-\alpha$ で割った余りは $f(\alpha)$

←方程式の解 $\longrightarrow$ 代入すれば成り立つ。

←($R(x)$ の次数)
　$<$($B(x)$ の次数)$=2$ であるから $px+q$ とおける。

←**CHART**　$A=BQ+R$

←NOTE 参照。

4　第1章　式と証明, 複素数と方程式

③－⑤ から　　　$3a-b=9$

④－③ から　　　$5a-b=19$

2式を連立して解くと　　$a=^{エ}5$, $b=^{オ}6$

⑤ に代入して　　$c=^{カ}2$

← 連立方程式は，文字を消去して解く。

> **N**OTE　$f(x)=(x+1)(x+2)Q(x)+R(x)$ で，$f(x)$ と
> $(x+1)(x+2)Q(x)$ がともに $x+1$ で割り切れるから，
> $R(x)$ も $x+1$ で割り切れる。
> $R(x)$ は1次式以下であるから，$R(x)=p(x+1)$ と
> 表すことができる。
> $f(-2)=2$ から　　$p=-2$
> よって　　　　　　$^{アイ}-2x-^{ウ}2$
> このようにしても求められる。

← $f(x)-(x+1)(x+2)Q(x)$
$=R(x)$ で左辺は
$x+1$ で割り切れる。

6　(1)　$f(x)=x^3-x^2+x-6$ とすると
　　　　　$f(2)=2^3-2^2+2-6=0$

よって，$f(x)$ は $x-2$ を因数にもつから
　　　　　$f(x)=(x-2)(x^2+x+3)$

← 因数定理。

← 組立除法を利用。

$f(x)=0$ から　　$x=2$　または　$x^2+x+3=0$

$x^2+x+3=0$ から　　$x=\dfrac{-1\pm\sqrt{-11}}{2}=\dfrac{-1\pm\sqrt{11}\,i}{2}$

$$\begin{array}{rrrr|r}
1 & -1 & 1 & -6 & \underline{2} \\
 & 2 & 2 & 6 & \\ \hline
1 & 1 & 3 & 0 &
\end{array}$$

したがって　　　　$x=^{ア}2$, $\dfrac{^{イウ}-1\pm\sqrt{^{エオ}11}\,i}{^{カ}2}$

> **N**OTE　$f(\alpha)=0$ となる α を見つけるときは，次のような数が候補となる。
> 　　① $\pm[f(x)$ の定数項の約数$]$　　② $\pm\dfrac{f(x)\text{ の定数項の約数}}{f(x)\text{ の最高次の項の係数の約数}}$
> 例えば，$f(x)=3x^3+x^2-8x+4$ の場合
> 　　① ±1, ±2, ±4　　　② $\pm\dfrac{1}{3}$, $\pm\dfrac{2}{3}$, $\pm\dfrac{4}{3}$　が候補となる。

(2)　$x=1+2i$ が解であるから，$x=1-2i$ も解である。

これらの和は　　$(1+2i)+(1-2i)=2$,

　　　　積は　　$(1+2i)(1-2i)=1^2-(2i)^2=5$

ゆえに，$1\pm2i$ を解にもつ2次方程式の1つは
　　　　　　$x^2-2x+5=0$

よって，4次方程式の左辺は x^2-2x+5 で割り切れる。

実際に割ると，次のようになる。

← $p+qi$ が解
$\longrightarrow p-qi$ も解。

← α, β を解にもつ2次方程式の1つは
$x^2-(\alpha+\beta)x+\alpha\beta=0$

第1章　式と証明，複素数と方程式　　**5**

$$\begin{array}{r}
x^2-x-5 \\
x^2-2x+5\ {\overline{\smash{\big)}\,x^4-3x^3+2x^2+ax+b}} \\
\underline{x^4-2x^3+5x^2} \\
-\ x^3-3x^2+ax \\
\underline{-\ x^3+2x^2-5x} \\
-5x^2+(a+5)x+b \\
\underline{-5x^2+10x-25} \\
(a-5)x+b+25
\end{array}$$

← 係数だけ取り出して書いてもよい。

ゆえに，余りは $(a-5)x+b+25$

割り切れるから $a-5=0,\ b+25=0$

したがって $a={}^{\text{キ}}\mathbf{5},\ b={}^{\text{クケコ}}\mathbf{-25}$

← 割り切れる
$\Longleftrightarrow$ （余り）$=0$

このとき，方程式は $(x^2-2x+5)(x^2-x-5)=0$

← 割り算の商を利用。

ゆえに，残りの解は $x={}^{\text{サ}}\mathbf{1}-{}^{\text{シ}}\mathbf{2}i$,

$x=\dfrac{1\pm\sqrt{1-4\cdot1\cdot(-5)}}{2}=\dfrac{{}^{\text{ス}}\mathbf{1}\pm\sqrt{{}^{\text{セソ}}\mathbf{21}}}{{}^{\text{タ}}\mathbf{2}}$

← $x^2-x-5=0$ の解。

> ## **N**OTE
> $1+2i$ が解であるから，$x=1+2i$ を方程式に代入して，$a,\ b$ の値を求めてもよいが，$(1+2i)^4$ が出てくるなど，計算が面倒。$1-2i$ も解であることを利用した上のような解法が早い。

④ 日目 円 と 直 線 (1)

7 求める円の方程式を $x^2+y^2+lx+my+n=0$ とおくと，

← 一般形 が有効。

A，B，C を通ることから

← 3 点を通る。
⟶ 方程式に x 座標，y 座標を代入すれば成り立つ。

$$17+4l-m+n=0 \quad \cdots\cdots\ ①,$$
$$45+6l+3m+n=0 \quad \cdots\cdots\ ②,$$
$$9-3l+n=0 \quad \cdots\cdots\ ③$$

②－① から $28+2l+4m=0$

← 1 つの文字 n を消去して解く。

すなわち $14+l+2m=0\ \cdots\cdots\ ④$

①－③ から $8+7l-m=0\ \cdots\cdots\ ⑤$

④，⑤ を解いて $l=-2,\ m=-6$

③ から $n=-15$

よって $x^2+y^2-{}^{\text{ア}}\mathbf{2}x-{}^{\text{イ}}\mathbf{6}y-{}^{\text{ウエ}}\mathbf{15}=0$

これより $(x^2-2x+1)+(y^2-6y+9)-1-9-15=0$

すなわち $(x-1)^2+(y-3)^2=25$

← $x,\ y$ について，それぞれ 平方完成 する。

6 第 2 章 図形と方程式

ゆえに，中心の座標は　(^{オ}**1**，^{カ}**3**)，
　　　　半径は　　　　　^{キ}**5**
また，A，C を直径の両端とする円について，中心は線分 AC の中点で，その座標は

$$\left(\frac{4-3}{2}, \frac{-1+0}{2}\right) \quad \text{すなわち} \quad \left(\frac{1}{2}, -\frac{1}{2}\right)$$

← 中点 $\left(\frac{x_1+x_2}{2}, \frac{y_1+y_2}{2}\right)$

半径 r は中心 $\left(\frac{1}{2}, -\frac{1}{2}\right)$ と円上の点 $C(-3, 0)$ の距離であるから

← 半径は中心と端点の距離。

$$r^2 = \left(-3-\frac{1}{2}\right)^2 + \left\{0-\left(-\frac{1}{2}\right)\right\}^2$$
$$= \left(-\frac{7}{2}\right)^2 + \left(\frac{1}{2}\right)^2 = \frac{25}{2}$$

したがって，円の方程式は

$$\left(x-\frac{1}{2}\right)^2 + \left\{y-\left(-\frac{1}{2}\right)\right\}^2 = \frac{25}{2}$$

すなわち　　$\left(x-\dfrac{^{ク}\mathbf{1}}{^{ケ}\mathbf{2}}\right)^2 + \left(y+\dfrac{^{コ}\mathbf{1}}{^{サ}\mathbf{2}}\right)^2 = \dfrac{^{シス}\mathbf{25}}{^{セ}\mathbf{2}}$

← 中心 (a, b)，半径 r の円の方程式
$(x-a)^2 + (y-b)^2 = r^2$

8　(1) 接点の座標を (α, β) とおくと，接線の方程式は
　　　$\alpha x + \beta y = 2$ ……①

← 接点の座標を (α, β) とおくと　$\alpha x + \beta y = r^2$

①が点 A(3, 1) を通るから　　$3\alpha + \beta = 2$ ……②
また，点 (α, β) は円上にあるから
　　　$\alpha^2 + \beta^2 = 2$ ……③
②から　　$\beta = 2 - 3\alpha$
これを③に代入して　　$\alpha^2 + (2-3\alpha)^2 = 2$
すなわち　　$5\alpha^2 - 6\alpha + 1 = 0$
よって　　$(\alpha-1)(5\alpha-1) = 0$
ゆえに　　$\alpha = 1, \dfrac{1}{5}$

← A は接線上の点，点 (α, β) は円上の点。
⟶ x 座標，y 座標を代入すれば成り立つ。
← β を消去して解く。

②から，$\alpha = 1$ のとき　$\beta = -1$，
　　　$\alpha = \dfrac{1}{5}$ のとき　$\beta = \dfrac{7}{5}$

よって，①から
　接点の座標が $(^{ア}\mathbf{1}, {}^{イウ}\mathbf{-1})$ のものが
　　　$x - y = ^{エ}\mathbf{2}$,
　接点の座標が $\left(\dfrac{^{オ}\mathbf{1}}{^{カ}\mathbf{5}}, \dfrac{^{キ}\mathbf{7}}{^{ク}\mathbf{5}}\right)$ のものが
　　　$\dfrac{1}{5}x + \dfrac{7}{5}y = 2$　すなわち　$x + ^{ケ}\mathbf{7}y = ^{コサ}\mathbf{10}$

← NOTE 参照。

第 2 章　図形と方程式　　7

> **NOTE** 接線の方程式が $x-y=\boxed{エ}$ の形まで与えられているから,接線が点 A(3, 1) を通ることにより $3-1=2$
> ゆえに $x-y={}^{エ}2$
> このように一瞬で求めることもできる(接点の座標は別に求める必要がある)。

(2) C と $\ell: ax-y-2a=0$ が異なる2点で交わるとき

$$\frac{|-2a|}{\sqrt{a^2+(-1)^2}} < \sqrt{3}$$

よって $2|a| < \sqrt{3}\sqrt{a^2+1}$

両辺は正であるから2乗して $4a^2 < 3(a^2+1)$

ゆえに $a^2-3<0$ よって $-\sqrt{{}^{シ}3} < a < \sqrt{3}$

$a=\sqrt{3}$ のとき,円 C の中心と ℓ の距離が半径に等しくなるから,ℓ と C は接する。

接点は,接線 $\ell: y=\sqrt{3}(x-2)$ と,接線に垂直で円の中心 (0, 0) を通る直線 n との交点である。

n の傾きは $-\dfrac{1}{\sqrt{3}}$ であるから,

n の方程式は $y=-\dfrac{1}{\sqrt{3}}x$

$y=\sqrt{3}(x-2)$ に代入して $-\dfrac{1}{\sqrt{3}}x = \sqrt{3}(x-2)$

したがって $x=\dfrac{{}^{ス}3}{{}_{セ}2}$ これが接点の x 座標である。

⇐ (中心と接線の距離)<r
中心 (0, 0),半径 $\sqrt{3}$

⇐ $a^2-3<0$ から $(a+\sqrt{3})(a-\sqrt{3})<0$

⇐ 接線は,中心と接点を通る直線 n に垂直。

⇐ ℓ の傾きは $\sqrt{3}$
$\sqrt{3}\cdot m=-1$ から
$m=-\dfrac{1}{\sqrt{3}}$
傾き $-\dfrac{1}{\sqrt{3}}$ で点 (0, 0) を通る直線の方程式は
$y=-\dfrac{1}{\sqrt{3}}x$

[別解] $y=a(x-2)$ を $x^2+y^2=3$ に代入して
$x^2+a^2(x-2)^2=3$
すなわち $(a^2+1)x^2-4a^2x+4a^2-3=0$ ……①
よって,$a^2+1≠0$ より,①の判別式を D とすると
$$\dfrac{D}{4}=(-2a^2)^2-(a^2+1)(4a^2-3)=-a^2+3$$
直線 ℓ と円 C が異なる2点で交わるための条件は $D>0$
ゆえに $a^2-3<0$ よって $-\sqrt{{}^{シ}3}<a<\sqrt{3}$
$a=\sqrt{3}$ のとき,$D=0$ となるから,ℓ と C は接する。
このとき,①は
$4x^2-12x+9=0$ すなわち $(2x-3)^2=0$
したがって $x=\dfrac{{}^{ス}3}{{}_{セ}2}$ これが接点の x 座標である。

⇐ $b=2b'$ のとき
$\dfrac{D}{4}=b'^2-ac$

⇐ 異なる2点で交わる
$\iff D>0$

⇐ 接する $\iff D=0$

> **NOTE** 円の接線の方程式を求めるにはいろいろな方法があるが，次の点に注意して使い分けるとよいだろう。
> ① $x_1x+y_1y=r^2$：円の中心が原点のときしか使えない。
>   接点の座標がわかっているときは，一番早い。
> ② **(中心と接線の距離)＝r**，　③ $D=0$：
>   円の中心が原点以外のときも使える。また，接線の方程式が具体的な形 ($kx+y=3\sqrt{2}$ など) で与えられているとき使いやすい。更に「異なる2点で交わる」，「共有点がない」ときにも使える。（➡演習問題8）
> ④ **中心と接点を通る直線に垂直**：
>   円の中心が原点以外のときも使える。

5日目 円と直線(2)

9 (1) $y=m|x-1|-2$ から
$x \geqq 1$ のとき
$\qquad y=m(x-1)-2$
$x<1$ のとき
$\qquad y=-m(x-1)-2$
よって，G は右の図のようになり，
m の値にかかわらず
点 $A({}^{ア}\mathbf{1}, {}^{イウ}\mathbf{-2})$ を通る。
また，G が点 $(4, 0)$ を通るとき，
右の図のようになる。
よって，$y=m(x-1)-2$ が
点 $(4, 0)$ を通るから
$\qquad 0=3m-2$
ゆえに　$m=\dfrac{{}^{エ}\mathbf{2}}{{}^{オ}\mathbf{3}}$

また，G が円 C と接するのは，右の図のような場合である。
[1] G が x 軸と平行な直線であるとき　$m=0$
[2] G が x 軸と平行な直線でないとき
$y=-m(x-1)-2$ が $x<1$ の部分で円 C と接する。

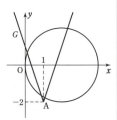

← **CHART**
　絶対値　場合に分ける

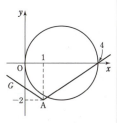

← $x \geqq 1$ のとき
　$y=m(x-1)-2$

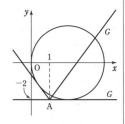

← 円の半径は2であるから，点 A を通り x 軸に平行な円の接線が引ける。

← $x<1$ のとき
　$y=-m(x-1)-2$

第2章　図形と方程式

よって，直線 $mx+y-m+2=0$ と円 C の中心 $(2, 0)$ の距離が 2 であるから

$$\frac{|2m-m+2|}{\sqrt{m^2+1}}=2$$

ゆえに　$|m+2|=2\sqrt{m^2+1}$

両辺を 2 乗すると　　　　$m^2+4m+4=4m^2+4$

整理して因数分解すると　$m(3m-4)=0$

$m\neq0$ であるから　　　$m=\dfrac{4}{3}$

以上から，G が円 C と接するとき　　$m={}^{カ}0,\ {}^{キ}\dfrac{4}{3}{}_{ク}$

← CHART
② 中心と直線の距離

(2) G と円 C の $y<0$ の部分での共有
点の個数は，(1) から

$m=0$　　　　のとき　1 個

$0<m<\dfrac{2}{3}$　のとき　2 個

$\dfrac{2}{3}\leqq m<\dfrac{4}{3}$　のとき　1 個

$\dfrac{4}{3}\leqq m$　　　のとき　2 個または 3 個

よって，求める m の値の範囲は　　$m={}^{ケ}0,\ {}^{コ}\dfrac{2}{{}_{サ}3}\leqq m<{}^{シ}\dfrac{4}{{}_{ス}3}$

---

10 (1) a について整理すると

$$(x-2y-1)a+3x+2=0$$

この等式が**どのような a に対しても成り立つ**とき

$$x-2y-1=0,\ 3x+2=0$$

これを解いて　$x=-\dfrac{2}{3},\ y=-\dfrac{5}{6}$

よって，この直線は定点 $\left(\dfrac{{}^{アイ}-2}{{}_{ウ}3},\ \dfrac{{}^{エオ}-5}{{}_{カ}6}\right)$ を通る。

← a についての恒等式。

(2) k を定数とすると，$x^2+y^2-6+k(2x-y-1)=0$ は円
$x^2+y^2=6$ と直線 $y=2x-1$ の交点を通る図形を表す。

これが原点 $\mathrm{O}(0, 0)$ を通るから　　$-6-k=0$

よって　　$k=-6$

ゆえに，円の方程式は　　$x^2+y^2-6-6(2x-y-1)=0$

すなわち　　$x^2+y^2-12x+6y=0$

よって　　$(x^2-12x+36)+(y^2+6y+9)-36-9=0$

ゆえに　　$(x-6)^2+(y+3)^2=45$

したがって，中心 $({}^{キ}6,\ {}^{クケ}-3)$，　半径 $\sqrt{45}={}^{コ}3\sqrt{{}^{サ}5}$

← $f(x, y)+kg(x, y)=0$

← 点を通る。
—→ x 座標，y 座標を代入すれば成り立つ。

← $(x-a)^2+(y-b)^2=r^2$ の形に変形。中心は (a, b)，半径は r

10　第 2 章　図形と方程式

6日目 軌跡と領域

11 $y=-x^2-5k^2$, $y=4kx+2k$ から y を消去して
$$-x^2-5k^2=4kx+2k$$
すなわち $x^2+4kx+5k^2+2k=0$ …… ①
x についての 2 次方程式 ① の判別式を D とすると
$$\frac{D}{4}=(2k)^2-1\cdot(5k^2+2k)=k^2+2k$$
$$=k(k+2)$$
放物線と直線が異なる 2 点で交わるための条件は $D>0$
よって $^{アイ}-2<k<{}^{ウ}0$

このとき，① の解を $x=\alpha,\ \beta$ とすると，解と係数の関係により
$$\alpha+\beta=-4k$$
$\alpha,\ \beta$ はそれぞれ A, B の x 座標であるから，M$(x,\ y)$ とすると
$$x=\frac{\alpha+\beta}{2}=\frac{-4k}{2}$$
$$=-2k\ \cdots\cdots ②$$
また，M は直線 $y=4kx+2k$ 上の点であるから
$$y=4k\cdot(-2k)+2k=-8k^2+2k\ \cdots\cdots ③$$
ゆえに M$({}^{エオ}-2k,\ {}^{カキ}-8k^2+{}^{ク}2k)$

② から $k=-\dfrac{x}{2}$

これを ③ に代入して $y=-8\left(-\dfrac{x}{2}\right)^2+2\left(-\dfrac{x}{2}\right)$

整理すると $y=-2x^2-x$

また，$-2<k<0$ であるから $-2<-\dfrac{x}{2}<0$
各辺に 2 を掛けて $-4<-x<0$
よって $0<x<4$
したがって，求める軌跡の方程式は
$$y={}^{ケコ}-2x^2-x\quad (\text{ただし，}{}^{サ}0<x<{}^{シ}4)$$

← $b=2b'$ のとき
$\dfrac{D}{4}=b'^2-ac$

← $\alpha+\beta=-\dfrac{b}{a}$, $\alpha\beta=\dfrac{c}{a}$

← 中点 $\left(\dfrac{x_1+x_2}{2},\ \dfrac{y_1+y_2}{2}\right)$

■CHART
つなぎの文字 k を消去

← $k=-\dfrac{x}{2}$ を代入。

12 連立不等式

$(x-3)^2+(y-3)^2 \leqq 9$, $y \geqq -2x+9$
で表される領域 D は図の斜線部分で，境界線を含む。

$(x-2)^2+(y-2)^2=k$ とおくと，これは点 $(2, 2)$ を中心とする半径 $\sqrt{k}$ の円を表す。

よって，半径が最大（最小）のとき，k も最大（最小）となる。半径が最大となるのは，円 $(x-3)^2+(y-3)^2=9$ と右の図のように接するときである。

このとき，接点は 2 つの円の中心 $(2, 2)$，$(3, 3)$ を通る直線
$y=x$ …… ① と円
$(x-3)^2+(y-3)^2=9$ …… ② との交点である。

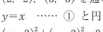

よって，①，② から $(x-3)^2 = \dfrac{9}{2}$

図より，$x-3>0$ であるから $x-3 = \sqrt{\dfrac{9}{2}} = \dfrac{3\sqrt{2}}{2}$

ゆえに $x = \dfrac{{}^{ア}6 + {}^{イ}3\sqrt{{}^{ウ}2}}{{}^{エ}2}$

① から $y = \dfrac{{}^{オ}6 + {}^{カ}3\sqrt{{}^{キ}2}}{{}^{ク}2}$

このとき，$(x-2)^2+(y-2)^2$ は最大値をとる。
また，半径が最小となるのは，直線 $y=-2x+9$ と右の図のように接するときである。
このとき，接点は中心 $(2, 2)$ を通り，直線 $y=-2x+9$ に垂直な直線と直線 $y=-2x+9$ の交点である。
その直線の傾きを m とすると $-2m=-1$

よって $m=\dfrac{1}{2}$ ゆえに，方程式は

$y-2 = \dfrac{1}{2}(x-2)$ すなわち $y = \dfrac{1}{2}x+1$

$y=\dfrac{1}{2}x+1$ と $y=-2x+9$ を連立して解くと

$x=\dfrac{{}^{ケコ}16}{{}^{サ}5}$, $y=\dfrac{{}^{シス}13}{{}^{セ}5}$

このとき，$(x-2)^2+(y-2)^2$ は最小値をとる。

⬅ 円 $(x-3)^2+(y-3)^2=9$ の内部かつ直線 $y=-2x+9$ の上側。ただし，境界線を含む。

⬅ 円が領域と共有点をもつように半径を動かして考える。

⬅ 2 円が接するとき，2 つの中心と接点は一直線上にある。

⬅ 接点の x 座標は 3 より大きい。

⬅ 接線⊥半径

⬅ 垂直 ⟺ 傾きの積が -1

⬅ $y-y_1 = m(x-x_1)$

7日目 三角関数 (1)

13 周期が $\dfrac{2\pi}{3}$ であるから $\dfrac{2\pi}{b} = \dfrac{2\pi}{3}$

よって $b = {}^{\text{ア}}3$

このとき，関数 $y = a\sin bx$ …… ② は
$$y = a\sin 3x \quad \text{……②}'$$

②' のグラフを x 軸方向に $\dfrac{\pi}{6}$，y 軸方向に -1 だけ平行移動すると

$$y - (-1) = a\sin 3\left(x - \dfrac{\pi}{6}\right)$$

すなわち $y = a\sin\left(3x - \dfrac{\pi}{2}\right) - 1$

これが ① と一致するから $c = \dfrac{\pi}{{}^{\text{イ}}2}$，$d = {}^{\text{ウエ}}-1$

関数 ① のグラフが点 $\left(\dfrac{\pi}{3},\ 1\right)$ を通るとき

$$1 = a\sin\left(3\cdot\dfrac{\pi}{3} - \dfrac{\pi}{2}\right) - 1$$

よって $a = {}^{\text{オ}}2$

このとき，$y = 2\sin\left(3x - \dfrac{\pi}{2}\right) - 1$ と $y = 2\sin 3x$ のグラフは図のようになる。

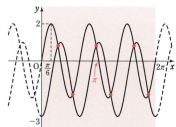

$0 \leqq x \leqq 2\pi$ のとき，$y = 2\sin\left(3x - \dfrac{\pi}{2}\right) - 1$ と $y = 2\sin 3x$ のグラフは **6個の共有点**をもつ。

したがって，$0 \leqq x \leqq 2\pi$ のとき，方程式
$2\sin 3x = 2\sin\left(3x - \dfrac{\pi}{2}\right) - 1$ は ${}^{\text{カ}}6$ 個の解をもつ。

← $y = a\sin bx$ $(a>0,\ b>0)$ の周期は $\dfrac{2\pi}{b}$

← $y = f(x)$ のグラフを x 軸方向に p，y 軸方向に q だけ平行移動すると
$y - q = f(x - p)$

← 方程式 $2\sin 3x = 2\sin\left(3x - \dfrac{\pi}{2}\right) - 1$ の解の個数は，$y = 2\sin 3x$ と $y = 2\sin\left(3x - \dfrac{\pi}{2}\right) - 1$ のグラフの共有点の個数と一致する。

14 △OAB は図のようになるから

$$\cos\alpha = \frac{^{\mathcal{P}}2}{\sqrt{^{\mathcal{1}}5}}$$

$0 < a < b$ であるから，Q は第 1 象限
かつ直線 $y = x$ の上側にある。

△OAB∽△PQO のとき

$$\angle QOP = \angle ABO = \alpha$$

線分 OQ と x 軸の正の向きとのなす

角は $\dfrac{\pi}{^{\mathcal{P}}4} + \alpha$

$\cos\alpha = \dfrac{OQ}{OP}$ であるから

$$OQ = OP\cos\alpha$$

$$= \sqrt{2}\cdot\frac{2}{\sqrt{5}} = \frac{^{\mathcal{I}}2}{^{\mathcal{J}}5}\sqrt{^{\mathcal{D}\mathcal{+}}10}$$

点 Q の座標は

$$\left(\frac{2}{5}\sqrt{10}\cos\left(\frac{\pi}{4}+\alpha\right),\ \frac{2}{5}\sqrt{10}\sin\left(\frac{\pi}{4}+\alpha\right)\right)$$

$\sin\alpha = \dfrac{1}{\sqrt{5}}$ であるから

$$\cos\left(\frac{\pi}{4}+\alpha\right) = \cos\frac{\pi}{4}\cos\alpha - \sin\frac{\pi}{4}\sin\alpha$$

$$= \frac{1}{\sqrt{2}}\cdot\frac{2}{\sqrt{5}} - \frac{1}{\sqrt{2}}\cdot\frac{1}{\sqrt{5}}$$

$$= \frac{^{\mathcal{D}}1}{\sqrt{^{\mathcal{f}\mathcal{J}}10}}$$

$$\sin\left(\frac{\pi}{4}+\alpha\right) = \sin\frac{\pi}{4}\cos\alpha + \cos\frac{\pi}{4}\sin\alpha$$

$$= \frac{1}{\sqrt{2}}\cdot\frac{2}{\sqrt{5}} + \frac{1}{\sqrt{2}}\cdot\frac{1}{\sqrt{5}}$$

$$= \frac{^{\mathcal{+}}3}{\sqrt{^{\mathcal{\dot{y}\mathcal{\lambda}}}10}}$$

よって $\dfrac{2}{5}\sqrt{10}\cos\left(\dfrac{\pi}{4}+\alpha\right) = \dfrac{2}{5}\sqrt{10}\cdot\dfrac{1}{\sqrt{10}} = \dfrac{2}{5}$

$$\frac{2}{5}\sqrt{10}\sin\left(\frac{\pi}{4}+\alpha\right) = \frac{2}{5}\sqrt{10}\cdot\frac{3}{\sqrt{10}} = \frac{6}{5}$$

したがって，点 Q の座標は $\left(\dfrac{^{\mathcal{t}}2}{^{\mathcal{y}}5},\ \dfrac{^{\mathcal{y}}6}{^{\mathcal{f}}5}\right)$

◆ $OB = \sqrt{OA^2 + AB^2}$,
$\cos\alpha = \dfrac{AB}{OB}$

◆ $OP = \sqrt{1^2 + 1^2} = \sqrt{2}$

◆ $a = OQ\cos\left(\dfrac{\pi}{4}+\alpha\right)$,
$b = OQ\sin\left(\dfrac{\pi}{4}+\alpha\right)$

14 第 3 章 三角関数

8日目 三角関数(2)

15 $0 \leq \theta < 2\pi$ において，

$\cos\theta = -\dfrac{\sqrt{3}}{2}$ を満たす θ の値は

$\theta = \dfrac{5}{6}\pi, \dfrac{7}{6}\pi$

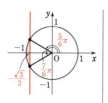

右の図から，不等式を満たす θ の値の

範囲は $\dfrac{{}^{\text{ア}}5}{{}_{\text{イ}}6}\pi \leq \theta \leq \dfrac{{}^{\text{ウ}}7}{{}_{\text{エ}}6}\pi$

$2\cos^2\theta + \sqrt{3}\sin\theta + 1 > 0$ から

$2(1-\sin^2\theta) + \sqrt{3}\sin\theta + 1 > 0$

整理すると $2\sin^2\theta - \sqrt{3}\sin\theta - 3 < 0$

よって $(\sin\theta - \sqrt{3})(2\sin\theta + \sqrt{3}) < 0$ ……①

ここで，$-1 \leq \sin\theta \leq 1$ であるから $\sin\theta - \sqrt{3} < 0$

ゆえに，①から $2\sin\theta + \sqrt{3} > 0$

すなわち $\sin\theta > -\dfrac{\sqrt{3}}{2}$

$0 \leq \theta < 2\pi$ であるから，

${}^{\text{オ}}0 \leq \theta < \dfrac{{}^{\text{カ}}4}{{}_{\text{キ}}3}\pi, \dfrac{{}^{\text{ク}}5}{{}_{\text{ケ}}3}\pi < \theta < {}^{\text{コ}}2\pi$

$\sin 2\theta = \sqrt{2}\cos\theta$ から $2\sin\theta\cos\theta = \sqrt{2}\cos\theta$

よって $\cos\theta(2\sin\theta - \sqrt{2}) = 0$

ゆえに $\cos\theta = 0, \sin\theta = \dfrac{\sqrt{2}}{2}$

$0 \leq \theta < 2\pi$ であるから，

$\cos\theta = 0$ より $\theta = \dfrac{\pi}{2}, \dfrac{3}{2}\pi$

$\sin\theta = \dfrac{\sqrt{2}}{2}$ より $\theta = \dfrac{\pi}{4}, \dfrac{3}{4}\pi$

したがって，解は小さい順に

$\theta = \dfrac{\pi}{{}_{\text{サ}}4}, \dfrac{\pi}{{}_{\text{シ}}2}, \dfrac{{}^{\text{ス}}3}{{}_{\text{セ}}4}\pi, \dfrac{{}^{\text{ソ}}3}{{}_{\text{タ}}2}\pi$

16 $\alpha = \dfrac{\pi}{6}$ のとき

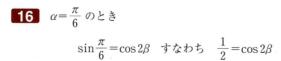

$\sin\dfrac{\pi}{6} = \cos 2\beta$ すなわち $\dfrac{1}{2} = \cos 2\beta$

◀ CHART
まず方程式を解く
単位円を利用
x 座標が $\cos$

◀ $\sin^2\theta + \cos^2\theta = 1$
$\sin\theta$ だけで表す。

◀
$\begin{array}{ccc} 1 & \diagdown & -\sqrt{3} \to -2\sqrt{3} \\ 2 & \diagup & \sqrt{3} \to \sqrt{3} \\ \hline 2 & & -3 \to -\sqrt{3} \end{array}$
解の公式を用いてもよい。

◀ CHART　単位円を利用
y 座標が $\sin$

y 座標が $-\dfrac{\sqrt{3}}{2}$ より大きくなる θ の範囲。

◀ $\sin 2\theta = 2\sin\theta\cos\theta$
角を θ にそろえ，因数分解して解く。

◀ CHART　単位円を利用
x 座標が $\cos$，
y 座標が $\sin$

$0 \leqq 2\beta \leqq 2\pi$ であるから $2\beta = \dfrac{\pi}{3},\ \dfrac{5}{3}\pi$

よって $\beta = \dfrac{\pi}{^{\mathcal{P}}6},\ \dfrac{^{\mathcal{I}}5}{6}\pi$

$\sin\alpha = \cos\left(\dfrac{\pi}{2} - \alpha\right)$ であるから，$\sin\alpha = \cos 2\beta$ より

$$\cos 2\beta = \cos\left(\dfrac{\pi}{2} - \alpha\right)$$

← $\cos$ だけで表す。

$0 \leqq \alpha \leqq \dfrac{\pi}{2}$ のとき

$\qquad 0 \leqq \dfrac{\pi}{2} - \alpha \leqq \dfrac{\pi}{2}$

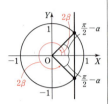

$0 \leqq 2\beta \leqq 2\pi$ であるから，右の図より

$\qquad 2\beta = \dfrac{\pi}{2} - \alpha$

または $2\beta = 2\pi - \left(\dfrac{\pi}{2} - \alpha\right)$

$\beta_1 < \beta_2$ から $\beta_1 = \dfrac{\pi}{^{\mathcal{D}}4} - \dfrac{\alpha}{^{\mathcal{I}}2},\ \beta_2 = \dfrac{^{\mathcal{I}}3}{4}\pi + \dfrac{\alpha}{2}$

このとき

$\alpha + \dfrac{\beta_1}{2} + \dfrac{\beta_2}{3} = \alpha + \dfrac{1}{2}\left(\dfrac{\pi}{4} - \dfrac{\alpha}{2}\right) + \dfrac{1}{3}\left(\dfrac{3}{4}\pi + \dfrac{\alpha}{2}\right)$

$\qquad = \dfrac{11}{12}\alpha + \dfrac{3}{8}\pi$

$0 \leqq \alpha \leqq \dfrac{\pi}{2}$ であるから

$\qquad \dfrac{3}{8}\pi \leqq \dfrac{11}{12}\alpha + \dfrac{3}{8}\pi \leqq \dfrac{11}{12} \times \dfrac{\pi}{2} + \dfrac{3}{8}\pi$

← $0 \leqq \alpha \leqq \dfrac{\pi}{2}$ の各辺に $\dfrac{11}{12}$ を掛けて $\dfrac{3}{8}\pi$ を加える。

よって $\dfrac{3}{8}\pi \leqq \dfrac{11}{12}\alpha + \dfrac{3}{8}\pi \leqq \dfrac{5}{6}\pi$

ゆえに $\dfrac{^{\mathcal{D}}3}{^{\ddagger}8}\pi \leqq \alpha + \dfrac{\beta_1}{2} + \dfrac{\beta_2}{3} \leqq \dfrac{^{\mathcal{P}}5}{^{\mathcal{P}}6}\pi$

これより，$y = \sin\left(\alpha + \dfrac{\beta_1}{2} + \dfrac{\beta_2}{3}\right)$ が最大となるとき

← **CHART** 単位円を利用
y 座標が $\sin$
$\dfrac{\pi}{2}$ のとき最大となる。

$\qquad \alpha + \dfrac{\beta_1}{2} + \dfrac{\beta_2}{3} = \dfrac{\pi}{2}$

すなわち $\dfrac{11}{12}\alpha + \dfrac{3}{8}\pi = \dfrac{\pi}{2}$

したがって $\alpha = \dfrac{^{\mathcal{P}}3}{^{\mathcal{T}\mathcal{V}}22}\pi$

NOTE

$\sin\alpha = \cos 2\beta$ を $\sin$ だけで表すと，次のようになる。

$\cos x = \sin\left(\dfrac{\pi}{2} - x\right)$ であるから　　$\sin\alpha = \sin\left(\dfrac{\pi}{2} - 2\beta\right)$

$-\dfrac{3}{2}\pi \leqq \dfrac{\pi}{2} - 2\beta \leqq \dfrac{\pi}{2}$ であるから

$\dfrac{\pi}{2} - 2\beta = \alpha$　または　$\dfrac{\pi}{2} - 2\beta = -\pi - \alpha$

よって　　$\beta_1 = \dfrac{\pi}{{}^{\text{ウ}}4} - \dfrac{\alpha}{{}^{\text{エ}}2}$, $\beta_2 = \dfrac{{}^{\text{オ}}3}{4}\pi + \dfrac{\alpha}{2}$

9日目　三角関数 (3)

17　$\sin 4x = 2\sin 2x \cos 2x$

$\sin\left(2x - \dfrac{\pi}{4}\right) = \sin 2x \cos\dfrac{\pi}{4} - \cos 2x \sin\dfrac{\pi}{4}$

$= \dfrac{\sqrt{2}}{2}\sin 2x - \dfrac{\sqrt{2}}{2}\cos 2x$

よって，与えられた不等式は

$2\sin 2x \cos 2x + 2\left(\dfrac{\sqrt{2}}{2}\sin 2x - \dfrac{\sqrt{2}}{2}\cos 2x\right)$

$- (\sqrt{2} + \sqrt{3})\sin 2x + \dfrac{\sqrt{6}}{2} \geqq 0$

$a = \sin 2x$, $b = \cos 2x$ を代入すると

$2ab + 2\left(\dfrac{\sqrt{2}}{2}a - \dfrac{\sqrt{2}}{2}b\right) - (\sqrt{2} + \sqrt{3})a + \dfrac{\sqrt{6}}{2} \geqq 0$

すなわち　${}^{\text{ア}}4ab - {}^{\text{イ}}2\sqrt{{}^{\text{ウ}}3}\,a - {}^{\text{エ}}2\sqrt{{}^{\text{オ}}2}\,b + \sqrt{6} \geqq 0$

左辺を因数分解して

$(2a - \sqrt{2})(2b - \sqrt{3}) \geqq 0$

よって　$\left(a \geqq \dfrac{\sqrt{2}}{2}\ \text{かつ}\ b \geqq \dfrac{\sqrt{3}}{2}\right)$

または　$\left(a \leqq \dfrac{\sqrt{2}}{2}\ \text{かつ}\ b \leqq \dfrac{\sqrt{3}}{2}\right)$

すなわち　$\left(\sin 2x \geqq \dfrac{\sqrt{2}}{2}\ \text{かつ}\ \cos 2x \geqq \dfrac{\sqrt{3}}{2}\right)$

または　$\left(\sin 2x \leqq \dfrac{\sqrt{2}}{2}\ \text{かつ}\ \cos 2x \leqq \dfrac{\sqrt{3}}{2}\right)$

ここで，$0 \leqq x < \pi$ から　　$0 \leqq 2x < 2\pi$

← $\sin 2\alpha = 2\sin\alpha\cos\alpha$

← $\sin(\alpha - \beta)$
$= \sin\alpha\cos\beta - \cos\alpha\sin\beta$

← **CHART**　角を統一する

← $AB \geqq 0 \iff$
$(A \geqq 0\ \text{かつ}\ B \geqq 0)$
または
$(A \leqq 0\ \text{かつ}\ B \leqq 0)$

ゆえに　　$\dfrac{\pi}{6} \leqq 2x \leqq \dfrac{\pi}{4}$,

$\dfrac{3}{4}\pi \leqq 2x \leqq \dfrac{11}{6}\pi$

したがって，求める x の範囲は

$\dfrac{\pi}{^{カキ}12} \leqq x \leqq \dfrac{\pi}{^{ク}8}$,

$\dfrac{^{ケ}3}{^{コ}8}\pi \leqq x \leqq \dfrac{^{サシ}11}{^{スセ}12}\pi$

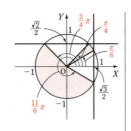

18 $f(\theta) = -\sqrt{3}\sin\dfrac{\theta}{2} + \cos\dfrac{\theta}{2}$

$= \sqrt{(-\sqrt{3})^2 + 1^2}\sin\left(\dfrac{\theta}{2} + \dfrac{5}{6}\pi\right)$

$= 2\sin\left(\dfrac{\theta}{2} + \dfrac{5}{6}\pi\right)$

ここで，$0 \leqq \theta < 2\pi$ の各辺を 2 で割って　　$0 \leqq \dfrac{\theta}{2} < \pi$

各辺に $\dfrac{5}{6}\pi$ を加えて

$\dfrac{5}{6}\pi \leqq \dfrac{\theta}{2} + \dfrac{5}{6}\pi < \dfrac{11}{6}\pi$ ……①

$f(\theta) = 0$ から　　$\sin\left(\dfrac{\theta}{2} + \dfrac{5}{6}\pi\right) = 0$

① の範囲でこれを解くと，右の図から

$\dfrac{\theta}{2} + \dfrac{5}{6}\pi = \pi$

よって　　$\theta = \dfrac{\pi}{^{ア}3}$

また，$f(\theta) \geqq -\sqrt{2}$ から　　$2\sin\left(\dfrac{\theta}{2} + \dfrac{5}{6}\pi\right) \geqq -\sqrt{2}$

すなわち　　$\sin\left(\dfrac{\theta}{2} + \dfrac{5}{6}\pi\right) \geqq -\dfrac{\sqrt{2}}{2}$

① の範囲でこれを解くと，右の図から

$\dfrac{5}{6}\pi \leqq \dfrac{\theta}{2} + \dfrac{5}{6}\pi \leqq \dfrac{5}{4}\pi$,

$\dfrac{7}{4}\pi \leqq \dfrac{\theta}{2} + \dfrac{5}{6}\pi < \dfrac{11}{6}\pi$

各辺から $\dfrac{5}{6}\pi$ を引いて，

各辺に 2 を掛けると

$^{イ}0 \leqq \theta \leqq \dfrac{^{ウ}5}{^{エ}6}\pi$,　$\dfrac{^{オカ}11}{^{キ}6}\pi \leqq \theta < {^{ク}2}\pi$

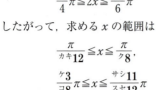

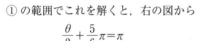

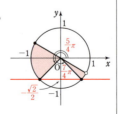

← 合成で sin に統一。

← **CHART**　おき換え 範囲に注意
$\dfrac{\theta}{2} + \dfrac{5}{6}\pi$ の範囲は右の図。

← **CHART**　単位円を利用
y 座標が sin
y 座標が 0 になる $\dfrac{\theta}{2} + \dfrac{5}{6}\pi$ の値。$0, 2\pi$ は先に求めた $\dfrac{\theta}{2} + \dfrac{5}{6}\pi$ の範囲に含まれないことに注意。

← **CHART**　単位円を利用
y 座標が sin
y 座標が $-\dfrac{\sqrt{2}}{2}$ 以上になる $\dfrac{\theta}{2} + \dfrac{5}{6}\pi$ の範囲。

10日目 三角関数 (4)

19 $F(x) = a\left(\sin x \cos\dfrac{\pi}{3} - \cos x \sin\dfrac{\pi}{3}\right)$
$\qquad\qquad + a\left(\sin x \cos\dfrac{\pi}{3} + \cos x \sin\dfrac{\pi}{3}\right) - 2\sin^2 x$

$\quad = 2a\sin x \cdot \dfrac{1}{2} - 2\sin^2 x = -2\sin^2 x + a\sin x$

$\sin x = t$ とすると，$0 \leqq x \leqq \pi$ から　$0 \leqq t \leqq 1$
$F(x) = G(t)$ とすると

$\quad G(t) = -2t^2 + at = -2\left(t^2 - \dfrac{a}{2}t\right)$

$\qquad = -2\left\{t^2 - \dfrac{a}{2}t + \left(\dfrac{a}{4}\right)^2 - \left(\dfrac{a}{4}\right)^2\right\}$

$\qquad = -2\left(t - \dfrac{a}{4}\right)^2 + \dfrac{a^2}{8}$

$0 < a \leqq 2$ のとき　$0 < \dfrac{a}{4} \leqq \dfrac{1}{2}$

よって，右の $y = G(t)$ のグラフより，$G(t)$ すなわち $F(x)$ は

$\quad t = \sin x = {}^{\text{ア}}\dfrac{1}{{}_{\text{イ}}4}a$ のとき

　最大値 $m = {}^{\text{ウ}}\dfrac{1}{{}_{\text{エ}}8}a^{{}^{\text{オ}}2}$

　$t = 1$ のとき最小値 ${}^{\text{カ}}a - {}^{\text{キ}}2$

をとる。
$0 < a \leqq 2$ のとき，$G(1) = a - 2 \leqq 0$，$G(0) = 0$ であるから，グラフより，$0 < b < m$ のとき，$y = G(t)$ のグラフと直線 $y = b$ は $0 < t < 1$ の範囲で異なる 2 点で交わる。
その解 t それぞれに対して，x の値は 2 つずつ存在し，それらはすべて異なるから，$F(x) = b$ の解は
　${}^{\text{ク}}4$ 個

20　$\cos^2\theta = \dfrac{1 + \cos 2\theta}{2}$，$2\sin\theta\cos\theta = \sin 2\theta$，
$\sin^2\theta = \dfrac{1 - \cos 2\theta}{2}$ から

← $\sin(\alpha \pm \beta)$
　$= \sin\alpha\cos\beta \pm \cos\alpha\sin\beta$
　（複号同順）

← **CHART**
　おき換え　範囲に注意

← **CHART**　まず平方完成

← 軸が定義域 $0 \leqq t \leqq 1$ の中央より左にある。

← 解は共有点の t 座標。

← 解 t 1 つに対して，解 x が 2 つ存在する。

← 2 倍角，半角の公式を用いて，$\sin 2\theta$，$\cos 2\theta$ の 1 次式に変形。

$$y = 8\sqrt{3} \cdot \frac{1+\cos 2\theta}{2} + 3\sin 2\theta + 2\sqrt{3} \cdot \frac{1-\cos 2\theta}{2}$$
$$= 3\sin 2\theta + 3\sqrt{3}\cos 2\theta + 5\sqrt{3}$$
$$= {}^{\mathcal{P}}6\sin\left({}^{\mathcal{I}}2\theta + \frac{\pi}{{}^{\mathcal{P}}3}\right) + {}^{\mathcal{I}}5\sqrt{{}^{\mathcal{I}}3}$$

← 合成で sin に統一。

$\sin\left(2\theta + \dfrac{\pi}{3}\right)$ が最大(最小)のとき y も最大(最小)。

ここで,$0 \leqq \theta \leqq \dfrac{\pi}{2}$ であるから $\quad 0 \leqq 2\theta \leqq \pi$

よって $\quad \dfrac{\pi}{3} \leqq 2\theta + \dfrac{\pi}{3} \leqq \dfrac{4}{3}\pi$

ゆえに,右の図から,y が最大になる

とき $\quad 2\theta + \dfrac{\pi}{3} = \dfrac{\pi}{2}$

したがって $\quad \theta = \dfrac{\pi}{{}^{\mathcal{D}\mathcal{F}}12}$

このとき,最大値は $\quad 6 \cdot 1 + 5\sqrt{3} = {}^{\mathcal{P}}6 + {}^{\mathcal{F}}5\sqrt{{}^{\mathcal{P}}3}$

また,y が最小になるとき

$\quad 2\theta + \dfrac{\pi}{3} = \dfrac{4}{3}\pi \quad$ よって $\quad \theta = \dfrac{\pi}{{}^{\mathcal{H}}2}$

このとき,最小値は $\quad 6 \cdot \left(-\dfrac{\sqrt{3}}{2}\right) + 5\sqrt{3} = {}^{\mathcal{V}}2\sqrt{{}^{\mathcal{X}}3}$

← **CHART** おき換え 範囲に注意

← **CHART** 単位円を利用
y 座標が sin
y 座標が最大・最小になる $2\theta + \dfrac{\pi}{3}$ の値。

← $\sin\left(2\theta + \dfrac{\pi}{3}\right) = 1$

← $\sin\left(2\theta + \dfrac{\pi}{3}\right) = -\dfrac{\sqrt{3}}{2}$

11日目 指数・対数 (1)

21 (1) $\dfrac{1}{9} \times \sqrt[4]{3^5} \div \dfrac{1}{\sqrt[3]{9}} = \dfrac{1}{3^2} \times 3^{\frac{5}{4}} \div \dfrac{1}{3^{\frac{2}{3}}}$

$\qquad\qquad\qquad = 3^{-2} \times 3^{\frac{5}{4}} \times 3^{\frac{2}{3}}$

$\qquad\qquad\qquad = 3^{-2+\frac{5}{4}+\frac{2}{3}} = 3^{-\frac{1}{12}}$

$\qquad\qquad\qquad = \dfrac{1}{3^{\frac{1}{12}}} = \dfrac{1}{{}^{\mathcal{P}\mathcal{I}}\sqrt[12]{3}}$

← $\sqrt[n]{a^m} = a^{\frac{m}{n}}$

← $\dfrac{1}{a^x} = a^{-x}$, $\div \dfrac{1}{a} \longrightarrow \times a$

← $a^x a^y = a^{x+y}$

← $a^{-x} = \dfrac{1}{a^x}$, $a^{\frac{m}{n}} = \sqrt[n]{a^m}$

$\log_9 72 + \log_3 \dfrac{27}{2} = \dfrac{\log_3 72}{\log_3 9} + \log_3 \dfrac{27}{2}$

$\qquad\qquad\qquad = \dfrac{\log_3 2^3 \cdot 3^2}{\log_3 3^2} + \log_3 \dfrac{3^3}{2}$

$\qquad\qquad\qquad = \dfrac{\log_3 2^3 + \log_3 3^2}{\log_3 3^2} + \log_3 3^3 - \log_3 2$

$\qquad\qquad\qquad = \dfrac{3\log_3 2 + 2\log_3 3}{2\log_3 3} + 3\log_3 3 - \log_3 2$

← 底を 3 にそろえる。
$\log_a b = \dfrac{\log_c b}{\log_c a}$

← $\log_a MN = \log_a M + \log_a N$
$\log_a \dfrac{M}{N} = \log_a M - \log_a N$

← $\log_a M^p = p\log_a M$

$$= \frac{3\log_3 2 + 2 \cdot 1}{2 \cdot 1} + 3 \cdot 1 - \log_3 2$$

$$= {}^{ウ}\boldsymbol{4} + \frac{{}^{エ}\boldsymbol{1}}{{}^{オ}\boldsymbol{2}}\log_3 2$$

$\quad\Leftarrow \log_a a = 1$

(2)　$a^{2x} + a^{-2x} = (a^x)^2 + (a^{-x})^2$

$$= (a^x + a^{-x})^2 - 2a^x a^{-x}$$

$$= 3^2 - 2 \cdot 1$$

$$= {}^{カ}\boldsymbol{7}$$

$\quad\Leftarrow \alpha^2 + \beta^2 = (\alpha+\beta)^2 - 2\alpha\beta$

$\quad\Leftarrow a^x a^{-x} = 1$

$\quad a^{3x} + a^{-3x} = (a^x)^3 + (a^{-x})^3$

$$= (a^x + a^{-x})^3 - 3a^x a^{-x}(a^x + a^{-x})$$

$$= 3^3 - 3 \cdot 1 \cdot 3$$

$$= {}^{キク}\boldsymbol{18}$$

$\quad\Leftarrow \alpha^3 + \beta^3$
$\qquad = (\alpha+\beta)^3 - 3\alpha\beta(\alpha+\beta)$

(3)　$\log_5 2 = \dfrac{\log_{10} 2}{\log_{10} 5} = \dfrac{\log_{10} 2}{\log_{10} \dfrac{10}{2}} = \dfrac{\log_{10} 2}{1 - \log_{10} 2} = \dfrac{{}^{ケ}\boldsymbol{a}}{{}^{コ}\boldsymbol{1} - {}^{サ}\boldsymbol{a}}$

$\quad\Leftarrow$ 底を 10 にそろえる。
$\qquad \log_a b = \dfrac{\log_c b}{\log_c a}$

22　$\dfrac{\log_2 9}{4} = \log_2 9^{\frac{1}{4}} = \log_2 3^{\frac{1}{2}} = \log_2 \sqrt{{}^{ア}\boldsymbol{3}}$,

$\qquad \dfrac{\log_{\sqrt{3}} 8}{3} = \dfrac{1}{3} \cdot \dfrac{\log_2 8}{\log_2 \sqrt{3}} = \dfrac{1}{3} \cdot \dfrac{\log_2 2^3}{\log_2 \sqrt{3}} = \dfrac{1}{\log_2 \sqrt{{}^{イ}\boldsymbol{3}}}$

$\quad\Leftarrow$ 底を 2 にそろえる。
$\qquad \log_a b = \dfrac{\log_c b}{\log_c a}$

ここで，底 2 は 1 より大きいから

$\qquad \log_2 1 < \log_2 \sqrt{3} < \log_2 2$

$\quad\Leftarrow 1 < \sqrt{3} < 2$ から。

すなわち　$0 < \log_2 \sqrt{3} < 1$

よって　　$\log_2 \sqrt{3} < \dfrac{1}{\log_2 \sqrt{3}}$

$\quad\Leftarrow 1 < \dfrac{1}{\log_2 \sqrt{3}}$

ゆえに　　$\dfrac{\log_2 9}{4} < \dfrac{\log_{\sqrt{3}} 8}{3}$

すなわち　${}^{ウ}①< {}^{エ}②$　……　①

また　　　$\sqrt[4]{\dfrac{1}{16}} = \sqrt[4]{\left(\dfrac{1}{2}\right)^4} = \dfrac{1}{{}^{オ}\boldsymbol{2}}$

$\log_2 \sqrt{2} < \log_2 \sqrt{3}$ から　　$\dfrac{1}{2} < \log_2 \sqrt{3}$

$\quad\Leftarrow \sqrt{2} < \sqrt{3}$ から。

よって　　$\sqrt[4]{\dfrac{1}{16}} < \dfrac{\log_2 9}{4}$

すなわち　$③ < ①$　……　②

$$\sin\frac{25}{12}\pi = \sin\left(2\pi + \frac{\pi}{12}\right) = \sin\frac{\pi}{12}$$

$$< \sin\frac{\pi}{6} = \frac{1}{2} = \sqrt[4]{\frac{1}{16}}$$

すなわち　$④ < ③$　……　③

①，②，③ から　　${}^{カ}④ < {}^{キ}③ < {}^{ク}① < {}^{ケ}②$

第 4 章　指数関数・対数関数　**21**

12日目 指数・対数 (2)

23 (1) $\dfrac{4}{(\sqrt{2})^x}+\dfrac{5}{2^x}=1$ から $\dfrac{4}{(\sqrt{2})^x}+\dfrac{5}{(\sqrt{2})^{2x}}=1$

← $2^x=\{(\sqrt{2})^2\}^x=(\sqrt{2})^{2x}$

よって，$X=\dfrac{1}{(\sqrt{2})^x}$ とおくと，X の方程式

$$4X+5X^2=1 \quad すなわち \quad {}^{ア}5X^2+{}^{イ}4X-1=0$$

が得られ $(X+1)(5X-1)=0$ ……②

一方，①において，$\dfrac{1}{(\sqrt{2})^x}>0$ であるから $X>{}^{ウ}0$

← **CHART**
おき換え　範囲に注意
$X>0$ を満たすものが解。

したがって，②から $X=\dfrac{{}^{エ}1}{{}^{オ}5}$

よって $\dfrac{1}{(\sqrt{2})^x}=\dfrac{1}{5}$

ゆえに $(\sqrt{2})^x=5$ すなわち $2^{\frac{x}{2}}=5$

← $(\sqrt{2})^x=(2^{\frac{1}{2}})^x=2^{\frac{x}{2}}$

よって $\dfrac{x}{2}=\log_2 5$ したがって $x={}^{カ}2\log_2{}^{キ}5$

← $a^p=M \Longleftrightarrow p=\log_a M$

(2) 真数は正であるから
$x-1>0,\ x+3>0$
共通範囲を求めて $x>1$

← **CHART**
まず (真数)>0

方程式から $\log_5(x-1)^2+\dfrac{1}{2}\cdot\dfrac{\log_5(x+3)}{\log_5\sqrt{5}}=1$

← 底を 5 にそろえる。
$\log_a b=\dfrac{\log_c b}{\log_c a}$

$\log_5\sqrt{5}=\dfrac{1}{2}$ であるから $\log_5(x-1)^2(x+3)=\log_5 5$

← $1=\log_5 5$

よって $(x-1)^2(x+3)=5$

← $\log_a M=\log_a N \Longrightarrow M=N$

整理して $x^3+x^2-5x-2=0$
$f(x)=x^3+x^2-5x-2$ とすると，$f(2)=0$ であるから，方程式は $(x-2)(x^2+3x+1)=0$

←
	1	1	−5	−2	$\underline{\,2\,}$
		2	6	2	
	1	3	1	0	

ゆえに $x=2$ または $x^2+3x+1=0$

$x^2+3x+1=0$ から $x=\dfrac{-3\pm\sqrt{5}}{2}$

← 解の公式。

このうち，$x>1$ を満たすものは $x={}^{ク}2$

← $x>1$ を満たすものが解。

NOTE $x=2$ さえ求まれば，これは $x>1$ を満たすから，空欄の形より ${}^{ク}2$ としてよい。
$x=\dfrac{-3\pm\sqrt{5}}{2}$ が $x>1$ を満たすかどうかの吟味はもとより，$x^2+3x+1=0$ を解くことすら必要ない。

22 第4章 指数関数・対数関数

24 真数は正であるから
$x+1>0$, $5-x>0$
共通範囲を求めて
$-1<x<5$ …… ①

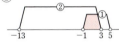

不等式から $4\cdot\dfrac{\log_2(x+1)}{\log_2 4}<\log_2(5-x)+3$

←底を2にそろえる。

すなわち $4\cdot\dfrac{\log_2(x+1)}{2}<\log_2(5-x)+\log_2 2^3$

ゆえに $\log_2(x+1)^2<\log_2 8(5-x)$

底2は1より大きいから $(x+1)^2<8(5-x)$

←$a>1$ のとき不等号の向きはそのまま。

すなわち $x^2+10x-39<0$
よって $(x+13)(x-3)<0$
ゆえに $-13<x<3$ …… ②
①, ② の共通範囲を求めて
$^{ア\,イ}-1<x<^{ウ}3$

←CHART 数直線を利用

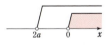

13日目 指数・対数 (3)

25 (1) 真数は正であるから
$x>0$, $x-2a>0$, $4-4a>0$
よって $x>^{ア}0$ かつ $x>^{イウ}2a$ かつ $a<^{エ}1$ …… ②

←CHART まず (真数)>0

[1] $2a\leqq 0$ すなわち $a\leqq^{オ}0$ のとき
$x>0$ かつ $x>2a$ から
$x>0$

←$2a$ と 0 の大小で場合分け。
←CHART 数直線を利用

[2] $0<2a$ すなわち $0<a<1$ のとき
$x>0$ かつ $x>2a$ から
$x>2a$

←$0<2a$ から $a>0$
また, ② から $a<1$

(2) ① から $\log_{10}x(x-2a)<\log_{10}(4-4a)$
底10は1より大きいから $x(x-2a)<4-4a$
すなわち $x^2-2ax+2(2a-2)<0$
よって $(x-2)\{x-(2a-2)\}<0$ …… ③
ここで, $a<1$ から $2a<2$ すなわち $2a-2<0$
ゆえに, ③ から $2a-2<x<2$

←2 と $2a-2$ の大小を考える。
$2a-2<0<2$ である。

[1] $a\leqq 0$ のとき
① の解は
$x>0$ かつ $2a-2<x<2$

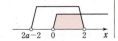

$2a-2<0$ であるから　　　$^{カ}0<x<^{キ}2$

[2] $0<a<1$ のとき

① の解は

$x>2a$ かつ $2a-2<x<2$

$2a-2<2a<2$ であるから　　　$^{ケ}2a<x<^{コ}2$

26

真数は正であるから

$x-1>0,\ 4-x>0,\ a-x>0$

よって　　$1<x<4$ かつ $x<^{ア}a$

① から　　$\log_4(x-1)(4-x)=\log_4(a-x)$

よって　　$(x-1)(4-x)=a-x$　……③

整理すると　　$-x^2+^{イ}6x-^{ウ}4=a$　……②

すなわち　　$x^2-6x+4+a=0$　……②′

②′ の判別式を D とすると

$$\frac{D}{4}=(-3)^2-(4+a)=-a+5$$

重解をもつのは，$D=0$ のときであるから　　$a=^{エ}5$

このとき，②′ は

$x^2-6x+9=0$　すなわち　$(x-3)^2=0$

よって，② の重解は　　$x=^{オ}3$

① がただ 1 つの解をもつには，放物線 $y=-x^2+6x-4$　……④ と直線 $y=a$ が $1<x<4$ かつ $x<a$ の範囲で共有点をただ 1 つもてばよい。（＊）

ここで，$1<x<4$ を満たす ② すなわち ③ の解 $x=x_0$ が $x_0<a$ を満たすことを示す。

解 $x=x_0$ $(1<x_0<4)$ について　　$(x_0-1)(4-x_0)=a-x_0$

$1<x_0<4$ であるから，左辺は正。よって，右辺も正。

ゆえに　　$a-x_0>0$　すなわち　$x_0<a$

よって，$1<x<4$ の範囲の ② の解は $x<a$ も満たす。

ゆえに，$1<x<4$ について ④ と直線 $y=a$ の共有点を考えればよい。

④ から

$y=-x^2+6x-4$
$\quad=-(x^2-6x+3^2-3^2)-4$
$\quad=-(x-3)^2+5$

よって，グラフは図のようになり，$1<x<4$ においてただ 1 つの共有点をもつのは $a=5$ または $^{カ}1<a\leqq^{キ}4$ のときである。

⇐ $2a-2$ と 0 の大小を考える。

⇐ $2a-2,\ 2a,\ 2$ の大小を考える。

⇐ **CHART** まず (真数) >0

⇐ $\log_a M=\log_a N \Longrightarrow M=N$

⇐ $b=2b'$ のとき $\dfrac{D}{4}=b'^2-ac$

⇐ 重解 $\Longleftrightarrow D=0$

⇐ 共有点の x 座標が方程式の解。範囲に注意。

⇐ x_0 は方程式 ③ の解であるから，x_0 を ③ に代入すれば成り立つ。

⇐ $1<x<4$ の範囲の解は $x<a$ も自動的に満たすから，条件 $x<a$ は考えなくてよくなった。

⇐ **CHART** まず平方完成

⇐ ただ 1 つの共有点の x 座標が方程式 ① のただ 1 つの解。

〔別解〕 (カ)，(キ)については，次のような別解もある。
[(＊)までは前の解説と同じ]
④ を変形すると $y=-(x-3)^2+5$
$1<x<4$ かつ $x<a$ の範囲における
放物線 ④ と直線 $y=a$ の共有点の
個数は，放物線 ④ $(1<x<4)$ と，直
線 $y=a\,(x<a)$ の共有点の個数に
等しい。
直線 $y=a\,(x<a)$ は，右の図のよう
に，領域 $y>x$ 内に存在する。
　　　　　　　　…… (A)

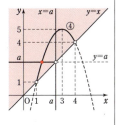

←a の値を変えると，直線 $y=a\,(x<a)$ は，下の図のように，$y>x$ 内にあることがわかる。

また，右の図から，放物線 ④ $(1<x<4)$ は，放物線 ④ の領域
$y>x$ 内の部分である。…… (B)
(A)，(B) と図から，① がただ 1 つの解をもつとき
　　　　$a=5$ または ヵ$1<a\leqq$ キ4

14日目　指数・対数 (4)

27　$x+y+z=5$ から
　　　　$XYZ=2^x\cdot 2^y\cdot 2^z=2^{x+y+z}=2^5=$ ア32
$2^x+2^y+2^z=19$ から
　　　　$X+Y+Z=2^x+2^y+2^z=19$
$\dfrac{1}{2^x}+\dfrac{1}{2^y}+\dfrac{1}{2^z}=\dfrac{25}{16}$ から　　$\dfrac{2^x\cdot 2^y+2^y\cdot 2^z+2^z\cdot 2^x}{2^x\cdot 2^y\cdot 2^z}=\dfrac{25}{16}$　　←通分。

よって　$XY+YZ+ZX=2^x\cdot 2^y+2^y\cdot 2^z+2^z\cdot 2^x$
　　　　　　　　　　　$=\dfrac{2^x\cdot 2^y+2^y\cdot 2^z+2^z\cdot 2^x}{2^x\cdot 2^y\cdot 2^z}\cdot 2^x\cdot 2^y\cdot 2^z$
　　　　　　　　　　　$=\dfrac{25}{16}\cdot 32=$ ウエ50

ゆえに　$(t-X)(t-Y)(t-Z)$
　　　　$=t^3-(X+Y+Z)t^2+(XY+YZ+ZX)t-XYZ$
　　　　$=t^3-19t^2+50t-32=(t-1)(t^2-18t+32)$
　　　　$=(t-1)(t-$オ$2)(t-$カキ$16)$

←
```
1  −19  50  −32 ⌊1
      1  −18   32
1  −18  32    0
```

X，Y，Z は t の 3 次方程式 $(t-X)(t-Y)(t-Z)=0$
すなわち $(t-1)(t-2)(t-16)=0$ の 3 つの実数解であり，

$0 \leqq X \leqq Y \leqq Z$ を満たすから $X=1$, $Y=2$, $Z=16$

$2^x=1$ すなわち $2^x=2^0$ よって $x={}^{ク}0$

$2^y=2$ すなわち $2^y=2^1$ よって $y={}^{ケ}1$

$2^z=16$ すなわち $2^z=2^4$ よって $z={}^{コ}4$

28

$\log_{10} 3^{100} = 100 \log_{10} 3 = 100 \times 0.4771 = 47.71$

← $\log_a M^p = p \log_a M$

← $n-1 \leqq \log_{10} N < n$

よって $47 < \log_{10} 3^{100} < 48$

ゆえに $10^{47} < 3^{100} < 10^{48}$

したがって,3^{100} は ${}^{アイ}48$ 桁の整数である。

また $\log_{10} 0.3^{100} = 100 \log_{10} \dfrac{3}{10} = 100(\log_{10} 3 - 1)$

$= 100 \times (0.4771 - 1) = -52.29$

← $\log_a M^p = p \log_a M$

よって $-53 < \log_{10} 0.3^{100} < -52$

← $-n \leqq \log_{10} N < -n+1$

ゆえに $10^{-53} < 0.3^{100} < 10^{-52}$

したがって,0.3^{100} は小数第 ${}^{ウエ}53$ 位に初めて 0 でない数字が現れる。

15日目 指数・対数 (5)

29

$2^x > 0$,$3 \cdot 2^{-x} > 0$ であるから,相加平均と相乗平均の大小関係により

$t = 2^x + 3 \cdot 2^{-x} \geqq 2\sqrt{2^x \cdot 3 \cdot 2^{-x}} = {}^{ア}2\sqrt{{}^{イ}3}$

等号が成り立つのは,$2^x = 3 \cdot 2^{-x}$ のときである。

よって $2^{2x} = 3$ ゆえに $2x = \log_2 3$

したがって $x = \dfrac{1}{2} \log_2 {}^{ウ}3$

← 相加平均と相乗平均の大小関係
$a > 0$,$b > 0$ のとき
$\dfrac{a+b}{2} \geqq \sqrt{ab}$
$a = b$ のとき等号成立

また $y = 4^x + 9 \cdot 4^{-x} - 7(2^x + 3 \cdot 2^{-x}) + 19$

$= (2^x + 3 \cdot 2^{-x})^2 - 6 - 7(2^x + 3 \cdot 2^{-x}) + 19$

$= t^{{}^{エ}2} - {}^{オ}7t + {}^{カキ}13$

$= \left(t - \dfrac{7}{2}\right)^2 + \dfrac{3}{4}$

← CHART まず平方完成

$t \geqq 2\sqrt{3}$ において,y は

$t = \dfrac{7}{2}$ のとき最小値 $\dfrac{3}{4}$

をとる。

$2^x + 3 \cdot 2^{-x} = \dfrac{7}{2}$ の両辺に $2 \cdot 2^x$ を掛けると $2(2^x)^2 - 7 \cdot 2^x + 6 = 0$

よって $(2^x - 2)(2 \cdot 2^x - 3) = 0$

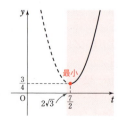

← $\left(\dfrac{7}{2}\right)^2 - (2\sqrt{3})^2 > 0$ から
$\dfrac{7}{2} > 2\sqrt{3}$

← $2^x = X$ とおくと
$2X^2 - 7X + 6 = 0$

ゆえに　　$2^x=2,\ \dfrac{3}{2}$

これを解いて　　$x=1,\ \log_2 3-1$

したがって，y は

$$x={}^{ク}1\ \text{または}\ x=\log_2{}^{ケ}3-1\ \text{で最小値}\ {}^{\text{コ}}_{\text{サ}}\dfrac{3}{4}$$

をとる。

←$x=\log_2\dfrac{3}{2}=\log_2 3-1$

30　$\log_8 x=\dfrac{\log_2 x}{\log_2 8}=\dfrac{\log_2 x}{\log_2 2^3}=\dfrac{\log_2 x}{3}=\dfrac{t}{{}^{\text{ア}}3}$,

←$\log_a b=\dfrac{\log_c b}{\log_c a}$

$\log_2 4x=\log_2 x+\log_2 4=\log_2 x+\log_2 2^2$

　　　　　$=t+{}^{\text{イ}}2$

よって　　$y=(\log_2 x)(\log_8 x)+\log_2 4x$

　　　　　$=t\cdot\dfrac{t}{3}+t+2=\dfrac{{}^{\text{ウ}}1}{{}^{\text{エ}}3}t^2+t+{}^{\text{オ}}2$

底 2 は 1 より大きいから，$\dfrac{1}{8}\leqq x\leqq 8$ のとき

←$a>1$ のとき
$p<q\iff \log_a p<\log_a q$

$$\log_2\dfrac{1}{8}\leqq\log_2 x\leqq\log_2 8$$

ゆえに　　$\log_2 2^{-3}\leqq\log_2 x\leqq\log_2 2^3$

よって　　${}^{\text{カキ}}-3\leqq t\leqq{}^{\text{ク}}3$

$$y=\dfrac{1}{3}t^2+t+2$$

$$=\dfrac{1}{3}\left(t+\dfrac{3}{2}\right)^2+\dfrac{5}{4}$$

←**CHART**　まず平方完成

$-3\leqq t\leqq 3$ において，y は

　　　$t=3$　　のとき最大値 8,

　　　$t=-\dfrac{3}{2}$ のとき最小値 $\dfrac{5}{4}$

をとる。

$\log_2 x=t$ より，$x=2^t$ であるから

←t の値から x の値を求める。対数の定義を利用。

　　　$t=3$　　のとき　　$x=2^3=8$

　　　$t=-\dfrac{3}{2}$ のとき　　$x=2^{-\frac{3}{2}}=\dfrac{1}{2^{\frac{3}{2}}}=\dfrac{1}{2\sqrt{2}}=\dfrac{\sqrt{2}}{4}$

したがって，関数 ① は

　　　$x={}^{ケ}8$　　のとき最大値 ${}^{\text{コ}}8$,

　　　$x=\dfrac{\sqrt{{}^{\text{サ}}2}}{{}^{\text{シ}}4}$ のとき最小値 ${}^{\text{ス}}_{\text{セ}}\dfrac{5}{4}$

をとる。

第 4 章　指数関数・対数関数　　**27**

16日目 導関数の応用 (1)

31 (1) $f(x)=x^3-x+1$ から

$$f'(x)=3x^2-1$$

また

$$f(-2)=(-2)^3-(-2)+1=-5,$$
$$f'(-2)=3\cdot(-2)^2-1=11$$

であるから，接線の方程式は

$$y-(-5)=11\{x-(-2)\}$$

すなわち $y={}^{アイ}11x+{}^{ウエ}17$

← $(x^3)'=3x^2$, $(x)'=1$
$(1)'=0$

← $y-f(-2)$
$=f'(-2)\{x-(-2)\}$

傾き 2 の接線の接点の座標を $(a, f(a))$ とすると，$f'(a)=2$

から $3a^2-1=2$

よって $a=\pm1$

← 接点の x 座標を求める。
$f'(a)$ が接線の傾き。

[1] $a=1$ のとき

$f(1)=1$ であるから，接点の座標は $(1, 1)$

ゆえに，接線の方程式は

$$y-1=2(x-1)$$

すなわち $y=2x-{}^{オ}1$

← $y-f(1)=f'(1)(x-1)$

[2] $a=-1$ のとき

$f(-1)=1$ であるから，接点の座標は $(-1, 1)$

ゆえに，接線の方程式は

$$y-1=2\{x-(-1)\}$$

すなわち $y=2x+{}^{カ}3$

← $y-f(-1)=f'(-1)\{x-(-1)\}$

(2) $f'(x)=-3x^2-14x$ であるから，接点の座標を
$(a, -a^3-7a^2+2)$ とすると，接線の方程式は

$$y-(-a^3-7a^2+2)=(-3a^2-14a)(x-a)$$

すなわち $y=(-3a^2-14a)x+2a^3+7a^2+2$ ……①

← 接点の座標を $(a, f(a))$
とすると接線の方程式は
$y-f(a)=f'(a)(x-a)$

これが点 $(2, 2)$ を通るから

$$2=(-3a^2-14a)\cdot2+2a^3+7a^2+2$$

← 通る点の x 座標，y 座標
を代入。

整理して $2a^3+a^2-28a=0$

よって $a(2a^2+a-28)=0$

すなわち $a(a+4)(2a-7)=0$

← a についての 3 次方程式
が得られる。

ゆえに $a=0, -4, \dfrac{7}{2}$

① から，接線の方程式は

[1] $a=0$ のとき $y={}^{キ}2$

← それぞれの a の値につい
て接線の方程式を求める。
接線は 3 本存在すること
になる。

28 第5章 微分法・積分法

[2] $a=-4$ のとき
$$y=\{-3(-4)^2-14(-4)\}x+2(-4)^3+7(-4)^2+2$$
すなわち $y={}^{\text{ク}}8x-{}^{\text{ケコ}}14$

[3] $a=\dfrac{7}{2}$ のとき
$$y=\left\{-3\left(\frac{7}{2}\right)^2-14\cdot\frac{7}{2}\right\}x+2\left(\frac{7}{2}\right)^3+7\left(\frac{7}{2}\right)^2+2$$
すなわち $y=-\dfrac{{}^{\text{サシス}}343}{{}^{\text{セ}}4}x+\dfrac{{}^{\text{ソタチ}}347}{{}^{\text{ツ}}2}$

NOTE

(2)において，接線のうち1つは，$y=\boxed{\text{キ}}$ の形であることと，点$(2,\ 2)$を通ることから，$y={}^{\text{キ}}2$ とすぐに求められる。

また，$a=-4$，$\dfrac{7}{2}$ のときの接線の方程式を求める計算は大変であるが，以下のようにすると計算がらくになる。

接線が通る点$(2,\ 2)$を利用。
$a=-4$ のときの接線の傾きは
$$-3(-4)^2-14\cdot(-4)=8$$ ⬅ $f'(-4)$
接線は傾きが8で点$(2,\ 2)$を通る直線であるから
$$y-2=8(x-2)$$
すなわち $y={}^{\text{ク}}8x-{}^{\text{ケコ}}14$

⬅ 接点ではないが，点$(2,\ 2)$を通ることが問題文からわかっている。

$a=\dfrac{7}{2}$ についても同様にすればよい。

---

32 $f'(x)=6x-a$,
$g'(x)=3x^2$

点Pのx座標をpとすると，共通接線をもつから
$$3p^2-ap-a+4=p^3 \quad \cdots\cdots ①$$ ⬅ $f(p)=g(p)$ かつ $f'(p)=g'(p)$
$$\text{かつ}\quad 6p-a=3p^2 \quad \cdots\cdots ②$$

②から $a=6p-3p^2$ $\cdots\cdots ③$ ⬅ a を消去して解く。

①に代入して $3p^2-(6p-3p^2)p-(6p-3p^2)+4=p^3$
すなわち $2p^3-6p+4=0$
よって $p^3-3p+2=0$
ゆえに $(p-1)^2(p+2)=0$
したがって $p=1,\ -2$
③から，$p=1$ のとき $a=3$,
$\quad\quad\quad\quad p=-2$ のとき $a=-24$
$a>0$ であるから $p=1,\ a={}^{\text{ア}}3$

⬅
```
  1  0  -3   2 |1
        1   1  -2
  ────────────────
  1  1  -2   0
```
したがって
$(p-1)(p^2+p-2)=0$

第5章

第5章 微分法・積分法   29

点Pのy座標は　　$g(1)=1$
よって　　P(^{イ}**1**, ^{ウ}**1**)
また，このとき，接線の傾きは
$$g'(1)=3\cdot1^2=3$$
ゆえに，接線の方程式は
$$y-1=3(x-1)$$
すなわち　　$y=\ ^エ3x-\ ^オ2$　　　　　　　　　　　　⬅Pにおける接線。

さらに，$x^3=3x-2$ とすると
$$x^3-3x+2=0$$
よって　　$(x-1)^2(x+2)=0$　　　　　　　　　　　　⬅NOTE 参照。
Qのx座標は1ではないから
$$x=-2$$
y座標は　　$3\cdot(-2)-2=-8$
ゆえに　　Q($^{カキ}-$**2**, $^{クケ}-$**8**)

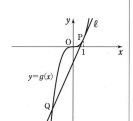

> **NOTE**　$y=g(x)$ のグラフと直線 ℓ は $x=1$ で接するから，x^3-3x+2 は $(x-1)^2$ を必ず因数にもつ。よって，$(x-1)^2(sx+t)$ と因数分解できて，3次の項と定数項を考えれば，$s=1$，$t=2$ がすぐにわかる。
> したがって，$x^3-3x+2=(x-1)^2(x+2)$ となる。

17日目　導関数の応用 (2)

33　(1)　$f'(x)=3x^2+8x-3$
$$=(3x-1)(x+3)$$
$f'(x)=0$ とすると　　$x=\dfrac{1}{3}, \ -3$　　　　　⬅極値 $\Longrightarrow f'(x)=0$

x^3 の係数は正であるから，$y=f(x)$
のグラフは右のようになり，　　　　　　　　　　　　　⬅グラフをイメージする。
$x=\ ^{アイ}-3$ のとき極大値
$$f(-3)=(-3)^3+4(-3)^2-3\cdot(-3)+4$$
$$=\ ^{ウエ}22$$　　　　　　　　　　　　　　　　　　　　⬅NOTE 参照。

$x=\dfrac{^オ1}{^カ3}$ のとき極小値

$$f\left(\dfrac{1}{3}\right)=\left(\dfrac{1}{3}\right)^3+4\left(\dfrac{1}{3}\right)^2-3\cdot\dfrac{1}{3}+4=\dfrac{^{キク}94}{^{ケコ}27}$$

をとる。

(2) $f(-4)$
$= (-4)^3 + 4(-4)^2 - 3\cdot(-4) + 4$
$= 16$
$f(-1) = (-1)^3 + 4(-1)^2 - 3\cdot(-1) + 4$
$= 10$

よって，$f(x)$ は
$x = {}^{サシ}-3$ のとき最大値 ${}^{スセ}22$，
$x = {}^{ソタ}-1$ のとき最小値 ${}^{チツ}10$ をとる。

← **CHART**
極値と端の値に注目
グラフの概形から，極大値が最大。最小値については $f(-4)$ と $f(-1)$ を比べる。
$f(-4) > f(-1)$

NOTE 組立除法を利用すると

1	4	−3	4	−3
	−3	−3	18	
1	1	−6	22	

1	4	−3	4	$\frac{1}{3}$
	$\frac{1}{3}$	$\frac{13}{9}$	$-\frac{14}{27}$	
1	$\frac{13}{3}$	$-\frac{14}{9}$	$\frac{94}{27}$	

1	4	−3	4	−4
	−4	0	12	
1	0	−3	16	

よって $f(-3) = 22$, $f\left(\frac{1}{3}\right) = \frac{94}{27}$, $f(-4) = 16$

34 点 $A(a, t)$ が放物線 $y = 6 - x^2$ 上にあるから
$$t = {}^{ア}6 - a^{イ2}$$
$0 < t < 6$ であるから $0 < 6 - a^2 < 6$
よって $0 < a^2 < 6$
$a > 0$ であるから $0 < a < \sqrt{{}^{ウ}6}$
放物線 $y = 6 - x^2$ は，y 軸に関して対称であるから，点 B の座標は $(-a, t)$ である。
したがって
$S(a) = 2a \cdot (6 - a^2)$
$= {}^{エオ}-2a^{カ3} + {}^{キク}12a$
$S'(a) = -6a^2 + 12 = -6(a^2 - 2)$
$S'(a) = 0$ とすると $a = \sqrt{2}, -\sqrt{2}$
$0 < a < \sqrt{6}$ における $S(a)$ の増減表は次のようになる。

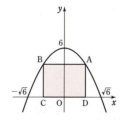

← $S(a) = AB \cdot AD$

a	0	$\cdots$	$\sqrt{2}$	$\cdots$	$\sqrt{6}$
$S'(a)$		+	0	−	
$S(a)$		↗	極大	↘	

$S(\sqrt{2}) = -2 \cdot (\sqrt{2})^3 + 12 \cdot \sqrt{2} = 8\sqrt{2}$
よって，$S(a)$ は $a = \sqrt{{}^{ケ}2}$ のとき最大値 ${}^{サ}8\sqrt{{}^{シ}2}$ をとる。
$a = \sqrt{2}$ のとき $t = 6 - (\sqrt{2})^2 = {}^{コ}4$
また，$y = 6 - x^2$ から $y' = -2x$

← $S(a)$ は $a = \sqrt{2}$ のとき極大かつ最大となる。

ゆえに，点 $A(a,\ 6-a^2)$ における接線の方程式は
$$y-(6-a^2)=-2a(x-a)$$
すなわち　$y=-2ax+a^2+6$
よって　　$E(0,\ a^2+6)$
放物線 $y=6-x^2$ は，y 軸に関して対称であるから，$\triangle ABE$ の面積は
$$\frac{1}{2}\cdot 2a\cdot\{(a^2+6)-(6-a^2)\}=2a^3$$
これと，$S(a)$ が等しいとき
$$2a^3=-2a^3+12a$$
整理すると　　　　$a^3-3a=0$
$a>0$ であるから　$a=\sqrt{3}$
したがって　　　　$t=6-(\sqrt{3})^2={}^{ス}3$

⬅ 接点の座標を $(a,\ f(a))$ とすると接線の方程式は
$\boldsymbol{y-f(a)=f'(a)(x-a)}$

⬅ $\triangle ABE$
$=\dfrac{1}{2}AB(EO-AD)$

⬅ $a(a^2-3)=0$
$a=0$ は不適。

18日目　導関数の応用 (3)

35　方程式を変形して　　$k=-x^3-x^2+x-2$

ここで，$f(x)=-x^3-x^2+x-2$ とすると，方程式が異なる3つの実数解をもつのは，曲線 $y=f(x)$ と直線 $y=k$ が異なる3つの共有点をもつときである。
$$f'(x)=-3x^2-2x+1=-(3x^2+2x-1)$$
$$=-(3x-1)(x+1)$$
$f'(x)=0$ とすると　$x=-1,\ \dfrac{1}{3}$
また　　$f(-1)=-(-1)^3-(-1)^2+(-1)-2=-3$
$$f\left(\frac{1}{3}\right)=-\left(\frac{1}{3}\right)^3-\left(\frac{1}{3}\right)^2+\frac{1}{3}-2=-\frac{49}{27}$$
$f(x)$ の3次の係数は負であるから，$y=f(x)$ のグラフは図のようになる。
よって，曲線 $y=f(x)$ と直線 $y=k$ が異なる3つの共有点をもつとき
$$^{アイ}-3<k<\frac{^{ウエオ}-49}{^{カキ}27}$$
また，正の解1つと負の解2つをもつのは，曲線 $y=f(x)$ と直線 $y=k$ が $x>0$ の範囲に1つ，$x<0$ の範囲に異なる2つの共有点をもつときである。
ゆえに，図より　　$^{クケ}-3<k<{}^{コサ}-2$

⬅ CHART
定数 k を分離する

⬅ 極値 $\Longrightarrow f'(x)=0$

⬅ 3次の係数の正負に注意してグラフをかく。

⬅ 解の条件は共有点の x 座標の条件。

⬅ -2 は $y=f(x)$ と y 軸の交点の y 座標。

36 (1) $y=x^3-3x^2$ から $y'=3x^2-6x$

よって，点 $Q(t, t^3-3t^2)$ における C の接線の方程式は
$$y-(t^3-3t^2)=(3t^2-6t)(x-t)$$
すなわち $y=(3t^2-6t)x-2t^3+3t^2$

これが点 $P(3, a)$ を通るとき
$$a=(3t^2-6t)\cdot 3-2t^3+3t^2$$
ゆえに ᵃⁱ$-2t^3+$ᵘᵉ$12t^2-$ᵒᵏ$18t=a$ ……①

(2) P を通る C の接線が 2 本となるのは，t の 3 次方程式 ① の異なる実数解の個数が 2 個のときである。

よって，$f(t)=-2t^3+12t^2-18t$ とすると，曲線 $y=f(t)$ と直線 $y=a$ が異なる 2 つの共有点をもてばよい。
$$f'(t)=-6t^2+24t-18=-6(t-1)(t-3)$$
$f'(t)=0$ とすると $t=1, 3$
また $f(1)=-2\cdot 1^3+12\cdot 1^2-18\cdot 1=-8$
$f(3)=-2\cdot 3^3+12\cdot 3^2-18\cdot 3=0$

$f(t)$ の 3 次の係数は負であるから，$y=f(t)$ のグラフは右の図のようになる。

よって，曲線 $y=f(t)$ と直線 $y=a$ が異なる 2 つの共有点をもつとき
$$a=\text{キ}0, \text{クケ}-8$$

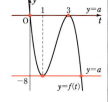

$a=0$ のとき，グラフから $t=0, 3$
接線の傾きは $3t^2-6t$ であり，$g(t)=3t^2-6t$ とすると
$$g(0)=0, g(3)=27-18=9$$
ゆえに，$a=0$ のときの 2 本の接線の傾きは
ᶜ0 と ˢ9 （または ᶜ9 と ˢ0）

(3) $g(t)=3t(t-2)$ であるから，$t<0, 2<t$ のとき $g(t)>0$ となり，接線の傾きは正になる。

また，$0<t<2$ のとき $g(t)<0$ となり，接線の傾きは負になる。

$a=2$ のとき，右のグラフより共有点は 1 つであるから，接線は 1 本である。

また，共有点の t 座標は，グラフより $t<0$ であるから
$$g(t)>0$$
すなわち，接線の傾きは正である。

よって ˢⁱ⓪

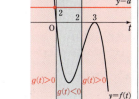

← $P(3, a)$ から引いた接線
⟶ (t, t^3-3t^2) における接線が $P(3, a)$ を通る。

← CHART
定数 a を分離する

← 接線が 2 本
⟺ 接点が 2 個
⟺ ① の実数解が 2 個
⟺ $y=f(t)$ と $y=a$ の共有点が 2 個

← 極値 ⟹ $f'(t)=0$

← $f(3)$ を組立除法で求めると

-2	12	-18	0	$\underline{3}$
	-6	18	0	
-2	6	0	0	

← 接線の傾きを求めるために，接点の t 座標を求める。

方程式 ① に $a=0$ を代入して t の値を求めてもよいが，グラフ利用が早い。

← 接点の t 座標の範囲によって，接線の傾き $g(t)$ の正負が決まる。
⟶ t の値の範囲を調べる。

19日目 定積分 (1)

37 (1) $f(x) = ax^2 + bx + c$ から $f'(x) = 2ax + b$

$f(1) = \dfrac{1}{6}$ から $a + b + c = \dfrac{1}{6}$ ...... ①

$f'(1) = 0$ から $2a + b = 0$ ...... ②

← ② から $b = -2a$
これを ①, ③ に代入して a, b を求める。

また $\displaystyle\int_0^1 (ax^2 + bx + c)dx = \left[\dfrac{1}{3}ax^3 + \dfrac{1}{2}bx^2 + cx\right]_0^1$

$$= \dfrac{1}{3}a + \dfrac{1}{2}b + c$$

$\displaystyle\int_0^1 f(x)dx = \dfrac{1}{3}$ から $\dfrac{1}{3}a + \dfrac{1}{2}b + c = \dfrac{1}{3}$ ...... ③

①, ②, ③ から $a = \dfrac{^{\text{ア}}1}{^{\text{イ}}2}$, $b = {}^{\text{ウエ}}-1$, $c = \dfrac{^{\text{オ}}2}{^{\text{カ}}3}$

(2) $|x^2 - 2ax| = |x(x - 2a)|$ から

$x \leqq 0$, $2a \leqq x$ のとき $|x^2 - 2ax| = x^2 - 2ax$

$0 \leqq x \leqq 2a$ のとき $|x^2 - 2ax| = -(x^2 - 2ax)$

よって，次の 2 つの場合に分けて $f(a)$ を求める。

← **CHART**

絶対値 場合に分ける

[1] $0 < 2a \leqq 2$ すなわち $0 < a \leqq {}^{\text{キ}}1$ のとき

$0 \leqq x \leqq 2a$ において $|x^2 - 2ax| = -(x^2 - 2ax)$

$2a \leqq x \leqq 2$ において $|x^2 - 2ax| = x^2 - 2ax$

← $2a$ が積分区間内にあるかないかで場合分け。

よって $f(a) = \displaystyle\int_0^2 |x^2 - 2ax|dx$

$$= \int_0^{2a}\{-(x^2 - 2ax)\}dx + \int_{2a}^2 (x^2 - 2ax)dx$$

← $\displaystyle\int_a^b f(x)dx$

$$= \int_a^c f(x)dx + \int_c^b f(x)dx$$

$$= \left[-\dfrac{x^3}{3} + ax^2\right]_0^{2a} + \left[\dfrac{x^3}{3} - ax^2\right]_{2a}^2$$

$$= -\dfrac{8}{3}a^3 + 4a^3 + \dfrac{8}{3} - 4a - \left(\dfrac{8}{3}a^3 - 4a^3\right)$$

$$= \dfrac{^{\text{ク}}8}{^{\text{ケ}}3}a^3 - {}^{\text{コ}}4a + \dfrac{^{\text{サ}}8}{^{\text{シ}}3}$$

[2] $2 < 2a$ すなわち $1 < a$ のとき

$0 \leqq x \leqq 2$ において $|x^2 - 2ax| = -(x^2 - 2ax)$

よって $f(a) = \displaystyle\int_0^2 |x^2 - 2ax|dx$

$$= \int_0^2 \{-(x^2 - 2ax)\}dx$$

$$= \left[-\dfrac{x^3}{3} + ax^2\right]_0^2 = {}^{\text{ス}}4a - \dfrac{^{\text{セ}}8}{^{\text{ソ}}3}$$

34 第 5 章 微分法・積分法

[1] のとき $f'(a)=8a^2-4=4(2a^2-1)$

$f'(a)=0$ とすると，$0<a\leqq1$ から $a=\dfrac{1}{\sqrt{2}}$

← $2a^2-1=0$ から
$a=\pm\dfrac{1}{\sqrt{2}}$

[2] のとき $f'(a)=4>0$

ゆえに，$f(a)$ は単調に増加する。

よって，$a>0$ における $f(a)$ の増減表は次のようになる。

a	0	$\cdots$	$\dfrac{1}{\sqrt{2}}$	$\cdots$	1	$\cdots$
$f'(a)$		$-$	0	$+$		$+$
$f(a)$		$\searrow$	極小	$\nearrow$		$\nearrow$

ゆえに，$f(a)$ は $a=\dfrac{^{タ}1}{\sqrt{^{チ}2}}$ のとき最小値をとり，その値は

← 極小かつ最小。

$$f\left(\dfrac{1}{\sqrt{2}}\right)=\dfrac{8}{3}\cdot\left(\dfrac{1}{\sqrt{2}}\right)^3-4\cdot\dfrac{1}{\sqrt{2}}+\dfrac{8}{3}$$

$$=\dfrac{2\sqrt{2}}{3}-2\sqrt{2}+\dfrac{8}{3}=\dfrac{^{ツ}8}{^{テ}3}-\dfrac{^{ト}4\sqrt{^{ナ}2}}{^{ニ}3}$$

38 $f(x)=x^2+3ax$ から

$$\int_0^1 f(t)dt=\int_0^1(t^2+3at)dt=\left[\dfrac{t^3}{3}+\dfrac{3}{2}at^2\right]_0^1=\dfrac{1}{3}+\dfrac{3}{2}a$$

← $f(t)=t^2+3at$ を代入。

よって $a=\dfrac{1}{3}+\dfrac{3}{2}a$ ゆえに $a=\dfrac{^{アイ}-2}{^{ウ}3}$

したがって，$f(x)=x^2-2x$ であるから

$$g(x)=\int_2^x f(t)dt=\int_2^x(t^2-2t)dt=\left[\dfrac{t^3}{3}-t^2\right]_2^x$$

← $f(t)=t^2-2t$ を代入。

$$=\dfrac{1}{3}(x^3-3x^2+4)=\dfrac{1}{3}(x+1)(x^2-4x+4)$$

$$=\dfrac{1}{^{エ}3}(x+^{オ}1)(x-^{カ}2)^2$$

よって，$g(x)<0$ から $\dfrac{1}{3}(x+1)(x-2)^2<0$

$(x-2)^2\geqq0$ であるから $x+1<0$ かつ $(x-2)^2\neq0$

したがって $x<^{キク}-1$

また，$g(x)=\int_2^x f(t)dt$ の両辺を x で微分すると

$$g'(x)=\dfrac{d}{dx}\int_2^x f(t)dt=f(x)$$

← $\dfrac{d}{dx}\int_a^x f(t)dt=f(x)$

$$=x^2-2x=x(x-2)$$

$g'(x)=0$ とすると $x=0,\ 2$

ゆえに，$g(x)$ の増減表は次のようになる。

第 5 章

第 5 章 微分法・積分法 35

x	$\cdots$	0	$\cdots$	2	$\cdots$
$g'(x)$	+	0	−	0	+
$g(x)$	↗	極大	↘	極小	↗

よって，$g(x)$ は $x={}^{ケ}0$ で極大値をとり，
$\qquad x={}^{シ}2$ で極小値をとる。

極大値は $\quad g(0)=\dfrac{1}{3}(0^3-3\cdot 0^2+4)=\dfrac{{}^{コ}4}{{}^{サ}3}$ $\quad\leftarrow g(x)=\dfrac{1}{3}(x^3-3x^2+4)$

極小値は $\quad g(2)=\dfrac{1}{3}(2+1)(2-2)^2={}^{ス}0$ $\quad\leftarrow g(x)=\dfrac{1}{3}(x+1)(x-2)^2$

20日目 定 積 分 (2)

39 ① と x 軸の交点の x 座標は，方程式 $-x^2+3x-2=0$ の解である。
よって，$(x-1)(x-2)=0$ から
$\qquad x=1,\ 2$

図から $\quad S_1=\displaystyle\int_1^2(-x^2+3x-2)dx$

$\qquad\qquad =-\displaystyle\int_1^2(x-1)(x-2)dx$

$\qquad\qquad =-\left(-\dfrac{1}{6}\right)(2-1)^3=\dfrac{{}^{ア}1}{{}^{イ}6}$

①，② の交点の x 座標は，方程式
$-x^2+3x-2=x^2-(2a+1)x+2a$
の解である。よって
$\quad 2x^2-4x+2-2ax+2a=0$
$\quad 2(x-1)^2-2a(x-1)=0$
$\quad 2(x-1)(x-a-1)=0$
ゆえに $\quad x={}^{ウ}1,\ a+{}^{エ}1$
$a>0$ であるから $\quad 1<a+1$
また，$1\leqq x\leqq a+1$ において
$\quad -x^2+3x-2\geqq x^2-(2a+1)x+2a$
よって $\quad S_2=\displaystyle\int_1^{a+1}[-x^2+3x-2-\{x^2-(2a+1)x+2a\}]dx$

$\qquad\qquad =-2\displaystyle\int_1^{a+1}(x-1)(x-a-1)dx$

$\qquad\qquad =-2\left(-\dfrac{1}{6}\right)(a+1-1)^3=\dfrac{a^{{}^{オ}3}}{{}^{カ}3}$

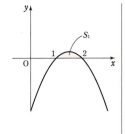

←まず，交点の x 座標を求める。

←$1\leqq x\leqq 2$ では $y\geqq 0$

←$\displaystyle\int_\alpha^\beta(x-\alpha)(x-\beta)dx$
$=-\dfrac{1}{6}(\beta-\alpha)^3$

←次数が最低の a について整理する。

←$\displaystyle\int_\alpha^\beta\{f(x)-g(x)\}dx$

←$\displaystyle\int_\alpha^\beta(x-\alpha)(x-\beta)dx$
$=-\dfrac{1}{6}(\beta-\alpha)^3$

$S_2=2S_1$ から $\dfrac{a^3}{3}=2\cdot\dfrac{1}{6}$

ゆえに $a^3=1$

a は実数であるから $a={}^{\text{キ}}\mathbf{1}$

40 (1) $y=\dfrac{1}{2}x^2$ から $y'=x$

$Q\left(q,\ \dfrac{1}{2}q^2\right)$ とすると，接線 ℓ_1，ℓ_2
の傾きはそれぞれ a，q である。

$\ell_1\perp\ell_2$ であるから $aq=-1$

ゆえに $q=-\dfrac{1}{a}$

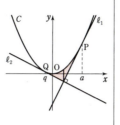

したがって，Q の x 座標は $\dfrac{{}^{\text{アイ}}-\mathbf{1}}{{}^{\text{ウ}}\mathbf{a}}$

　　　　Q の y 座標は $\dfrac{1}{2}\cdot\left(-\dfrac{1}{a}\right)^2=\dfrac{1}{2a^2}$

よって，ℓ_2 の方程式は

$$y-\dfrac{1}{2a^2}=-\dfrac{1}{a}\left\{x-\left(-\dfrac{1}{a}\right)\right\}$$

←垂直 $\Longleftrightarrow$ 傾きの積が -1

すなわち $y=\dfrac{{}^{\text{エオ}}-\mathbf{1}}{{}^{\text{カ}}\mathbf{a}}x-\dfrac{{}^{\text{キ}}\mathbf{1}}{{}^{\text{ク}}\mathbf{2a^2}}$

←$y-f(a)=f'(a)(x-a)$

(2) ℓ_1 の方程式は $y-\dfrac{1}{2}a^2=a(x-a)$

←$y-f(a)=f'(a)(x-a)$

すなわち $y=ax-\dfrac{1}{2}a^2$

ここで，$ax-\dfrac{1}{2}a^2=-\dfrac{1}{a}x-\dfrac{1}{2a^2}$ とおくと

←ℓ_1，ℓ_2 の交点の x 座標を求める。

$$\left(a+\dfrac{1}{a}\right)x=\dfrac{1}{2}\left(a^2-\dfrac{1}{a^2}\right)$$

すなわち $\left(a+\dfrac{1}{a}\right)x=\dfrac{1}{2}\left(a+\dfrac{1}{a}\right)\left(a-\dfrac{1}{a}\right)$

$a+\dfrac{1}{a}\neq 0$ であるから $x=\dfrac{1}{2}\left(a-\dfrac{1}{a}\right)$

よって，求める面積は

$$\int_{-\frac{1}{a}}^{\frac{1}{2}\left(a-\frac{1}{a}\right)}\left\{\dfrac{1}{2}x^2-\left(-\dfrac{1}{a}x-\dfrac{1}{2a^2}\right)\right\}dx$$
$$+\int_{\frac{1}{2}\left(a-\frac{1}{a}\right)}^{a}\left\{\dfrac{1}{2}x^2-\left(ax-\dfrac{1}{2}a^2\right)\right\}dx$$

$$=\dfrac{1}{2}\int_{-\frac{1}{a}}^{\frac{1}{2}\left(a-\frac{1}{a}\right)}\left(x+\dfrac{1}{a}\right)^2 dx+\dfrac{1}{2}\int_{\frac{1}{2}\left(a-\frac{1}{a}\right)}^{a}(x-a)^2 dx$$

←区間によって囲む直線が違うので，区間を分けて積分する。

←接点 $\Longleftrightarrow$ 重解

必ず ( )^2 の形に因数分解できる。

$$=\frac{1}{2}\left[\frac{1}{3}\left(x+\frac{1}{a}\right)^3\right]_{-\frac{1}{a}}^{\frac{1}{2}\left(a-\frac{1}{a}\right)}+\frac{1}{2}\left[\frac{1}{3}(x-a)^3\right]_{\frac{1}{2}\left(a-\frac{1}{a}\right)}^{a}$$

$$=\frac{1}{6}\left(\frac{1}{2}a-\frac{1}{2a}+\frac{1}{a}\right)^3-0+0-\frac{1}{6}\left(\frac{1}{2}a-\frac{1}{2a}-a\right)^3$$

$$=\frac{1}{6}\left\{\frac{1}{2}\left(a+\frac{1}{a}\right)\right\}^3-\frac{1}{6}\left\{-\frac{1}{2}\left(a+\frac{1}{a}\right)\right\}^3$$

$$=\frac{1}{^{ケコ}24}\left(^{サ}a+\frac{^{シ}1}{^{ス}a}\right)^{^{セ}3}$$

$\Leftarrow \displaystyle\int_{\alpha}^{\beta}(ax+b)^2dx$
$\quad =\left[\frac{1}{a}\cdot\frac{1}{3}(ax+b)^3\right]_{\alpha}^{\beta}$

21 日目 定 積 分 (3)

41 $f'(x)=3x^2-4$ であるから，接点の座標を $(a,\ a^3-4a)$
とすると，接線 ℓ の方程式は
$$y-(a^3-4a)=(3a^2-4)(x-a)$$
すなわち $\quad y=(3a^2-4)x-2a^3$ ……①
これが，点 A$(1,\ 1)$ を通るから
$$1=(3a^2-4)\cdot1-2a^3$$
すなわち $\quad 2a^3-3a^2+5=0$
よって $\quad (a+1)(2a^2-5a+5)=0$ ……②
$2a^2-5a+5=0$ の判別式 D について
$$D=(-5)^2-4\cdot2\cdot5<0$$
ゆえに，②の実数解は $\quad a=-1$
したがって，接線 ℓ の方程式は，①から $\quad y=^{ア}-x+^{イ}2$
$\qquad\qquad$ 接点の座標は $\quad (^{ウエ}-1,\ ^{オ}3)$
また，C と ℓ の共有点の x 座標は $x^3-4x=-x+2$ の解である。
すなわち $\quad x^3-3x-2=0$
よって $\quad (x+1)^2(x-2)=0$
ゆえに，C と ℓ の接点以外の共有点
の x 座標は $\quad ^{カ}2$
したがって，図から，求める面積は

$$\int_{-1}^{2}\{-x+2-(x^3-4x)\}dx=-\int_{-1}^{2}(x+1)^2(x-2)dx$$

$$=-\int_{-1}^{2}(x+1)^2(x+1-3)dx=-\int_{-1}^{2}\{(x+1)^3-3(x+1)^2\}dx$$

$$=-\left[\frac{(x+1)^4}{4}-3\cdot\frac{(x+1)^3}{3}\right]_{-1}^{2}=-\frac{3^4}{4}+3^3=\frac{^{キク}27}{^{ケ}4}$$

$\Leftarrow$ 点 $(a,\ a^3-4a)$ における
接線が点 $(1,\ 1)$ を通る。

$\Leftarrow y-f(a)=f'(a)(x-a)$

$\Leftarrow$
$$\begin{array}{r}2 \quad -3 \quad 0 \quad 5 \ \underline{|-1}\\ \underline{-2 \quad 5 \ -5}\\ 2 \quad -5 \quad 5 \quad 0\end{array}$$

$\Leftarrow D<0 \Longleftrightarrow$ 実数解をもた
ない

$\Leftarrow x=-1$ で接するから
$(x+1)^2$ で割り切れる。

$\Leftarrow \displaystyle\int_{\alpha}^{\beta}(ax+b)^n dx$
$\quad =\left[\frac{1}{a}\cdot\frac{1}{n+1}(ax+b)^{n+1}\right]_{\alpha}^{\beta}$

38 第5章 微分法・積分法

NOTE $\int_\alpha^\beta (x-\alpha)^2(x-\beta)dx = -\frac{1}{12}(\beta-\alpha)^4$ が成り立つ。

(証明) $\int_\alpha^\beta (x-\alpha)^2(x-\beta)dx = \int_\alpha^\beta (x-\alpha)^2(x-\alpha+\alpha-\beta)dx$

$= \int_\alpha^\beta \{(x-\alpha)^3 + (\alpha-\beta)(x-\alpha)^2\}dx$

$= \left[\frac{(x-\alpha)^4}{4} + (\alpha-\beta)\cdot\frac{(x-\alpha)^3}{3}\right]_\alpha^\beta$

$= \frac{(\beta-\alpha)^4}{4} + \frac{(\alpha-\beta)(\beta-\alpha)^3}{3}$

$= (\beta-\alpha)^4\left(\frac{1}{4} - \frac{1}{3}\right) = -\frac{1}{12}(\beta-\alpha)^4$

これを利用すると

$\int_{-1}^2 \{-x+2-(x^3-4x)\}dx = -\int_{-1}^2 (x+1)^2(x-2)dx$

$= -\left(-\frac{1}{12}\right)\{2-(-1)\}^4 = \dfrac{\text{キク}27}{\text{ケ}4}$

なお，この公式は3次曲線と接線で囲まれた部分の面積を求めるときに利用できる。

42 $y'=8x$ であるから，点 A における放物線 C の接線の傾きは $8a$

よって，直線 ℓ の傾きは $-\dfrac{1}{8a}$ となるから，ℓ の方程式は

$y-(4a^2+1) = -\dfrac{1}{8a}(x-a)$

すなわち $y = \dfrac{\text{アイ}-1}{\text{ウエ}8a}x + \text{オ}4a^2 + \dfrac{\text{カ}9}{\text{キ}8}$

次に，ℓ と C の交点の x 座標を求める。

$4x^2+1 = -\dfrac{1}{8a}x + 4a^2 + \dfrac{9}{8}$ とすると

$4x^2 + \dfrac{1}{8a}x - 4a^2 - \dfrac{1}{8} = 0$

ゆえに $4(x-a)\left(x+a+\dfrac{1}{32a}\right) = 0$

よって $x = a,\ -a-\dfrac{1}{32a}$

ゆえに $S = \int_{-a-\frac{1}{32a}}^{a}\left\{-\dfrac{1}{8a}x + 4a^2 + \dfrac{9}{8} - (4x^2+1)\right\}dx$

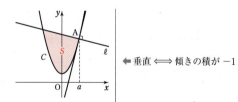

← 垂直 ⟺ 傾きの積が -1

← $y - f(a) = -\dfrac{1}{f'(a)}(x-a)$

← A が交点の1つである（$x=a$ が解である）ことはわかっているから $x-a$ を因数にもつ。

← $a>0$ であるから $-a-\dfrac{1}{32a} < a$

$$= -\int_{-a-\frac{1}{32a}}^{a} 4(x-a)\left(x+a+\frac{1}{32a}\right)dx$$

$$= -4\left[-\frac{1}{6}\left\{a-\left(-a-\frac{1}{32a}\right)\right\}^3\right]$$

$$= \frac{^{7}2}{_{ケ}3}\left(^{コサ}2a+\frac{1}{^{シスセ}32a}\right)^3$$

← $\displaystyle\int_{\alpha}^{\beta}(x-\alpha)(x-\beta)dx$
   $= -\dfrac{1}{6}(\beta-\alpha)^3$

ここで，$2a>0$，$\dfrac{1}{32a}>0$ であるから，相加平均と相乗平均の

大小関係により

← S を a の関数と考える。

$$2a+\frac{1}{32a} \geqq 2\sqrt{2a\cdot\frac{1}{32a}} = \frac{1}{2}$$

← $x+y\geqq 2\sqrt{xy}$
   等号成立は $x=y$ のとき

等号が成り立つのは，$a>0$ かつ $2a=\dfrac{1}{32a}$ すなわち $a=\dfrac{1}{8}$

のときである。

← $2a=\dfrac{1}{32a}$ から $a^2=\dfrac{1}{64}$
   $a>0$ であるから $a=\dfrac{1}{8}$

このとき，$2a+\dfrac{1}{32a}$ は最小値 $\dfrac{1}{2}$ をとる。

したがって，S は

$$a = \frac{^{ソ}1}{_{タ}8} \text{ のとき最小値 } \frac{2}{3}\left(\frac{1}{2}\right)^3 = \frac{^{チ}1}{^{ツテ}12}$$

← $2a+\dfrac{1}{32a}$ が最小のとき
   S も最小となる。

をとる。

22 日目 ベクトル (1)

43 (1) $\vec{a}\cdot\vec{e_1} = 3\cdot1+(1+4t)\cdot0+(-2+4t)\cdot0 = 3$

$|\vec{a}| = \sqrt{3^2+(1+4t)^2+(-2+4t)^2} = \sqrt{32t^2-8t+14}$

$|\vec{e_1}| = 1$

$\vec{a}$ と $\vec{e_1}$ のなす角が $\dfrac{\pi}{4}$ であるとき　$|\vec{a}||\vec{e_1}|\cos\dfrac{\pi}{4} = \vec{a}\cdot\vec{e_1}$

← $\vec{a}\cdot\vec{b} = |\vec{a}||\vec{b}|\cos\theta$

よって　$\sqrt{32t^2-8t+14}\times1\times\dfrac{1}{\sqrt{2}} = 3$

両辺を 2 乗して　$16t^2-4t+7 = 9$

整理して因数分解すると　$(2t-1)(4t+1) = 0$

← $16t^2-4t-2=0$ から
   $8t^2-2t-1=0$

$t>0$ であるから　$t = \dfrac{^{ア}1}{^{イ}2}$

このとき　$\vec{a} = (3,\ 3,\ 0)$

$\vec{a}$ と $\vec{e_2} = (0,\ 0,\ 1)$ の両方に垂直な大きさ 2 のベクトルを

$\vec{b} = (x,\ y,\ z)$ とすると

$\vec{a}\cdot\vec{b}=0$，$\vec{e_2}\cdot\vec{b}=0$，$|\vec{b}|^2 = 4$

← 垂直 ⟶ (内積)=0

40　第 6 章　ベクトル

ゆえに　　$3x+3y=0$, $z=0$, $x^2+y^2+z^2=4$
これを解くと　　$x=\sqrt{2}$, $y=-\sqrt{2}$, $z=0$
　　　　または　　$x=-\sqrt{2}$, $y=\sqrt{2}$, $z=0$
よって　　$\vec{b}=(\sqrt{^{ウ}2}, -\sqrt{^{エ}2}, \ ^{オ}0)$
　　　　または　　$(-\sqrt{2}, \sqrt{2}, 0)$

(2) 条件から
$$|\vec{p}|=1, \ |\vec{q}|=1, \ \vec{p}\cdot\vec{q}=0, \ |a\vec{p}+b\vec{q}|=1$$
よって，$|a\vec{p}+b\vec{q}|^2=1$ から
$$a^2|\vec{p}|^2+2ab\vec{p}\cdot\vec{q}+b^2|\vec{q}|^2=1$$
したがって　　$a^2+b^2=1$ ……①
また，$|\vec{p}+\vec{q}|^2=|\vec{p}|^2+2\vec{p}\cdot\vec{q}+|\vec{q}|^2=2$ であるから
$$|\vec{p}+\vec{q}|=\sqrt{2}$$
このとき，条件から
$$(a\vec{p}+b\vec{q})\cdot(\vec{p}+\vec{q})=|a\vec{p}+b\vec{q}||\vec{p}+\vec{q}|\cos 60°$$
$$=1\cdot\sqrt{2}\cdot\frac{1}{2}=\frac{\sqrt{2}}{2}$$
一方　　$(a\vec{p}+b\vec{q})\cdot(\vec{p}+\vec{q})=a|\vec{p}|^2+(a+b)\vec{p}\cdot\vec{q}+b|\vec{q}|^2$
$$=a+b$$
よって　　$a+b=\dfrac{\sqrt{2}}{2}$

①から　　$(a+b)^2-2ab=1$　すなわち　$\dfrac{1}{2}-2ab=1$

ゆえに　　$ab=-\dfrac{1}{4}$

よって，a, b は2次方程式 $t^2-\dfrac{\sqrt{2}}{2}t-\dfrac{1}{4}=0$ すなわち
$4t^2-2\sqrt{2}t-1=0$ の2つの解である。
これを解くと　　$t=\dfrac{\sqrt{2}\pm\sqrt{6}}{4}$
$a>0$ であるから　$a=\dfrac{\sqrt{^{カ}2}+\sqrt{^{キ}6}}{^{ク}4}$, $b=\dfrac{\sqrt{^{ケ}2}-\sqrt{^{コ}6}}{^{サ}4}$

⬅ 垂直 ⟶ (内積)=0

⬅ $\vec{a}\cdot\vec{b}=|\vec{a}||\vec{b}|\cos\theta$

⬅ $t^2-(和)t+(積)=0$

44 AD は ∠BAC の二等分線であるから
BD：DC＝AB：AC＝5：7
よって
$$\vec{AD}=\frac{7\vec{AB}+5\vec{AC}}{5+7}$$
$$=\frac{^{ア}7}{^{イウ}12}\vec{AB}+\frac{^{エ}5}{^{オカ}12}\vec{AC}$$

⬅ D は辺 BC を 5：7 に内分する点。

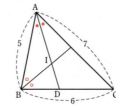

第6章　ベクトル

また　　　　$BD = 6 \times \dfrac{5}{5+7} = \dfrac{5}{2}$

BI は ∠ABD の二等分線であるから

$$AI : ID = BA : BD = 5 : \dfrac{5}{2} = {}^{\text{キ}}2 : 1$$

◀I は線分 AD を 2 : 1 に内分する点。

よって　　　$\overrightarrow{AI} = \dfrac{2}{2+1}\overrightarrow{AD} = \dfrac{2}{3}\left(\dfrac{7}{12}\overrightarrow{AB} + \dfrac{5}{12}\overrightarrow{AC}\right)$

$$= \dfrac{{}^{\text{クケコ}}7}{18}\overrightarrow{AB} + \dfrac{{}^{\text{サシス}}5}{18}\overrightarrow{AC}$$

また　　　$\overrightarrow{AG} = \dfrac{1}{3}(\overrightarrow{AA} + \overrightarrow{AB} + \overrightarrow{AC}) = \dfrac{{}^{\text{セソ}}1}{3}\overrightarrow{AB} + \dfrac{{}^{\text{タチ}}1}{3}\overrightarrow{AC}$

◀ **CHART**
2 つのベクトルで表す

ゆえに　　$\overrightarrow{GI} = \overrightarrow{AI} - \overrightarrow{AG}$

$$= \left(\dfrac{7}{18}\overrightarrow{AB} + \dfrac{5}{18}\overrightarrow{AC}\right) - \left(\dfrac{1}{3}\overrightarrow{AB} + \dfrac{1}{3}\overrightarrow{AC}\right)$$

$$= \dfrac{1}{18}(\overrightarrow{AB} - \overrightarrow{AC}) = -\dfrac{1}{18}\overrightarrow{BC}$$

◀ $\vec{a} /\!/ \vec{b} \iff \vec{b} = k\vec{a}$ となる実数 k がある。

したがって，$\overrightarrow{GI} /\!/ \overrightarrow{BC}$ であり

$$|\overrightarrow{GI}| = \dfrac{1}{18}|\overrightarrow{BC}| = \dfrac{1}{18} \cdot 6 = \dfrac{{}^{\text{ツ}}1}{3}{}_{\text{テ}}$$

㉓日目 ベクトル (2)

45　$5\overrightarrow{PA} + a\overrightarrow{PB} + \overrightarrow{PC} = \vec{0}$ から

$5(-\overrightarrow{AP}) + a(\overrightarrow{AB} - \overrightarrow{AP})$
$\quad + (\overrightarrow{AC} - \overrightarrow{AP}) = \vec{0}$

◀ **CHART**
始点を (A に) そろえる

よって　　$(a+6)\overrightarrow{AP} = a\overrightarrow{AB} + \overrightarrow{AC}$

ゆえに　　$\overrightarrow{AP} = \dfrac{{}^{\text{ア}}a}{a + {}^{\text{イ}}6}\overrightarrow{AB} + \dfrac{{}^{\text{ウ}}1}{a + {}^{\text{エ}}6}\overrightarrow{AC}$

A, P, D は一直線上にあるから，$\overrightarrow{AD} = k\overrightarrow{AP}$ (k は実数) とすると　　$\overrightarrow{AD} = \dfrac{ak}{a+6}\overrightarrow{AB} + \dfrac{k}{a+6}\overrightarrow{AC}$

BD : DC = 1 : 8 であるから　　$\overrightarrow{AD} = \dfrac{8}{9}\overrightarrow{AB} + \dfrac{1}{9}\overrightarrow{AC}$

◀ $\dfrac{n\overrightarrow{AB} + m\overrightarrow{AC}}{m+n}$

$\overrightarrow{AB} \neq \vec{0}$, $\overrightarrow{AC} \neq \vec{0}$, $\overrightarrow{AB} \times\!\!\!/ \overrightarrow{AC}$ であるから

$$\dfrac{ak}{a+6} = \dfrac{8}{9} \quad \cdots\cdots ①, \qquad \dfrac{k}{a+6} = \dfrac{1}{9} \quad \cdots\cdots ②$$

◀係数が等しい。

② を ① に代入して　　$\dfrac{1}{9}a = \dfrac{8}{9}$

したがって　　$a = {}^{\text{オ}}8$　　　これは $a > 0$ を満たす。

42　　第6章　ベクトル

このとき，② から $k=\dfrac{14}{9}$

よって，$\overrightarrow{AD}=\dfrac{14}{9}\overrightarrow{AP}$ であるから $\overrightarrow{AP}=\dfrac{^{カ}9}{^{キク}14}\overrightarrow{AD}$

ゆえに AP：PD$=9:(14-9)=^{ケ}9:^{コ}5$

← $\dfrac{k}{14}=\dfrac{1}{9}$

← AP：AD$=9:14$

> **NOTE** $\overrightarrow{AP}=\dfrac{a}{a+6}\overrightarrow{AB}+\dfrac{1}{a+6}\overrightarrow{AC}=\dfrac{a+1}{a+6}\cdot\dfrac{a\overrightarrow{AB}+\overrightarrow{AC}}{a+1}=\dfrac{a+1}{a+6}\overrightarrow{AD}$ として，
> $\dfrac{a}{a+1}=\dfrac{8}{9}$，$\dfrac{1}{a+1}=\dfrac{1}{9}$ とすれば，$a=^{オ}8$，$\overrightarrow{AP}=\dfrac{^{カ}9}{^{キク}14}\overrightarrow{AD}$ がすぐにわかる。
> また，$\overrightarrow{AP}$ と $\overrightarrow{AD}$ について，$\overrightarrow{AB}$ の係数と $\overrightarrow{AC}$ の係数の比は変わらないから，
> $\dfrac{a}{a+6}:\dfrac{1}{a+6}=8:1$ とすると，さらに早く計算できる。

46 BP：PM$=s:(1-s)$，
 AP：PN$=t:(1-t)$
とすると
$\overrightarrow{OP}=s\overrightarrow{OM}+(1-s)\overrightarrow{OB}$
 $=\dfrac{1}{2}s\overrightarrow{OA}+(1-s)\overrightarrow{OB}$ …… ①
$\overrightarrow{OP}=(1-t)\overrightarrow{OA}+t\overrightarrow{ON}$
 $=(1-t)\overrightarrow{OA}+\dfrac{1}{3}t\overrightarrow{OB}$ …… ②

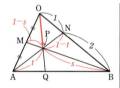

$\overrightarrow{OA}\neq\vec{0}$，$\overrightarrow{OB}\neq\vec{0}$，$\overrightarrow{OA}\not\parallel\overrightarrow{OB}$ であるから，①，② より
 $\dfrac{1}{2}s=1-t$，$1-s=\dfrac{1}{3}t$

よって $s=\dfrac{4}{5}$，$t=\dfrac{3}{5}$

① に代入して $\overrightarrow{OP}=\dfrac{^{ア}2}{^{イ}5}\overrightarrow{OA}+\dfrac{^{ウ}1}{^{エ}5}\overrightarrow{OB}$

また，$\overrightarrow{OQ}=k\overrightarrow{OP}$（$k$ は実数）とすると
 $\overrightarrow{OQ}=k\left(\dfrac{2}{5}\overrightarrow{OA}+\dfrac{1}{5}\overrightarrow{OB}\right)=\dfrac{2}{5}k\overrightarrow{OA}+\dfrac{1}{5}k\overrightarrow{OB}$

Q は辺 AB 上にあるから
 $\dfrac{2}{5}k+\dfrac{1}{5}k=1$ ゆえに $k=\dfrac{5}{3}$

よって $\overrightarrow{OQ}=\dfrac{2}{5}\cdot\dfrac{5}{3}\overrightarrow{OA}+\dfrac{1}{5}\cdot\dfrac{5}{3}\overrightarrow{OB}=\dfrac{2\overrightarrow{OA}+1\cdot\overrightarrow{OB}}{3}$

したがって AQ：QB$=1:^{オ}2$

← $\dfrac{n\overrightarrow{OM}+m\overrightarrow{OB}}{m+n}$

← $\overrightarrow{OP}$ を 2 通りに表す。

CHART 2つのベクトル（$\overrightarrow{OA}$，$\overrightarrow{OB}$）で表す

← 係数が等しい。

← O，P，Q は一直線上
 $\iff \overrightarrow{OQ}=k\overrightarrow{OP}$

← AB 上にある
 $\implies$ 係数の和が 1
 $\dfrac{n\overrightarrow{OA}+m\overrightarrow{OB}}{m+n}$
 $\iff$ AQ：QB$=m:n$

第6章 ベクトル 43

NOTE
$\vec{OP} = l\vec{OQ}$,
$\vec{OQ} = m\vec{OA} + n\vec{OB}$ ($m+n=1$)
であるから, (オ)は, $\vec{OP} = l(m\vec{OA} + n\vec{OB})$
の形を作り出すと早く解ける。

$$\vec{OP} = \frac{2}{5}\vec{OA} + \frac{1}{5}\vec{OB} = \frac{1}{5}(2\vec{OA} + \vec{OB})$$
$$= \frac{3}{5}\left(\frac{2}{3}\vec{OA} + \frac{1}{3}\vec{OB}\right)$$

よって $\vec{OQ} = \dfrac{2\vec{OA} + 1\cdot\vec{OB}}{3}$ $\left(\vec{OP} = \dfrac{3}{5}\vec{OQ}\right)$

ゆえに AQ : QB = 1 : ᵒ2

← O, P, Q は一直線上。
← Q は線分 AB 上。

← 係数の和が1になるように, 3で割った。
$\left(\dfrac{2}{3} + \dfrac{1}{3} = 1\right)$

NOTE
△OAN と直線 BM について,
メネラウスの定理 により
$\dfrac{1}{1} \cdot \dfrac{3}{2} \cdot \dfrac{NP}{PA} = 1$

すなわち $\dfrac{NP}{PA} = \dfrac{2}{3}$

よって NP : PA = 2 : 3

ゆえに $\vec{OP} = \dfrac{2\vec{OA} + 3\vec{ON}}{5} = \dfrac{2}{5}\vec{OA} + \dfrac{3}{5} \cdot \dfrac{1}{3}\vec{OB}$
$= ^ア\dfrac{2}{^エ 5}\vec{OA} + ^ウ\dfrac{1}{^エ 5}\vec{OB}$

← $\dfrac{AM}{MO} \cdot \dfrac{OB}{BN} \cdot \dfrac{NP}{PA} = 1$

← $\dfrac{n\vec{OA} + m\vec{ON}}{m+n}$

△OAB について,
チェバの定理 により
$\dfrac{1}{1} \cdot \dfrac{AQ}{QB} \cdot \dfrac{2}{1} = 1$

すなわち $\dfrac{AQ}{QB} = \dfrac{1}{2}$

よって AQ : QB = 1 : ᵒ2

← $\dfrac{OM}{MA} \cdot \dfrac{AQ}{QB} \cdot \dfrac{BN}{NO} = 1$

24日目 ベクトル(3)

47 $\vec{OC} = m\vec{OA} + n\vec{OB}$ から
$(2, 1, -2) = m(4, 0, 2a) + n(0, 1, b+2)$
$= (4m, n, 2am + bn + 2n)$
よって $2 = 4m$, $1 = n$, $-2 = 2am + bn + 2n$

← ベクトルの相等。

ゆえに $m=\dfrac{^{\text{ア}}1}{^{\text{イ}}2}$, $n={}^{\text{ウ}}1$

よって $b=-a-{}^{\text{エ}}4$

(1) $\overrightarrow{\mathrm{AB}}=\overrightarrow{\mathrm{OB}}-\overrightarrow{\mathrm{OA}}=(0,\ 1,\ b+2)-(4,\ 0,\ 2a)$

$=(0,\ 1,\ -a-2)-(4,\ 0,\ 2a)$

$=(-4,\ 1,\ -3a-2)$

$\overrightarrow{\mathrm{AB}}$ と $\overrightarrow{\mathrm{OC}}$ が垂直であるとき $\overrightarrow{\mathrm{AB}}\cdot\overrightarrow{\mathrm{OC}}=0$

すなわち $-4\cdot2+1\cdot1+(-3a-2)\cdot(-2)=0$

ゆえに $a=\dfrac{^{\text{オ}}1}{^{\text{カ}}2}$

← $b=-a-4$

← 垂直 ⟶ (内積)$=0$

(2) $|\overrightarrow{\mathrm{OA}}|=\sqrt{4^2+0^2+(2a)^2}=\sqrt{4a^2+16}$

$|\overrightarrow{\mathrm{OB}}|=\sqrt{0^2+1^2+(-a-2)^2}=\sqrt{a^2+4a+5}$

$\overrightarrow{\mathrm{OA}}\cdot\overrightarrow{\mathrm{OB}}=4\cdot0+0\cdot1+2a\cdot(-a-2)=-2a^2-4a$

したがって

$$S=\dfrac{1}{2}\sqrt{|\overrightarrow{\mathrm{OA}}|^2|\overrightarrow{\mathrm{OB}}|^2-(\overrightarrow{\mathrm{OA}}\cdot\overrightarrow{\mathrm{OB}})^2}$$

$$=\dfrac{1}{2}\sqrt{(4a^2+16)(a^2+4a+5)-(-2a^2-4a)^2}$$

$$=\sqrt{{}^{\text{キ}}5a^2+{}^{\text{クケ}}16a+{}^{\text{コサ}}20}=\sqrt{5\left(a+\dfrac{8}{5}\right)^2+\dfrac{36}{5}}$$

← CHART まず平方完成

$a=-\dfrac{8}{5}$ のとき $b=-\dfrac{12}{5}$

よって, S は $a=\dfrac{^{\text{シス}}-8}{^{\text{セ}}5}$, $b=\dfrac{^{\text{ソタチ}}-12}{^{\text{ツ}}5}$ のとき最小値

$\sqrt{\dfrac{36}{5}}=\dfrac{^{\text{テ}}6\sqrt{^{\text{ト}}5}}{^{\text{ナ}}5}$ をとる。

48 $\overrightarrow{\mathrm{OG}}=\dfrac{1}{3}(\overrightarrow{\mathrm{OP}}+\overrightarrow{\mathrm{OQ}}+\overrightarrow{\mathrm{OR}})$

$=\dfrac{1}{3}(\vec{p}+\vec{q}+\vec{r})$,

$\overrightarrow{\mathrm{PQ}}=\overrightarrow{\mathrm{OQ}}-\overrightarrow{\mathrm{OP}}=\vec{q}-\vec{p}$,

$\overrightarrow{\mathrm{QR}}=\overrightarrow{\mathrm{OR}}-\overrightarrow{\mathrm{OQ}}=\vec{r}-\vec{q}$

また, 条件から $|\vec{p}|=|\vec{q}|=\sqrt{2}$, $|\vec{r}|=1$, $\vec{p}\cdot\vec{r}=0$

よって $\overrightarrow{\mathrm{OG}}\cdot\overrightarrow{\mathrm{PQ}}=\dfrac{1}{3}(\vec{p}+\vec{q}+\vec{r})\cdot(\vec{q}-\vec{p})$

$=\dfrac{1}{3}\{(\vec{q}+\vec{p})\cdot(\vec{q}-\vec{p})+\vec{r}\cdot\vec{q}-\vec{r}\cdot\vec{p}\}$

$=\dfrac{1}{3}(|\vec{q}|^2-|\vec{p}|^2+\vec{q}\cdot\vec{r})=\dfrac{1}{3}(2-2+\vec{q}\cdot\vec{r})=\dfrac{1}{3}\vec{q}\cdot\vec{r}$

← △PQR の重心。

← CHART 始点を (O に) そろえて, 3つのベクトル $(\vec{p},\ \vec{q},\ \vec{r})$ で表す

← 垂直 ⟶ (内積)$=0$
各ベクトルの大きさや内積は後の計算で使うから, 先に求めておくとよい。

← $(a+b)(a-b)=a^2-b^2$ を使って計算を省く。

第6章 ベクトル **45**

第 **6** 章

$\vec{OG}\cdot\vec{PQ}=0$ であるから $\vec{q}\cdot\vec{r}=^{ア}0$

また　$\vec{OG}\cdot\vec{QR}=\dfrac{1}{3}(\vec{p}+\vec{q}+\vec{r})\cdot(\vec{r}-\vec{q})$

$=\dfrac{1}{3}\{\vec{p}\cdot\vec{r}-\vec{p}\cdot\vec{q}+(\vec{r}+\vec{q})\cdot(\vec{r}-\vec{q})\}$

$=\dfrac{1}{3}(-\vec{p}\cdot\vec{q}+|\vec{r}|^2-|\vec{q}|^2)$

$=\dfrac{1}{3}(-\vec{p}\cdot\vec{q}+1-2)$

$=\dfrac{1}{3}(-\vec{p}\cdot\vec{q}-1)$

$\vec{OG}\cdot\vec{QR}=0$ であるから　$-\vec{p}\cdot\vec{q}-1=0$
よって　$\vec{p}\cdot\vec{q}=^{イウ}-1$

ゆえに　$\cos\angle POQ=\dfrac{\vec{p}\cdot\vec{q}}{|\vec{p}||\vec{q}|}=\dfrac{-1}{\sqrt{2}\cdot\sqrt{2}}=-\dfrac{1}{2}$

$0°<\angle POQ<180°$ であるから　$\angle POQ=^{エオカ}120°$

また　$OG^2=|\vec{OG}|^2=\dfrac{1}{9}|\vec{p}+\vec{q}+\vec{r}|^2$

$=\dfrac{1}{9}(|\vec{p}|^2+|\vec{q}|^2+|\vec{r}|^2+2\vec{p}\cdot\vec{q}+2\vec{q}\cdot\vec{r}+2\vec{r}\cdot\vec{p})$

$=\dfrac{1}{9}\{2+2+1+2\cdot(-1)+0+0\}=\dfrac{1}{3}$

$OG>0$ であるから　$OG=\sqrt{\dfrac{1}{3}}=\dfrac{\sqrt{^{キ}3}}{^{ク}3}$

⇐ 垂直 ⟶ (内積)=0

⇐ $\dfrac{1}{3}(p+q+r)(r-q)$ の
展開と同様に考える。

⇐ 垂直 ⟶ (内積)=0

⇐ $\vec{p}\cdot\vec{q}=|\vec{p}||\vec{q}|\cos\angle POQ$

⇐ $(p+q+r)^2=p^2+q^2+r^2+2pq+2qr+2rp$
と同様に計算する。

25日目 数 列 (1)

49 (1) $a_n=a+(n-1)d$ であり，
$a_2=241$ から　$a+d=241$ ……①
$a_{100}=45$ から　$a+99d=45$ ……②
①, ② を解くと　$a=^{アイウ}243$, $d=^{エオ}-2$
また，$b_n=243r^{n-1}$ であり，$b_4=9$ であるから
$243r^3=9$　すなわち　$r^3=\dfrac{1}{27}$

r は実数であるから　$r=\dfrac{^{カ}1}{^{キ}3}$

(2) $a_n>0$ から　$243+(n-1)\cdot(-2)>0$
よって　$-2n+245>0$

⇐ $a_2=a+(2-1)d$
⇐ $a_{100}=a+(100-1)d$

⇐ $b_4=ar^{4-1}$

ゆえに $\qquad n < \dfrac{245}{2} = 122.5$

これを満たす最大の自然数 n の値は $\qquad n = {}^{クケコ}\mathbf{122}$

したがって，$n \leqq 122$ のとき $\qquad a_n > 0,$

$\qquad\qquad\quad n \geqq 123$ のとき $\qquad a_n < 0$

よって，S_n は $n = {}^{サシス}\mathbf{122}$ のとき最大値をとり，最大値は

$$S_{122} = \dfrac{1}{2} \cdot 122 \cdot \{2 \cdot 243 + (122-1) \cdot (-2)\} = {}^{セソタチツ}\mathbf{14884}$$

← 正の項だけの和を求めればよい。

また，$b_n = 243 \cdot \left(\dfrac{1}{3}\right)^{n-1}$ であり，$n \geqq 7$ のとき

$$0 < b_n < 1$$

← $3^{7-1} = 729$

$a_{122} = 1$，$a_{123} = -1$ であるから

$\qquad a_1 = b_1,$ $2 \leqq n \leqq 122$ のとき $\qquad a_n > b_n,$

$\qquad\qquad\qquad n \geqq 123$ のとき $\qquad a_n < b_n$

したがって，$a_n < b_n$ を満たす最小の自然数 n の値は

$$n = {}^{テトナ}\mathbf{123}$$

← 初項が同じで，$\{a_n\}$ は等差数列，$\{b_n\}$ は等比数列であることに着目する。

〔別解〕 （和の最大値）

$$S_n = \dfrac{1}{2} n \{2 \cdot 243 + (n-1) \cdot (-2)\}$$

$$= -n^2 + 244n = -(n-122)^2 + 122^2$$

← $S_n = \dfrac{1}{2} n \{2a + (n-1)d\}$

← **CHART** まず平方完成

よって，S_n は

$$n = {}^{サシス}\mathbf{122} \text{ のとき最大値 } {}^{セソタチツ}\mathbf{14884}$$

をとる。

← $122^2 = 14884$

50 (1) 数列 $3, a, b$ が等比数列であるから

$$a^2 = 3b \qquad \cdots\cdots ①$$

← $y^2 = xz$ （等比中項）

数列 $b, a, \dfrac{8}{3}$ が等差数列であるから

$$2a = b + \dfrac{8}{3} \qquad \cdots\cdots ②$$

← $2y = x + z$ （等差中項）

② から $\qquad b = 2a - \dfrac{8}{3}$

これを ① に代入して $\qquad a^2 = 3\left(2a - \dfrac{8}{3}\right)$

← 1つの文字 b を消去して解く。

すなわち $\qquad a^2 - 6a + 8 = 0$

よって $\qquad (a-2)(a-4) = 0$

ゆえに $\qquad a = 2, \ 4$

① から，$a = {}^{ア}\mathbf{2}$ のとき $\qquad b = \dfrac{{}^{イ}\mathbf{4}}{{}^{ウ}\mathbf{3}}$,

$\qquad\qquad a = {}^{エ}\mathbf{4}$ のとき $\qquad b = \dfrac{{}^{オカ}\mathbf{16}}{{}^{キ}\mathbf{3}}$

第7章 数列　47

(2) $\displaystyle\sum_{k=1}^{n}(3^{k+1}+3k^2+2k-1)$

$\displaystyle=\sum_{k=1}^{n}3^{k+1}+3\sum_{k=1}^{n}k^2+2\sum_{k=1}^{n}k-\sum_{k=1}^{n}1$

$\displaystyle=\frac{3^{1+1}(3^n-1)}{3-1}+3\cdot\frac{1}{6}n(n+1)(2n+1)+2\cdot\frac{1}{2}n(n+1)-n$

$\displaystyle=\frac{1}{2}(3^{n+2}-9)+\frac{1}{2}(2n^3+3n^2+n)+(n^2+n)-n$

$\displaystyle=\frac{1}{2}\cdot 3^{n+{}^{ク}2}+n^3+\frac{{}^{ケ}5}{{}^{コ}2}n^2+\frac{{}^{サ}1}{{}^{シ}2}n-\frac{{}^{ス}9}{{}^{セ}2}$

$\blacktriangleleft$ $\displaystyle\sum_{k=1}^{n}(\alpha a_k+\beta b_k)$
$\displaystyle=\alpha\sum_{k=1}^{n}a_k+\beta\sum_{k=1}^{n}b_k$

$\blacktriangleleft$ $\displaystyle\sum_{k=1}^{n}a^k$ は等比数列の和。
3^{k+1} に $k=1$ を代入した 3^{1+1} が初項となる。

$\displaystyle\sum_{k=1}^{n}k^2=\frac{1}{6}n(n+1)(2n+1)$

$\displaystyle\sum_{k=1}^{n}k=\frac{1}{2}n(n+1),\ \ \sum_{k=1}^{n}1=n$

26 日目 数　列 (2)

51 $c,\ a,\ b$ がこの順で等差数列をなすことから

$$2a=b+c\quad\cdots\cdots\text{①}$$

$b,\ c,\ a$ がこの順で等比数列をなすことから

$$c^2=ab\quad\cdots\cdots\text{②}$$

① から　　　$c=2a-b$

これを ② に代入して整理すると　　$4a^2-5ba+b^2=0$

よって　　　　$(a-b)(4a-b)=0$

条件より，$a\neq b$ であるから　　$4a-b=0$

ゆえに　　　　$b={}^{ア}4a$

これを ① に代入して　　$c={}^{イウ}-2a$

このとき，等差数列 $\{x_n\}$ の公差は

$$a-c=a-(-2a)={}^{エ}3a$$

また，等比数列 $\{y_n\}$ の公比は $\dfrac{c}{b}=\dfrac{-2a}{4a}=\dfrac{{}^{オカ}-1}{{}^{キ}2}$，初項は

$y_1=4a$ であるから，$\{y_n\}$ の初項から第 5 項までの和は

$$\frac{4a\left\{1-\left(-\dfrac{1}{2}\right)^5\right\}}{1-\left(-\dfrac{1}{2}\right)}=\frac{{}^{クケ}11}{{}^{コ}4}a$$

次に，$\{w_n\}$ の初項は　　　$b-a=4a-a=3a$，

　　　　　第 2 項は　　　$c-b=-2a-4a=-6a$

よって，$\{w_n\}$ の公差は　　$-6a-3a={}^{サシ}-9a$

したがって，$\{w_n\}$ の一般項 w_n は

$$w_n=3a+(n-1)\cdot(-9a)=({}^{スセ}-9n+{}^{ソタ}12)a$$

ゆえに，$\{z_n\}$ の一般項 z_n は，n≧2 のとき

$\blacktriangleleft$ 等差中項。

$\blacktriangleleft$ 等比中項。

$\blacktriangleleft$ $(2a-b)^2=ab$

$\blacktriangleleft$ $b\neq 0$

$\blacktriangleleft$ $a\underbrace{}_{b-a}b\underbrace{}_{c-b}c$

$\blacktriangleleft$ n≧2 に注意。

48　第 7 章　数列

$$z_n = a + \sum_{k=1}^{n-1} w_k = a + \sum_{k=1}^{n-1}(-9k+12)a$$

$$= a + a\left\{-9 \cdot \frac{n(n-1)}{2} + 12(n-1)\right\}$$

$$= \frac{a}{2}(-9n^2 + 33n - 22)$$

この式に $n=1$ を代入すると

$$z_1 = \frac{a}{2}(-9 + 33 - 22) = a$$

よって，$n=1$ のときも成り立つ。

したがって $z_n = \dfrac{a}{\text{チ}\,2}(^{\text{ツテ}}-9n^2 + {}^{\text{トナ}}33n - {}^{\text{ニヌ}}22)$

◀ CHART

初項は特別扱い

52 (1) $a_1 = S_1 = 1 \cdot (1+2) = {}^{\text{ア}}3$

$n \geqq 2$ のとき

$$a_n = S_n - S_{n-1}$$
$$= n(n+2) - (n-1)(n+1)$$
$$= 2n+1$$

この式は $n=1$ のときも成り立つ。

したがって $a_n = {}^{\text{イ}}2n + {}^{\text{ウ}}1$

(2) $b_1 = T_1 = 1 - (-2) = 3$

$n \geqq 2$ のとき

$$b_n = T_n - T_{n-1}$$
$$= 1 - (-2)^n - \{1 - (-2)^{n-1}\}$$
$$= (-2)^{n-1} - (-2)^n$$
$$= (-2)^{n-1} - (-2) \cdot (-2)^{n-1}$$
$$= (-2)^{n-1}(1+2) = 3(-2)^{n-1}$$

この式は $n=1$ のときも成り立つ。

したがって $b_n = {}^{\text{エ}}3({}^{\text{オカ}}-2)^{n-1}$

このとき，$\dfrac{1}{b_n} = \dfrac{1}{3(-2)^{n-1}} = \dfrac{1}{3}\left(-\dfrac{1}{2}\right)^{n-1}$ であるから

$$\sum_{k=1}^{n} \frac{1}{b_k} = \sum_{k=1}^{n} \frac{1}{3}\left(-\frac{1}{2}\right)^{k-1} = \frac{\dfrac{1}{3}\left\{1 - \left(-\dfrac{1}{2}\right)^n\right\}}{1 - \left(-\dfrac{1}{2}\right)}$$

$$= \frac{1 - \left(-\dfrac{1}{2}\right)^n}{3 \cdot \dfrac{3}{2}} = \frac{2}{9}\left\{1 - \left(-\frac{1}{2}\right)^n\right\}$$

$$= \frac{{}^{\text{キ}}2}{{}^{\text{ク}}9}\left\{1 - \frac{1}{({}^{\text{ケコ}}-2)^n}\right\}$$

◀ $a_1 = S_1$

◀ $n \geqq 2$ のとき
  $a_n = S_n - S_{n-1}$
  S_{n-1} は S_n において n を $n-1$ におき換えたもの。

◀ $b_1 = T_1$

◀ $n \geqq 2$ のとき
  $b_n = T_n - T_{n-1}$

◀ $(-2)^n = -2 \cdot (-2)^{n-1}$ とし，$(-2)^{n-1}$ でくくって計算する。
  $(-2)^{n-1} = A$ とすると
  $(-2)^{n-1} - (-2)^n$
  $= (-2)^{n-1} - (-2) \cdot (-2)^{n-1}$
  $= A + 2A = 3A = 3(-2)^{n-1}$

◀ 等比数列の逆数も等比数列。

◀ 初項 $\dfrac{1}{3}$，公比 $-\dfrac{1}{2}$，項数 n の等比数列の和。

第7章

第7章 数列　49

27 日目 数　列 (3)

53 枠内に現れるすべての数は，2 つの数列

　　2, 4, 6, ……, 20 と 2, 4, 8, ……, 1024

から 1 項ずつとって掛け合わせたものすべての組み合わせであるから，その和は

$(2+4+6+……+20)(2+4+8+……+1024)$ に等しい。

よって　　$\dfrac{10\cdot(2+20)}{2}\times\dfrac{2(2^{10}-1)}{2-1}=110\cdot2046$

　　　　　　　　　　　　　　　　　$={}^{アイウエオカ}\mathbf{225060}$

また　　　$S=2\cdot2+4\cdot2^2+6\cdot2^3+……+20\cdot2^{10}$　であるから

　　　　$2S=\qquad\ \ 2\cdot2^2+4\cdot2^3+……+18\cdot2^{10}+20\cdot2^{11}$

辺々を引くと

$S-2S=2\cdot2+2\cdot2^2+2\cdot2^3+……+2\cdot2^{{}^{キク}\mathbf{10}}-20\cdot2^{{}^{ケコ}\mathbf{11}}$

　　　　$=\dfrac{4(2^{10}-1)}{2-1}-20\cdot2^{11}=4092-40960=-36868$

ゆえに　　$-S=-36868$

よって　　$S={}^{サシスセソ}\mathbf{36868}$

54 第 k 区画に含まれる項の個数は k である。

よって，第 1 区画から第 20 区画までの区画に含まれる項の個数は

$$\sum_{k=1}^{20}k=\dfrac{20\cdot(20+1)}{2}={}^{アイウ}\mathbf{210}\ (個)$$

ゆえに，a_{215} は第 21 区画の項であるから

$$a_{215}={}^{エオ}\mathbf{21}$$

また，第 1 区画から第 20 区画までの区画に含まれる項の総和は

$$1\times1+2\times2+……+20\times20$$

$$=\sum_{k=1}^{20}k\cdot k=\dfrac{1}{6}\cdot20(20+1)(2\cdot20+1)$$

$$={}^{カキクケ}\mathbf{2870}$$

$3000-2870=130$ で，$21\times6=126$，$21\times7=147$ であるから，求める最小の自然数 n の値は

$$n=(第\,20\,区画までの項数)+7$$

$$=210+7={}^{コサシ}\mathbf{217}$$

← $(a+b)$
$\times(c+d)$
$=ac+ad$
$+bc+bd$

$\times$	a	b
c	ac	bc
d	ad	bd

と同様，(　)(　) を展開すればすべての項が現れる。

← $\dfrac{1}{2}\cdot(項数)\cdot\{(初項)+(末項)\}$

　　$\dfrac{a\{r^{(項数)}-1\}}{r-1}$

$2^{10}=1024$ は覚えておくとよい。

← 2 の指数部分が同じ項を並べて書く。

← **CHART** S_n-rS_n を作る

← $\dfrac{a\{r^{(項数)}-1\}}{r-1}$

← 個数を k で表す。

区画	1	2	……	20
項数	1	2 2	……	20 … 20
	1	2	……	20

← $\displaystyle\sum_{k=1}^{n}k=\dfrac{1}{2}n(n+1)$

← 第 211 項から数えて 21 項が第 21 区画。

← 第 k 区画には k が k 個ある。
$\displaystyle\sum_{k=1}^{n}k^2=\dfrac{1}{6}n(n+1)(2n+1)$

← 3000 まであと 130
第 21 区画で 3000 を超える。21 があと何項あればよいか考える。

50　第 7 章　数列

28 日目 漸化式と数列 (1)

55 (1) $x=-3x+8$ を解くと $x=2$

よって，$a_{n+1}=-3a_n+8$ を変形すると
$$a_{n+1}-{}^{\mathcal{P}}2=-3(a_n-2)$$
ゆえに，数列 $\{a_n-2\}$ は
$$初項が \quad a_1-2=-1-2=-3,$$
$$公比が \quad -3$$
の等比数列である。

すなわち $\quad a_n-2=-3\cdot(-3)^{n-1}$
したがって $\quad a_n={}^{\mathcal{Y}\mathcal{D}}(-3)^n+{}^{\mathcal{I}}2$

◆特性方程式を解く。
$$\begin{array}{r} a_{n+1} = -3a_n+8 \\ -)\quad\quad 2=-3\cdot 2+8 \\ \hline a_{n+1}-2=-3(a_n-2) \end{array}$$

(2) $\displaystyle\sum_{k=1}^{10}|a_k|=-a_1+a_2-a_3+a_4-a_5+a_6-a_7+a_8-a_9+a_{10}$

$\quad\quad = -\{(-3)^1+2\}+\{(-3)^2+2\}-\{(-3)^3+2\}$
$\quad\quad\quad +\cdots\cdots-\{(-3)^9+2\}+\{(-3)^{10}+2\}$
$\quad\quad = 3^1+3^2+3^3+\cdots\cdots+3^9+3^{10}$
$\quad\quad = \dfrac{3\cdot(3^{10}-1)}{3-1}=\dfrac{3\cdot(59049-1)}{2}$
$\quad\quad = {}^{\mathcal{T}\mathcal{D}\mathcal{F}\mathcal{D}\mathcal{T}}88572$

◆$a_n=(-3)^n+2$ から
n が奇数のとき $a_n<0$
n が偶数のとき $a_n>0$

◆初項 3，公比 3，項数 10
の等比数列の和。

(3) $b_n=a_n{}^2=\{(-3)^n+2\}^2$
$\quad\quad = {}^{\mathcal{J}}9^n+{}^{\mathcal{T}}4\cdot(-3)^n+{}^{\mathcal{V}}4$

よって
$$\sum_{k=1}^{n}b_k=\sum_{k=1}^{n}\{9^k+4\cdot(-3)^k+4\}$$
$$= \frac{9(9^n-1)}{9-1}+4\cdot\frac{-3\{(-3)^n-1\}}{-3-1}+4n$$
$$= \frac{9^{n+1}}{8}-\frac{9}{8}+3\cdot(-3)^n-3+4n$$
$$= \frac{{}^{\mathcal{A}}9^{n+1}}{{}^{\mathcal{E}}8}-(-3)^{n+1}+{}^{\mathcal{V}}4n-\frac{{}^{\mathcal{A}\mathcal{F}}33}{{}^{\mathcal{Y}}8}$$

56 $a_{n+1}+a_n=-6n-3$ から
$$a_{n+1}=-a_n-6n-3 \quad\cdots\cdots\text{①}$$
よって $\quad a_2=-a_1-6\cdot 1-3=-8$
$b_n=a_{n+1}-a_n$ から $\quad b_1=a_2-a_1={}^{\mathcal{P}\mathcal{A}}-7$
また，① において n を $n+1$ におき換えると
$$a_{n+2}=-a_{n+1}-6(n+1)-3 \quad\cdots\cdots\text{②}$$

◆ ① の方法。
階差数列の利用

第7章 数列 **51**

①，② の辺々を引いて

$$a_{n+2}-a_{n+1}=-a_{n+1}-6(n+1)-3-(-a_n-6n-3)$$
$$=-(a_{n+1}-a_n)-6$$

ゆえに　　$b_{n+1}={}^{ウ}-b_n-{}^{エ}6$

$x=-x-6$ を解くと　　$x=-3$　　　　　　　　　　←特性方程式を解く。

よって，$b_{n+1}=-b_n-6$ を変形すると

$$b_{n+1}-(-3)=-\{b_n-(-3)\}$$

すなわち　　$b_{n+1}+3=-(b_n+3)$

ゆえに，数列 $\{b_n+3\}$ は初項 $b_1+3=-4$，公比 -1 の等比数
列であるから

$$b_n+3=-4(-1)^{n-1}$$　　　　　　　　　　　　　←$b_n+3=(b_1+3)r^{n-1}$

よって　　$b_n={}^{オカ}-4({}^{キク}-1)^{n-1}-{}^{コ}3$　　（${}^{ケ}①$）

したがって，$n\geqq 2$ のとき　　　　　　　　　　　←$n\geqq 2$ に注意。

　　　　　　　　　　　　　　　　　　　　　　　　←階差数列を利用。

$$a_n=a_1+\sum_{k=1}^{n-1}b_k$$

$$=a_1+\sum_{k=1}^{n-1}\{-4(-1)^{k-1}-3\}$$

$$=-1-\sum_{k=1}^{n-1}4(-1)^{k-1}-3\sum_{k=1}^{n-1}1$$

$$=-1-\frac{4\{1-(-1)^{n-1}\}}{1-(-1)}-3(n-1)$$

$$=-1-2\{1-(-1)^{n-1}\}-3n+3$$

$$=2(-1)^{n-1}-3n$$

この式は $n=1$ のときも成り立つ。　　　　　　　←**CHART**

ゆえに　　$a_n={}^{サ}2({}^{シス}-1)^{n-1}-{}^{ソ}3n$　　（${}^{セ}①$）　　初項は特別扱い

NOTE 数列 $\{a_n\}$ の一般項を $\boxed{2}$ の方法で求めると，次のよ
うになる。

　　$a_{n+1}+a_n=-6n-3$ を変形すると　　　　　　←$a_{n+1}-\{\alpha(n+1)+\beta\}$

　　　　$a_{n+1}+3(n+1)=-(a_n+3n)$　　　　　　　　$=-\{a_n-(\alpha n+\beta)\}$ の形
　　　　　　　　　　　　　　　　　　　　　　　　　に変形できるように，実
　　数列 $\{a_n+3n\}$ は初項 $a_1+3=2$，公比 -1 の等比　　数 α，β を定めると
　　数列であるから　　　　　　　　　　　　　　　　　　$\alpha=-3$，$\beta=0$

　　　　　　$a_n+3n=2(-1)^{n-1}$

　　ゆえに　　$a_n={}^{サ}2({}^{シス}-1)^{n-1}-{}^{ソ}3n$　　（${}^{セ}①$）

29日目 漸化式と数列 (2)

57 $a_2 = 3a_1$ から $\qquad a_1 = \dfrac{a_2}{3} = \dfrac{162}{3} = 54$

よって $\qquad\qquad\qquad a_n = {}^{\text{アイ}}\mathbf{54} \cdot {}^{\text{ウ}}\mathbf{3}^{n-1}$

← $a_n = a_1 r^{n-1}$

ゆえに，① から $\qquad b_{n+1} = 3b_n + 54 \cdot 3^{n-1}$

両辺を 3^{n+1} で割ると $\qquad \dfrac{b_{n+1}}{3^{n+1}} = \dfrac{3}{3} \cdot \dfrac{b_n}{3^n} + \dfrac{54}{3^2} \cdot \dfrac{3^{n-1}}{3^{n-1}}$

← **CHART**
両辺を q^{n+1} で割る

すなわち $\qquad\qquad\qquad \dfrac{b_{n+1}}{3^{n+1}} = \dfrac{b_n}{3^n} + 6$

$\dfrac{b_n}{3^n} = x_n$ とおくと $\qquad x_{n+1} = x_n + {}^{\text{エ}}\mathbf{6}$

数列 $\{x_n\}$ は初項 $x_1 = \dfrac{b_1}{3^1} = \dfrac{1}{3} \cdot \dfrac{a_1}{2} = \dfrac{1}{3} \cdot \dfrac{54}{2} = 9$，公差 6 の等差数列であるから

$$x_n = 9 + (n-1) \cdot 6 = 6n + 3$$

← $x_n = x_1 + (n-1)d$

したがって，$\dfrac{b_n}{3^n} = x_n$ から

$$b_n = 3^n x_n = 3^n (6n + 3)$$
$$= {}^{\text{オ}}\mathbf{3}^{n+1}({}^{\text{カ}}\mathbf{2}n + {}^{\text{キ}}\mathbf{1})$$

58 $a_{n+1} = 0$ とすると $a_n = 0$ であるから，$a_n = 0$ となる n があると仮定すると

$$a_{n-1} = a_{n-2} = \cdots\cdots = a_1 = 0$$

← $a_n = 0$ から $a_{n-1} = 0$
これから $a_{n-2} = 0$
以後これを繰り返す。

ところが $a_1 = \dfrac{1}{5} (\neq 0)$ であるから，これは矛盾。

よって，すべての自然数 n について $a_n \neq 0$ である。

← 逆数をとるための十分条件。

漸化式の両辺の逆数をとると $\qquad \dfrac{1}{a_{n+1}} = \dfrac{4a_n - 1}{a_n}$

ゆえに $\qquad\qquad\qquad \dfrac{1}{a_{n+1}} = 4 - \dfrac{1}{a_n}$

$\dfrac{1}{a_n} = b_n$ とおくと $\qquad b_{n+1} = {}^{\text{ア}}-b_n + {}^{\text{イ}}\mathbf{4}$

← 特性方程式 $x = -x + 4$
を解くと $x = 2$

これを変形すると $\qquad b_{n+1} - 2 = -(b_n - 2)$

また $\qquad\qquad\qquad b_1 - 2 = \dfrac{1}{a_1} - 2 = 5 - 2 = 3$

よって，数列 $\{b_n - 2\}$ は初項 3，公比 -1 の等比数列であるから

$$b_n - 2 = 3 \cdot (-1)^{n-1}$$

第7章 数列 **53**

すなわち $\quad b_n = {}^{ウ}3 \cdot ({}^{エオ}-1)^{n-1} + {}^{カ}2$

$\dfrac{1}{a_n} = b_n$ であるから

$$a_n = \dfrac{1}{b_n} = \dfrac{{}^{キ}1}{{}^{ク}3 \cdot ({}^{ケコ}-1)^{n-1} + {}^{サ}2}$$

30 日目 数列の応用

59 条件から $\quad c_1 = \log_2 a_1 = \log_2 16 = 4$
$$d_1 = \log_2 b_1 = \log_2 4 = 2$$
また $\quad c_{n+1} = \log_2 a_{n+1} = \log_2 a_n{}^3 b_n{}^2$
$$= 3\log_2 a_n + 2\log_2 b_n$$
$$= 3c_n + 2d_n \quad \cdots\cdots ①$$
$$d_{n+1} = \log_2 b_{n+1} = \log_2 a_n{}^2 b_n{}^3$$
$$= 2\log_2 a_n + 3\log_2 b_n$$
$$= 2c_n + 3d_n \quad \cdots\cdots ②$$

$\impliedby \log_a MN = \log_a M + \log_a N$

①＋② から $\quad c_{n+1} + d_{n+1} = 5(c_n + d_n)$
よって，数列 $\{c_n + d_n\}$ は，初項 $c_1 + d_1 = 4 + 2 = 6$，公比 5 の
等比数列であるから
$$c_n + d_n = {}^{ア}6 \cdot {}^{イ}5^{n-1} \quad \cdots\cdots ③$$
また，①－② から $\quad c_{n+1} - d_{n+1} = c_n - d_n$
ゆえに $\quad c_n - d_n = c_{n-1} - d_{n-1} = \cdots\cdots = c_1 - d_1$
したがって $\quad c_n - d_n = {}^{ウ}2 \quad \cdots\cdots ④$

$\impliedby c_1 - d_1 = 4 - 2 = 2$

③＋④ から $\quad 2c_n = 6 \cdot 5^{n-1} + 2$
よって $\quad c_n = {}^{エ}3 \cdot 5^{n-1} + {}^{オ}1$
$a_1 a_2 \cdot \cdots\cdots \cdot a_n = 2^T$ であるから
$$T = \log_2(a_1 a_2 \cdot \cdots\cdots \cdot a_n)$$
$$= \log_2 a_1 + \log_2 a_2 + \cdots\cdots + \log_2 a_n$$
$$= c_1 + c_2 + \cdots\cdots + c_n$$
$$= \sum_{k=1}^{n} (3 \cdot 5^{k-1} + 1)$$
$$= \dfrac{3(5^n - 1)}{5 - 1} + n$$
$$= \dfrac{{}^{カ}3}{{}^{キ}4}({}^{ク}5^n - {}^{ケ}1) + n$$

$\impliedby$ 対数の定義。

54　第7章　数列

60 D_1 に含まれる格子点の座標は (0, 0), (1, 1)
よって $d_1 =$ ᵃ**2**
D_2 に含まれる格子点の座標は
    (0, 0), (1, 1), (1, 2), (2, 4)
よって $d_2 =$ ᶦ**4**
D_3 に含まれる格子点の座標は
    (0, 0), (1, 1), (1, 2), (1, 3),
    (2, 4), (2, 5), (2, 6), (3, 9)
よって $d_3 =$ ᵂ**8**

←D_1：直線 $y=x$ と放物線 $y=x^2$ で囲まれた領域。

←D_2：直線 $y=2x$ と放物線 $y=x^2$ で囲まれた領域。

←D_3：直線 $y=3x$ と放物線 $y=x^2$ で囲まれた領域。

$m=1$ のとき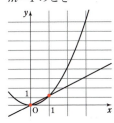
$m=2$ のとき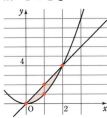
$m=3$ のとき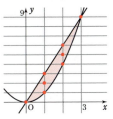

直線 $x=k$ と放物線 $y=x^2$ の交点の座標は (k, k^2) であり，直線 $x=k$ と直線 $y=mx$ の交点の座標は (k, mk) である。
したがって，直線 $x=k$ 上の格子点で領域 D_m に含まれるものの個数は
    $mk - k^2 +$ ᵋ**1**
ゆえに

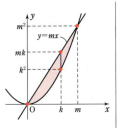

←点 (k, k^2) も含むから $mk - k^2 + 1$

$$d_m = \sum_{k=0}^{m}(mk - k^2 + 1)$$
$$= \sum_{k=1}^{m}(mk - k^2 + 1) + 1$$
$$= m\sum_{k=1}^{m}k - \sum_{k=1}^{m}k^2 + m + 1$$
$$= m \cdot \frac{m(m+1)}{2} - \frac{m(m+1)(2m+1)}{6} + m + 1$$
$$= \frac{(m + ^{\text{オ}}1)(m^2 - m + ^{\text{カ}}6)}{^{\text{キ}}6}$$

←$\sum_{k=0}^{n}$ の計算では，$k=0$ の値は別に計算するとよい。

NOTE 例題60において，d_n を ②の方法で求めると次のようになる。

線分 $x+2y=2n$ $(0≦y≦n)$ 上の格子点 $(0, n)$, $(2, n-1)$, ……, $(2n, 0)$ の個数は $n+1$

4点 $(0, 0)$, $(2n, 0)$, $(2n, n)$, $(0, n)$ を頂点とする長方形の周および内部にある格子点の個数は $(2n+1)(n+1)$

ゆえに $2d_n-(n+1)=(2n+1)(n+1)$

よって $d_n=\dfrac{1}{2}\{(2n+1)(n+1)+(n+1)\}$

$=\dfrac{1}{2}(n+1)(2n+2)=(n+{}^{キ}1)^{ク^2}$

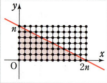

←長方形は，対角線で2つの合同な三角形に分けられる。
よって
（求める格子点の数）×2
－（対角線上の格子点の数）
＝（長方形の周および内部にある格子点の数）

31日目 三 角 関 数

61 [1] (1) $f(\theta)=\sin\theta-\cos\theta$

$=\sqrt{1^2+(-1)^2}\sin\left(\theta-\dfrac{\pi}{4}\right)$

$=\sqrt{2}\sin\left(\theta-\dfrac{\pi}{4}\right)$

（ア ⑤，イ ⑥）

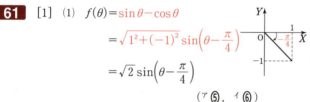

←合成で sin に統一。

(2) (1)から，$y=f(\theta)$ のグラフは，$y=\sin\theta$ のグラフを θ 軸をもとにして y 軸方向に $\sqrt{2}$ 倍に拡大し，θ 軸方向に $\dfrac{\pi}{4}$ だけ平行移動したグラフであるから，下の図の太実線のようなグラフである。

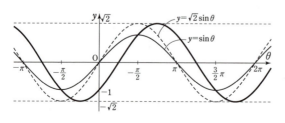

←$f(0)=\sin 0-\cos 0$
$=-1$
から，④と⑤に絞られる。

したがって，適するグラフは　ウ④

(3) $f(\theta)=-\dfrac{\sqrt{6}}{2}$ から　　$\sqrt{2}\sin\left(\theta-\dfrac{\pi}{4}\right)=-\dfrac{\sqrt{6}}{2}$

すなわち　$\sin\left(\theta-\dfrac{\pi}{4}\right)=-\dfrac{\sqrt{3}}{2}$　……②

ここで，$0\leqq\theta<2\pi$ より

$-\dfrac{\pi}{4}\leqq\theta-\dfrac{\pi}{4}<\dfrac{7}{4}\pi$ であるから

$\theta-\dfrac{\pi}{4}=\dfrac{4}{3}\pi,\ \dfrac{5}{3}\pi$

よって，②を満たす θ の値は

エ**2** 個あり，そのうち最大である θ の値は　　$\theta-\dfrac{\pi}{4}=\dfrac{5}{3}\pi$　すなわち　$\theta=\dfrac{\text{オカ}\mathbf{23}}{\text{キク}\mathbf{12}}\pi$

←CHART　おき換え　範囲に注意

←CHART　単位円を利用
y 座標が $\sin$
y 座標が $-\dfrac{\sqrt{3}}{2}$ となる
$\theta-\dfrac{\pi}{4}$ の値。

[2] 2 倍角の公式から

$\begin{aligned}y&=-2\cos 2\theta-4\cos\theta+1\\&=-2(2\cos^2\theta-1)-4\cos\theta+1\\&=-4\cos^2\theta-4\cos\theta+3\end{aligned}$

$\cos\theta=t$ とおくと

$y=\text{ケコ}\mathbf{-4}t^2\text{サ}\mathbf{-}4t+\text{シ}\mathbf{3}$

(1) $y=-4\left\{t^2+t+\left(\dfrac{1}{2}\right)^2-\left(\dfrac{1}{2}\right)^2\right\}+3$

$=-4\left(t+\dfrac{1}{2}\right)^2+4$

ここで，$0\leqq\theta<2\pi$ から
$-1\leqq t\leqq 1$

したがって，関数①は $t=-\dfrac{1}{2}$ すなわち $\theta=\dfrac{2}{3}\pi,\ \dfrac{4}{3}\pi$

(ス，セ ③，⑥) のとき最大値 ソ**4**，$t=1$ すなわち $\theta=0$ (タ ⓪) のとき最小値 チツ**-5** をとる。

←$\cos 2\theta=2\cos^2\theta-1$
角を θ にそろえ，$\cos\theta$ だけで表す。

←CHART　まず平方完成

←CHART　おき換え　範囲に注意

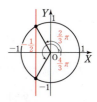

(2) t の方程式 $-4t^2-4t+3-a=0$ の実数解の個数は
$-4t^2-4t+3=a$
から，$y=-4t^2-4t+3$ のグラフと直線 $y=a$ の共有点の個数に等しい。
したがって，右の図から実数解がちょうど 2 個存在するのは
テ**3**$\leqq a<$ニ**4** (ト ③，ナ ②)
のときである。

←CHART　定数 a を分離する

←t の実数解の個数は
$a>4$ 　のとき 0 個
$a=4$ 　のとき 1 個
$3\leqq a<4$ のとき 2 個
$-5\leqq a<3$ のとき 1 個
$a<-5$ 　のとき 0 個

第 8 章　実践演習

また，$\cos\theta = t \ (0 \leqq \theta < 2\pi)$ を満たす θ は
 $t = \pm 1$　のとき　　それぞれ 1 個
 $-1 < t < 1$ のとき　　2 個
存在する。

⇐ 解 $t\,(=\cos\theta)$ 1 つに対して，θ の値がいくつ存在するか考える。

よって，θ の方程式 $-4\cos^2\theta - 4\cos\theta + 3 - a = 0$ の実数解が 2 個存在するのは，$y = -4t^2 - 4t + 3$ のグラフと直線 $y = a$ が $-1 < t < 1$ の範囲で共有点を 1 個もつときである。
したがって，グラフから
　　　ヌネ$-5 < a <$ ヒ3　または　$a =$ ヘ4　（ノ②, ハ②, フ⓪）

⇐ 1 つの共有点に対して θ が 2 つ存在し，それらが異なる。

32日目 図形と方程式，指数・対数関数

62 [1] (1) 放物線 $y = x^2 - 1$ 上の点 P の座標は $(t,\ t^2 - 1)$ と表されるから，$\triangle ABP$ の重心 G の座標について
$$x = \frac{4 + (-1) + t}{3} = \frac{t + 3}{3} \quad (ア②)$$
$$y = \frac{1 + 6 + (t^2 - 1)}{3} = \frac{t^2 + 6}{3} \quad (イ⑨)$$

(2), (3) 上の第 1 式から　　$t = 3x - 3$
これを第 2 式に代入して
$$y = \frac{(3x-3)^2 + 6}{3} = 3(x-1)^2 + 2 = 3x^2 - 6x + 5$$

ここで，3 点 A, B, P が一直線上にあるとき $\triangle ABP$ は存在しないから，そのときの t の値を求める。
直線 AB の方程式は
$$y - 1 = \frac{6 - 1}{-1 - 4}(x - 4)$$
すなわち　$y = -x + 5$
この直線上に点 P があるとすると
$$t^2 - 1 = -t + 5$$
整理して　　$t^2 + t - 6 = 0$
ゆえに　　$(t - 2)(t + 3) = 0$　よって　$t = 2,\ -3$
このとき，点 G の座標はそれぞれ $\left(\dfrac{5}{3},\ \dfrac{10}{3}\right),\ (0,\ 5)$

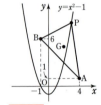

⇐ **CHART**
つなぎの文字 t を消去

⇐ $(3x-3)^2 = \{3(x-1)\}^2 = 9(x-1)^2$

⇐ $\triangle ABP$ が存在しないと，重心 G も存在しない。

⇐ 2 点 $(x_1,\ y_1),\ (x_2,\ y_2)$ を通る直線の方程式は，$x_1 \neq x_2$ のとき
$$y - y_1 = \frac{y_2 - y_1}{x_2 - x_1}(x - x_1)$$

⇐ 放物線 $y = 3x^2 - 6x + 5$ と直線 $y = -x + 5$ の共有点の座標から除外点を求めてもよい。

よって，重心 G の軌跡は，放物線 $y=3x^2-6x+5$ （ウ⑤）

である。ただし，2 点 $(0,\ 5)$，$\left(\dfrac{5}{3},\ \dfrac{10}{3}\right)$ （エ, オ④，⑥）は

除く。

(4) 除外点が存在するのは，直線 AB
と放物線 $y=x^2-1$ が共有点をもつ
ときである。図から，点 B の座標が
$(0,\ 0)$，$(1,\ 0)$，$(2,\ 0)$，$(4,\ 0)$，
$(5,\ 0)$ のとき，直線 AB と放物線
$y=x^2-1$ は共有点をもつ。

← 直線 AB と放物線
$y=x^2-1$ が共有点をも
つとき，3 点 A, B, P が
一直線上にある場合もあ
る。

点 B の座標が $(3,\ 0)$ のとき，直線 AB の方程式は

$$y-1=\frac{0-1}{3-4}(x-4) \quad\text{すなわち}\quad y=x-3$$

$y=x^2-1$ と $y=x-3$ から y を消去すると

$$x^2-1=x-3 \quad\text{すなわち}\quad x^2-x+2=0$$

この 2 次方程式の判別式を D とすると

$$D=(-1)^2-4\cdot1\cdot2=-7<0$$

よって，点 B の座標が $(3,\ 0)$ のとき，直線 AB と放物線
$y=x^2-1$ は共有点をもたない。したがって，点 B の座標
を $(3,\ 0)$ （カ③）に変えると，除外点は存在しない。

← 2 点 $(x_1,\ y_1)$，$(x_2,\ y_2)$
を通る直線の方程式は，
$x_1\ne x_2$ のとき
$$y-y_1=\frac{y_2-y_1}{x_2-x_1}(x-x_1)$$

← $D<0$
$\iff$ 共有点をもたない

[2] $\left(\dfrac{9}{5}\right)^n$ の整数部分が 12 桁となるためには，不等式

$$10^{\text{キク}11}\leqq\left(\frac{9}{5}\right)^n<10^{11+1}$$

が成り立てばよい。各辺の常用対数をとると

$$\log_{10}10^{11}\leqq\log_{10}\left(\frac{9}{5}\right)^n<\log_{10}10^{12}$$

← N の整数部分が m 桁
$\iff$ $10^{m-1}\leqq N<10^m$

よって $\quad 11\leqq n\log_{10}\dfrac{9}{5}<12$

ここで $\quad \log_{10}\dfrac{9}{5}=\log_{10}9-\log_{10}5=\log_{10}3^2-\log_{10}\dfrac{10}{2}$

$$=2\log_{10}3-(\log_{10}10-\log_{10}2)$$

$$=\log_{10}2+\text{ケ}2\log_{10}3-\text{コ}1$$

← 小数の値が与えられたの
は，$\log_{10}2$, $\log_{10}3$ のみ
であるから，これらで
$\log_{10}\dfrac{9}{5}$ を表す。

$\log_{10}2=0.3010$，$\log_{10}3=0.4771$ を代入すると

$$\log_{10}\frac{9}{5}=0.3010+2\times0.4771-1=0.\text{サシスセ}2552$$

よって $\quad 11\leqq0.2552n<12$

ゆえに $\quad \dfrac{11}{0.2552}\leqq n<\dfrac{12}{0.2552}$

第 8 章 実践演習 59

すなわち　43.1…≦n＜47.02…
これを満たす正の整数は，$n=44$，45，46，47 の ᶻ**4** 個あり，最小の値は ᵗᶜʰ**44** である。

33日目 微分法・積分法

63 [1] (1) $f'(x)=x^2-ax=x(x-a)$ であるから，
$f'(x)=0$ を満たす x の値は　$x=$ ᵃ·ⁱ**0, a**

← $(x^n)'=nx^{n-1}$

(2) $x≧0$ における $f(x)$ の最小値は
(i) $a≦0$（ᵂ**①**）のとき
$x=0$（ᵉ**①**）で
最小値 $f(0)=b$　（ᵒ**④**）

x	0	…
$f'(x)$	0	+
$f(x)$	b	↗

← 増減表をかいて最小値を求める。

(ii) $a>0$ のとき
$x=a$（ᵏ**③**）で最小値
$f(a)=-\dfrac{1}{6}a^3+b$　（ᵏⁱ**⑦**）

x	0	…	a	…
$f'(x)$	0	−	0	+
$f(x)$	b	↘		↗

(3) $x≧0$ のときにつねに $f(x)≧0$ となるためには，$x≧0$ における $f(x)$ の最小値が 0 以上となればよいから，(2) の結果から

$a≦0$ のとき　$b≧0$

← 直線 $b=0$ の上側。

$a>0$ のとき　$-\dfrac{1}{6}a^3+b≧0$

すなわち　$b≧\dfrac{1}{6}a^3$

よって，点 (a, b) の存在範囲を図示すると右の図の斜線部分となる。ただし，境界線上の点を含む。よって　ᵏ**③**

← 曲線 $b=\dfrac{1}{3}a^3$ の上側。

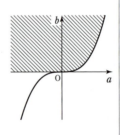

[2] (1) 曲線 $y=f(x)$ と直線 $y=k$ の共有点の x 座標は，方程式 $x^3-(k-1)x^2-4x+5k-4=k$ すなわち
$x^3-(k-1)x^2-4x+4k-4=0$ の実数解である。この方程式の左辺を $P(x)$ とおくと
　　　　$P(2)=8-4(k-1)-8+4k-4=0$
したがって，$P(x)$ は $x-2$ を因数にもつことから
　　　　$P(x)=(x-2)\{x^2-(k-3)x-2(k-1)\}$
　　　　　　　$=(x-2)(x+2)\{x-(k-1)\}$

← 組立除法。

1	$-(k-1)$	-4	$4k-4$	|2
	2	$-2k+6$	$-4k+4$	
1	$-k+3$	$-2k+2$	0	

ゆえに，$P(x)=0$ の解は　　$x=-2,\ 2,\ k-1$
$-1<k<3$ であるから　　$-2<k-1<2$
よって，求める共有点の x 座標は
　　　　　$x=-2,\ k-1,\ 2$　（ケ①，コ⑦，サ④）

← k の条件から，3つの解の大小関係を調べる。

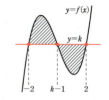

(2) $-2\leqq x\leqq k-1$ のとき　　$f(x)\geqq k$
　　$k-1\leqq x\leqq 2$　のとき　　$f(x)\leqq k$
よって，曲線 $y=f(x)$ と直線 $y=k$ で囲まれる2つの図形の面積が等しくなるとき，次の等式が成り立つ。
$$\int_{-2}^{k-1}\{f(x)-k\}dx=\int_{k-1}^{2}\{-f(x)+k\}dx\quad(シ④)$$

(3) (2)から　$\int_{-2}^{k-1}\{f(x)-k\}dx-\int_{k-1}^{2}\{-f(x)+k\}dx=0$
ゆえに　　$\int_{-2}^{k-1}\{f(x)-k\}dx+\int_{k-1}^{2}\{f(x)-k\}dx=0$
すなわち　　$\int_{-2}^{2}\{f(x)-k\}dx=0$　……②
ここで
$\int_{-2}^{2}\{f(x)-k\}dx=\int_{-2}^{2}\{x^3-(k-1)x^2-4x+4(k-1)\}dx$
$\qquad\qquad\qquad\quad=2\int_{0}^{2}\{-(k-1)x^2+4(k-1)\}dx$
$\qquad\qquad\qquad\quad=2(k-1)\left[-\dfrac{1}{3}x^3+4x\right]_0^2=\dfrac{32}{3}(k-1)$

②から　　$k-1=0$　　よって　　$k=1$　（ス⑥）
これは，$-1<k<3$ に適する。

← $\int_a^c f(x)dx+\int_c^b f(x)dx$
$=\int_a^b f(x)dx$

← $\int_{-a}^a x^n dx$
$=\begin{cases}0 & (n：奇数)\\ 2\int_0^a x^n dx & (n：偶数)\end{cases}$

34 日目　ベクトル

64 (1) $\vec{a}=(2,\ -1,\ 1),\ \vec{b}=(3,\ -5,\ 4)$ であるから
$|\vec{a}|=\sqrt{2^2+(-1)^2+1^2}=\sqrt{^{ア}6}$
$|\vec{b}|=\sqrt{3^2+(-5)^2+4^2}=\sqrt{50}={}^{イ}5\sqrt{^{ウ}2}$
$\vec{a}\cdot\vec{b}=2\cdot 3+(-1)\cdot(-5)+1\cdot 4={}^{エオ}15$

ゆえに　　$\cos\theta=\dfrac{\vec{a}\cdot\vec{b}}{|\vec{a}||\vec{b}|}=\dfrac{15}{\sqrt{6}\cdot 5\sqrt{2}}=\dfrac{\sqrt{3}}{2}$

$0<\theta<\pi$ であるから　　$\theta=\dfrac{\pi}{6}$　（カ⓪）

← $\vec{a}=(a_1,\ a_2,\ a_3)$,
$\vec{b}=(b_1,\ b_2,\ b_3)$ のとき
$|\vec{a}|=\sqrt{a_1^2+a_2^2+a_3^2}$
$\vec{a}\cdot\vec{b}=a_1b_1+a_2b_2+a_3b_3$

← $|\vec{a}|\neq 0,\ |\vec{b}|\neq 0$ のとき，
$\vec{a}\cdot\vec{b}=|\vec{a}||\vec{b}|\cos\theta$ から
$\cos\theta=\dfrac{\vec{a}\cdot\vec{b}}{|\vec{a}||\vec{b}|}$

第8章　実践演習

(2) 三角形 OAB の面積は
$$\frac{1}{2} \cdot \sqrt{6} \cdot 5\sqrt{2} \cdot \sin\frac{\pi}{6} = \frac{^{キ}5\sqrt{^{ク}3}}{^{ケ}2}$$

← $S = \frac{1}{2}|\vec{a}||\vec{b}|\sin\theta$

[別解] $\frac{1}{2}\sqrt{(\sqrt{6})^2(5\sqrt{2})^2 - 15^2} = \frac{\sqrt{75}}{2} = \frac{^{キ}5\sqrt{^{ク}3}}{^{ケ}2}$

← $S = \frac{1}{2}\sqrt{|\vec{a}|^2|\vec{b}|^2 - (\vec{a}\cdot\vec{b})^2}$

(3) $\vec{a}\perp\vec{c}$ かつ $\vec{b}\perp\vec{c}$ であるから $\vec{a}\cdot\vec{c} = \vec{b}\cdot\vec{c} = {}^{コ}0$

← $\vec{a}\neq\vec{0}$, $\vec{b}\neq\vec{0}$ のとき $\vec{a}\perp\vec{b} \Longleftrightarrow \vec{a}\cdot\vec{b}=0$

ここで，$\vec{c}=(-1,\ x,\ y)$ から
$$\vec{a}\cdot\vec{c} = 2\cdot(-1) + (-1)\cdot x + 1\cdot y = -x + y - 2$$
$$\vec{b}\cdot\vec{c} = 3\cdot(-1) + (-5)\cdot x + 4\cdot y = -5x + 4y - 3$$

ゆえに　　$-x + y - 2 = 0$　かつ　$-5x + 4y - 3 = 0$

これを解いて　$x = {}^{サ}5$, $y = {}^{シ}7$

このとき，$|\overrightarrow{OC}| = \sqrt{(-1)^2 + 5^2 + 7^2} = \sqrt{75} = 5\sqrt{3}$ であるから，四面体 OABC の体積は

$$\frac{1}{3}\cdot\triangle\text{OAB}\cdot|\overrightarrow{OC}| = \frac{1}{3}\cdot\frac{5\sqrt{3}}{2}\cdot 5\sqrt{3} = \frac{^{スセ}25}{^{ソ}2}$$

← OA⊥OC, OB⊥OC から，底面を △OAB とすると，$|\overrightarrow{OC}|$ は四面体 OABC の高さである。

(4) (i) $\vec{p} = (2, -1, 1) + t(3, -5, 4)$
$= (2+3t, -1-5t, 1+4t)$　(^{タ}④, ^{チ}①, ^{ツ}②)

(ii) (i) から　$|\vec{p}|^2 = (2+3t)^2 + (-1-5t)^2 + (1+4t)^2$
$= {}^{テト}50t^2 + {}^{ナニ}30t + 6$　……①

(iii) $\vec{p} = \vec{a} + t\vec{b}$ によって定まる点 $P(\vec{p})$ は，点 $A(\vec{a})$ を通り $\vec{b}$ に平行な直線上にある。したがって，$|\vec{p}|$ の値が最小となるのは
　　OP⊥OB すなわち $\vec{p}\perp\vec{b}$　(^{ヌ}④)
のときである。

← 点 $A(\vec{a})$ を通り，$\vec{b}$ ($\vec{b}\neq\vec{0}$) に平行な直線のベクトル方程式は，実数 t を用いて
　$\vec{p} = \vec{a} + t\vec{b}$
と表される。

(iv) (iii) から　$\vec{p}\cdot\vec{b} = 0$
よって　$(\vec{a} + t\vec{b})\cdot\vec{b} = 0$　すなわち　$\vec{a}\cdot\vec{b} + t|\vec{b}|^2 = 0$
(1)から　$15 + (5\sqrt{2})^2 t = 0$
整理して　${}^{ネノ}10t + 3 = 0$　……②

← $(\vec{a}+\vec{b})\cdot\vec{c} = \vec{a}\cdot\vec{c} + \vec{b}\cdot\vec{c}$
$\vec{a}\cdot\vec{a} = |\vec{a}|^2$

(v) (方針1) ①から　$|\vec{p}|^2 = 50\left(t + \frac{3}{10}\right)^2 + \frac{3}{2}$

← CHART　まず平方完成

よって，$|\vec{p}|^2$ は $t = -\frac{3}{10}$ のとき最小値 $\frac{3}{2}$ をとる。

$|\vec{p}| > 0$ より，$|\vec{p}|^2$ が最小となるとき，$|\vec{p}|$ も最小となるから，$|\vec{p}|$ は $t = -\frac{3}{10}$ のとき最小値 $\frac{\sqrt{^{ハ}6}}{^{ヒ}2}$ をとる。

(方針2) ②から　$t = -\frac{3}{10}$

このとき　$\vec{p}=(2,\ -1,\ 1)-\dfrac{3}{10}(3,\ -5,\ 4)$

$\qquad\qquad =\dfrac{1}{10}(11,\ 5,\ -2)$

よって，$t=-\dfrac{3}{10}$ のとき最小値は

$\qquad |\vec{p}|=\dfrac{1}{10}\sqrt{11^2+5^2+(-2)^2}=\dfrac{\sqrt{150}}{10}=\dfrac{\sqrt{^{ハ}6}}{^{ヒ}2}$

←$k>0$ のとき $|k\vec{a}|=k|\vec{a}|$

---

35 日目 数　列

65 (1)　$a_2={}^{\text{ア}}\mathbf{8}$，$a_3={}^{\text{イウ}}\mathbf{26}$

(i)　(**方針1**)　n 回目の操作後，線分 AB 上には a_n 個の点があり，線分 AB は (a_n+1) 個に分割されている。

$(n+1)$ 回目の操作では，その (a_n+1) 本の線分をそれぞれ 3 等分するために，線分 1 本に対して 2 個の点をとる。

よって，$(n+1)$ 回目の操作でとる点の個数は ${}^{\text{エ}}\mathbf{2}(a_n+{}^{\text{オ}}\mathbf{1})$ である。

ゆえに，a_{n+1} と a_n の間には次の関係が成り立つ。

$\qquad a_{n+1}=a_n+2(a_n+1)={}^{\text{カ}}\mathbf{3}a_n+{}^{\text{キ}}\mathbf{2}$

変形すると　$a_{n+1}-(-1)=3\{a_n-(-1)\}$

すなわち　$a_{n+1}+{}^{\text{ク}}\mathbf{1}={}^{\text{ケ}}\mathbf{3}(a_n+1)$　……①

よって，数列 $\{a_n+1\}$ は，初項 $a_1+1=2+1={}^{\text{コ}}\mathbf{3}$，公比 3 の等比数列である。

(**方針2**)　n 回目の操作後までに分割された線分の本数を k_n とすると　$k_1={}^{\text{サ}}\mathbf{3}$，$k_{n+1}={}^{\text{シ}}\mathbf{3}k_n$

よって，数列 $\{k_n\}$ の一般項 k_n は　$k_n=3\cdot3^{n-1}=3^n$

また，a_n を k_n を用いて表すと

$\qquad a_n=k_n-{}^{\text{ス}}\mathbf{1}$　……②

(ii)　(**方針1**)　①から　$a_n+1=3\cdot3^{n-1}$

よって　$a_n=3^n-1$　$({}^{\text{セ}}\circledR\mathbf{8})$

(**方針2**)　②から　$a_n=3^n-1$　$({}^{\text{セ}}\circledR\mathbf{8})$

(2)　3 回目の操作後，線分 AB 上には 5 個の点があり，線分 AB は 6 等分されている。その 6 本の線分をそれぞれ 4 等分するために，線分 1 本に対して 3 個の点をとる。

←特性方程式を解く。
$$\begin{array}{r}a_{n+1}=3a_n+2\\-)-1=3(-1)+2\\\hline a_{n+1}-(-1)=3\{a_n-(-1)\}\end{array}$$

←初項 a，公比 r の等比数列の一般項は
$\qquad a_n=ar^{n-1}$

←1 本の線分に対してその線分の右端の点が対応すると考えると，一番右の線分にだけ対応する点がない。よって，点の個数は線分の本数より 1 少ない。

第 8 章　実践演習　**63**

よって　　$b_4 = b_3 + 6 \cdot 3 = 5 + 18 =$ ソタ$\mathbf{23}$

n 回目の操作後までに分割された線分の本数を l_n とすると
$$l_1 = {}^{\text{チ}}\mathbf{1}, \quad l_{n+1} = (n+1)l_n \quad ({}^{\text{ツ}}\text{②})$$
$n \geqq 2$ のとき，$l_n = nl_{n-1}$ であるから
$$\begin{aligned}
l_n &= nl_{n-1} \\
&= n(n-1)l_{n-2} \\
&\vdots \\
&= n(n-1)(n-2)\cdots\cdots 3 \cdot 2 l_1 \\
&= n(n-1)(n-2)\cdots\cdots 3 \cdot 2 \cdot 1 = n! \quad ({}^{\text{テ}}\text{⑧})
\end{aligned}$$
これは，$n=1$ のときも成り立つ。
また，b_n を l_n を用いて表すと　　$b_n = l_n - {}^{\text{ト}}\mathbf{1}$
よって，求める一般項 b_n は　　$b_n = n! - 1$

← $(n+1)$ 回目の操作では，n 回目の操作で n 本に分割された線分をそれぞれ $(n+1)$ 等分する。

← $l_{n-1} = (n-1)l_{n-2}$
　$l_{n-2} = (n-2)l_{n-3}$
　　$\vdots$

← CHART
初項は特別扱い

10623A